鹿行九野

人类学家的田野故事

林 红 刘怡然 主编

创于1897 商务印书馆 The Commercial Press

2018年·北京

目 录

第二部分 六欲

第三部分 七情

第四部分 八荒

序

2013年年初至2018年年初，从“第一届京城人类学雅集”到“第五届京城人类学雅集”，时间如梭。“人类学家的田野故事”从最初作为罗红光教授的个人倡议，至今似乎已成为中国人类学界同人的一种连接方式。从2016年的《北冥有鱼：人类学家的田野故事》，到2018年的《鹿行九野：人类学家的田野故事》，两册人类学家的田野故事，125位作者，157篇田野故事，对于中国人类学的共同体而言，某种程度上似乎完成了一种仪式性的过渡。

这种过渡，首先完成了一种主体性的过渡，即从第一本书的75位作者到第二本书的50位作者，相较于第一本书的作者的数量和重量级，第二本书的作者阵容似乎意味着一个“新时代”的到来；其次完成了一种内容性的过渡，即虽然两本书字数上的体量基本一致，但无论作者数量还是篇章数量都显著减少，这一变化的实质是从第一本书主打短小精悍的田野趣味性转向了第二本书的田野反思性，这种反思性，某种意义上也似乎完成了中国人类学发展的一种阶段性转向。

当然，意义总是被建构的，不论是一种主体性的建构，还是一种客体性的建构。一本旨在学科科普的公众读物，或许无法承载所谓中国人类学共同体的仪式性过渡这样一个学科性的宏大命题，但作为中国人类学界同人集体行为的结果呈现，其行为意义确实重大而深远。对这一集体行为的意义阐释，我们可以从行为结果的视角以一种回溯性的方式去解读行为过程以及过程中的主体，也可以从行为主体的视角以一种发展性的方式去体验行为过程并建构行为结果的意义。很显然，我们理所当然地采用了第二种视角。

通读59篇田野故事，就好像穿过一片诸夭之野，与50位作者相遇，“鸾鸟自歌，凤鸟自舞”，蓦然撞进各自深隐的性灵世界。这是一场旅行，走过不同作者的田野过程，看见不同个体的生活世界，某一刻回首时把主观性的意识抽离生物性的己身，似乎发现一种人之为人的共性。正如人类学的田野，从最初猛然一头的扎入到最终的意识抽离，“他者”的内涵一点一点浮现。这样一场彼此阅读，某种意义上恰是以“人类学家的田野故事”为对象的一次田野经历。在这一田野过程中，我们看到了人类学工作者用以认知所处田野的“五感”、出自人这一物种性的“六欲”、作为人这一社会性的“七情”，以及源自职业特性所赋予的流浪者这一身份所经历的“八荒”时空，于是有了《鹿行九野：人类学家的田野故事》在内容上四大部分的分割。显然，这也是一种人类认识世界的分类本能从中作祟。

五感所指视觉、听觉、嗅觉、味觉、触觉，是人类个体内在世界与外部世界建立连接的通道，也正是人类学工作者借以进入田野的基本路径。如果把归类到此部分田野故事的题目以“看题作文”的方式串联起来，似乎非常应景。陈晋在纳人社会出现“失语”，背负着“哑巴的诅咒”，却看到刘宏涛在黎族人中“三笑”，黎相宜在遥远的海外安慰自己说田野的最大意义在于“遇见最好的自己”；吴乔仍旧抱怨摩梭人是“被宠坏的原住民”，刘怡然还执着于与云南田野中的苍蝇和跳蚤斗智斗勇，张多则在哀牢山哈尼族的梯田中奔走、学习割胶，并与毒虫不期而遇；与此同时，周星正在甘肃“河州”听“荤花儿”，彭流萤正在平江的黄金洞金矿为“女人下井，就会有塌方”这句话愤慨，李芳正在滇南乡村困惑地听着乡村精英故事的不同版本，马斌斌正坐在一对藏族与回族结合的夫妻家里面对男主人递上的一碗酥油茶纠结是接还是不接，而杨跃雄则坐在大理洱海边对着白族的特色菜“赫葛”（生猪皮、生猪肉和生猪肝）大快朵颐，朱娜却正在一个西北小镇的档案局里哭得稀里哗啦，王华身为一个“会说话的人”正在太湖东岸的小渔村感慨“文字下乡的时代际遇”，李立正在一个贵州村子里捧着一本关于村落社会调查的书欣喜雀跃；面对这些五感发达的田野同人，吴金光逐一扫视后一本正经地告诫说“小心差异”。于是，这个世界的鲜活，经由身处不同田野中的人类学工作者的五感，跃然于文字之上。

《吕氏春秋》语“所谓全生者，六欲皆得其宜者”，所指六欲即见欲、听欲、香欲、味欲、触欲、意欲，能够使六欲皆得其所的人才是尊重生命的人，而人类学工作者无疑是“人以群分”的一类“全生者”。唐晓春在基诺山寨生平第一次品尝剁生、松鼠汤、翠鸟汤，生吃蚂蚁蛋，包烧山蜘蛛，炒野猪肉，煮臭菜，把习惯了熟食的胃淬炼得熟、生兼食，成为真正意义上的“吃货”；张琪则与白裤瑶人把酒话田野，经历嘴动心不动、嘴不动心动、主动求醉的三重进阶，成为“酒鬼”；吴乔带着“食在四方”的气魄，吃完西边塔吉克人的馕和茶，又奔往南边品尝摩梭人的烧里脊和生猪膘，最后居然还去了花腰傣人的虫子宴（其中一种虫子学名椿象，俗名“臭屁虫”）。人类学工作者田野中经历的“欲”，有人选择以身体实践的方式投身于他者之欲中，让自己成为其中之一；有人选择以旁观者的身份观察，以他者之欲反思己身之欲。余珍在水族的用好事仪式中看着那些被献祭的鸡、狗、猪，李建明在哈尼族人中看着用于神山祭祀的猪和鸡，王佳果在平安大街上斑驳淋漓的美食中奔走寻找所谓的“本土性”，李立在贵州田野中不安地应对那些本地人的期待，他们需要面对的不是他者之欲，而是己身之欲。刘倩在贵州黔西南州从一个怯懦的学生妹蜕变成一个泼辣的人类学田野工作者后，被乡老评价说以后一定既能带娃又能“找活路”时，多少有一种对自己身份认同的无奈；白玛措在藏地田野中经历了各种性别事件后，对自己身为藏族第三类人的身份似乎仍旧保有一种庆幸的认同；薛茗在青海热贡地区虽然被贴上了“文化人”的标签而弱化了性别身份，但却还是无法摆脱当地人的性别观念和自己原有性别观念之间的冲突；高一飞在滇西贫困村看着女主人从自己手中拿过那只白瓷碗，朝污渍处啐了口唾沫，用衣角使劲擦拭了一遍后递回来，挣扎于医学卫生与本土洁净观念之间，感受着“重新为人”的尴尬。我们习惯说人类学是一门通过研究他者来反观自我的学科，而似乎只有田野中的人类学者才能对此产生切肤的感悟。

《礼记》曰七情为“喜怒哀惧爱恶欲”，指向了人作为社会性存在的各个面向，而人类学者在田野中经历的喜、怒、哀、惧、爱、恶、欲，无疑是每一种人类性情的最好注解。如果把归类为此部分的田野故事以一幅类似清明上河图的画卷呈现，我们似乎看到张庆宁和邓珍妮（Jennifer Dunn）正在海南的一个城中村访谈，周围是各色情态的性工作者和嫖客；马腾岳正在美洲印

第安部落送礼，因为以啤酒为礼而被拒绝后，改为送中国菜刀，于是收到银镯子作为回礼；李飞正以人类学者的身份站在北京协和医学院的讲台上给一群医学专业的学生上课，看似相安无事的老师和学生，其实互为他者；陈昭正在北京一个艺术创作培训营接受培训，周围的同学全部是男生，只是他们都被贴上了“男同性恋”的标签；李继群正在滇西一个小村子的东巴家小心翼翼地做访谈，时刻担心自己是否会犯了主人家的禁忌；高一飞正在一个汉族村子兴致勃勃地做访谈，“课外英语辅导老师”是他得以顺利进入田野的“最好身份”；方静文正在一群女性性工作者中开展调查，“卧底”身份是一名足浴学徒；黄镇邦正在黔东南地区采集不同民族的人像视频，并深陷各种人际关系的纠结中；马建福正奔走在自己家乡的田野上，内心体验着一种冲突性的田野移情；王平正在牛背梁自然保护区与一位老护林员“握谈”，老人曾是一名出色的猎人；张博正在自己家乡湖南益阳农村，身处道人送葬的队伍，拿着一副镲，做了“道人先生”；余珍正坐在冰冷的房间里等待，原计划去参加一个“补粮”仪式，不料却被“放鸽子”了；万华颖正在山西五台山一所乡村小学里，周围是一群兴高采烈的熊孩子，孩子们的兴奋源于老师被“愚”了；王娜正在一个二年级的教室里，坐在一个小女孩儿的旁边，提心吊胆地帮着作弊；李立正躺在贵州安顺一户村民家的床上感叹自己“开始了一次并不孤独的田野作业”，这家人的宅子被村里人戏称为“博士楼”，因曾住过不少前来调查的博士；贾超芝杉正在昆明一个商店里与一个男人聊天，他是一位名叫吴毛毛的缅甸商人；祝何彦正在辽宁朝阳市的郊区目睹一场征地与动迁风波。当这幅田野画卷收起，留存在我们脑海中最鲜明的色彩莫过于一张张人类学工作者的面孔，那些作为田野中喜、怒、哀、惧、爱、恶、欲最好脚注的面孔。

《过秦论》用“有席卷天下、包举宇内、囊括四海之意，并吞八荒之心”直点秦之野心，如果把这一句的主语换成人类学工作者，在当下语境中倒是很切题。所谓“八荒”指东、西、南、北、东南、东北、西南、西北八个方向，有“天下”之意，追随人类学工作者的足迹，某种意义上就是以脚步丈量“八荒”之阔。张帆在华北高村，面对看似风平浪静而表象之下汹涌澎湃的社会关系和情感，试图进入地方文化“隐秘的城堡”，是啊，“一个人要穿越多少座城堡，才能被称为人类学家？”杨福泉 16 年来先后 6 次前往卡瓦格博这座云南最大的神山，在现代登山运动与地方文化象征之间，在外来者与本地人之间，在攀高的征服欲望和当地的神圣观念之间，逐渐失去自在和自我，神山的命运对人类自身而言或许也是一种存在隐喻。唐晓春在基诺山寨经历了与其他女性人类学者类似的摩托车后座事件，体味了大领导视察期间被安保禁足于竹楼而被村民怀疑为“间谍”的无奈，所谓田野旅行的意义恰恰在于“田野是人类学者的成年礼”。李静玮在尼泊尔的山水之间“寻找比斯塔”，不论是比斯塔对自己族群的付出，还是作者被索取的无奈，这是一场尼泊尔人精神世界中现代与传统的遭遇战。曹雨在爱尔兰都柏林游荡，期待与詹姆斯·乔伊斯的《都柏林人》来一场穿越时空的相遇。人类学者的脚步，虽远涉“八荒”之遥，却似乎永远无法逃脱主观意识的限囿。我们看到，周建新在云南“高高的高黎贡山”中艰难跋涉；张洁在贵州省黔东南苗族侗族自治州遭遇手发痒肿胀却不知是巫蛊之术还是蚊虫叮咬；朱靖江浪迹在塔公草原上，成为众生道上坎坷前行的旅人的自我隐喻；张多在美国小城布鲁明顿以“中国的穆斯林”身份尝试做一位文化使者；周星沿着“麻食”的踪迹走向丝绸之路的古幽深处；张祖群背包在滇西北科考却闯进了马帮的历史与现实；余珍在贵州荔波的水利大寨挣扎于“躲鬼”与“搬家”之间；任慧杰心怀“好奇”地奔走在云南、福建、浙江等地村庄之间；罗宝川在甘孜藏族自治州朝着顶果山走向一场并不“诚心”的“朝圣”之旅。地理意义上的“八荒”，对于人类学工作者而言，永远与主观意义上的心之“八荒”契合，这种契合远远超越了特定的时空或职业属性。

《鹿行九野：人类学家的田野故事》以“五感”“六欲”“七情”“八荒”完成的内容分割，最初实则带有某种牵强之意，但最终却呈现出一种自然而然的奇妙。就好像一次人类学意义的田野，从“五感”而入，经“六欲”洗涤，得“七情”升华，最后从“八荒”中抽离，走完一个仪式性的过程，获得某种新的身份认同。

最后，再说说书名。初拟书名为《以行九野：人类学家的田野故事》，取自《山海经·卷七》之“龙鱼陵居在其北，状如狸。一曰葭。即有神圣乘此以行九野”。猛然间看到“有神圣乘此以行九野”，默默把“神圣”这一主语换成了“人类学家”，一种隐秘的雀跃油然而生。当然，虽心怀此念，最后也只好让位于出版社的营销考量，却无半分不甘，只因为这一原初之念似乎过于狂妄。

合卷掩册，难免有一种岁月如梭的恍惚。恍惚于如白驹过隙的物理性时间，恍惚于阅读 59 篇田野故事的心理性时间，但又无比明朗：从“北冥有鱼”到“鹿行九野”，从75位作者到50位作者，中国人类学界一场125位作者的盛宴，不正是一种学科意义的象征吗？

林　红

2018年1月1日

第一部分 五感

五感所指视觉、听觉、嗅觉、味觉、触觉，是人类个体内在世界与外部世界建立连接的通道，也正是人类学工作者借以进入田野的基本路径。

哑巴的诅咒

陈　晋（同济大学）

人类学家在田野中面临的一大挑战，就是变成“哑巴”。这当然不是指失去声音，而是指他或她不得不改变自己熟悉的语言、口音或说话的方式，来与当地人交流。这一过程通常漫长而痛苦：少则数月，长则达一年以上，调查者从牙牙学语开始，同时手脚并用，试图让别人理解自己哪怕最简单的需求；同时还要努力追上对方飞快的语速，忍受不耐烦的白眼，只求对话不要半途而废。当你终于找到了合适的信息提供者，满怀期待地开始访谈时，却发现连一个像样的问题都问不出来，对方无法听懂自己结结巴巴的表述——相信我，没有什么比这更令人沮丧的了。

我至今忘不了一位纳人（摩梭人）对我的评价。当时我初来乍到，正在兴致勃勃地观察一位老达巴（当地萨满）主持仪式。得益于之前的调查经验，我很快就融入了群体：我的穿着打扮和当地人并无二致，在行为方式上也努力模仿他们，不让自己显得格格不入；我和达巴比较熟悉，甚至可以协助他完成某些仪式段落。不过，我的纳语尚不流利，不能很好地跟他们交流，所以最好的方法是闭上嘴，专心记录，待一切完毕后再请教细节。在仪式举行的间隙，我心情放松，便和几位在场的年轻人攀谈起来。没聊上几句，其中一个小伙子睁大眼睛看着我，似乎难以置信：“你究竟是不是纳人？我看你的样子、你的做事明明跟我们一样，怎么说起话来，像昨天刚出生的娃娃？”

的确，田野中的人类学家常常类似孩童：我们行事鲁莽，不断提出各种稀奇古怪、令人冒冷汗的问题；对复杂的社会规则一无所知，甚至缺乏基本的常识和礼貌；最重要的是，我们说话幼稚，除了偶尔蹦出简单的词汇，稍复杂的表达就会让我们如堕五里雾中。

有趣的是，纳人惯用的一句骂人话就是“哑巴”（zobai）。这一诅咒通常带有戏谑的意味，例如母亲责怪孩子不争气，或是朋友、亲戚之间相互开玩笑。显然，此处的“哑巴”更多是形容人不善言辞、说话吞吞吐吐的样子，以及暗示某种智力上的缺陷。尽管我从未被纳人这样骂过（至少当面没有），但一直觉得用在自己身上相当贴切：为避免胡说八道，我常常在田野中沉默寡言；面对访谈对象时，我嗫嗫嚅嚅，一次次地重复无聊的问题；有时连最简单的回应都要想上半天。刚开始在纳人地区调查时，由于我忘了怎么礼貌地回绝对方，热情好客的主人曾一口气给我盛了六个水煮鸡蛋，然后看着我吃完。因此，哑巴成了我常用的自嘲方式，也往往能起到活跃气氛的效果。

然而，哑巴的含义不止于此。纳人没有自己的文字，这意味着知识技能的传承主要依赖口头方式。达巴作为纳人文化最关键的代表和守护者，更是在学习和主持仪式的过程中都一再强调“唱诵”（cho）的重要性。举例来说，仪式结束时，达巴要在咽喉部涂抹酥油，祈求神灵保佑自己的唱诵能力。于是，唱诵自然而然地成了我研究的重点。只是这样一来，我又成了“哑巴”：达巴唱诵时使用的词汇和句法与日常纳语大不相同，一般人很难理解；作为学徒，我不得不像我的“师兄弟”（其中最小的才五岁）一般，日夜追随师父，一字一句地学习唱诵，但和他们的区别在于，我首先使用纸、笔和录音设备记录读音，然后再向其请教相关的意义。因为还涉及在法国撰写博士论文，所以我在访谈中交替使用纳语、当地汉语方言，用中文记录，随后翻译成法语，其难度可想而知。面对我这种奇异、笨拙的学习方式和执着的态度，达巴们普遍觉得不可理喻，但也渐渐习惯了。

经年累月的调查让我在村子里有了一定的名气。村民们背地里称我为"小达巴"（dabazo）、"汉族达巴"（handaba），而我一开始浑然不觉。直到我在某些仪式场合陪达巴出现时，意外地收到了谢礼：一小块肉、一段麻布和一些炒熟的粮食。有一次我甚至收到了钱：那是在邻近的汉族村庄，一位年迈的母亲请我当时的达巴师父为她儿子治病，因为不了解纳人习俗，她惴惴不安地私下向我请教报酬问题。当我告诉她达巴从来不图物质回报，特别是金钱时，她表现得有些犹豫。第二天返程时，我发现我的谢礼中夹了一张五元的钞票。

不论我如何解释，当地人都难以理解为何我明明在学习达巴，却不能像其他学徒一样为他们举行仪式。有时，他们会起哄要求我唱诵相关的内容。而我最终选择像哑巴一样，沉默地在仪式中充当达巴的助手：点燃香料、准备和传递仪式道具、帮忙完成手势动作，等等。

在纳人的某些神话传说中，哑巴反倒成了走运的代名词。达巴讲述的一部分故事就是以哑巴为主角的，他们往往有令人意想不到的运气，例如见证精灵们留下的奇迹，并因此获益。与之相比，我没有那么幸运。而且讽刺的是，"哑巴的诅咒"实际上构成了我后续研究的最大阻碍：如果调查过程中的话语系统（不仅仅是书写）被反复剥离、否定和高度杂糅，我该如何选择和运用另一套话语系统，来呈现我对这一过程的理解？在更普遍的意义上，人类学家的民族志写作，以及学术共同体内部共享的复杂概念和理论体系，如何才能在鲜活的事实基础上建立起来？

用通俗的话说，在生活面前，一切言说仿佛都失去了意义。我面对的或许是困扰过许多前辈学人的问题，即人类学家如何“失语”。纳人的“哑巴学”只是其中一个具体的例证。我尝试了各种方法，希望把对哑巴的日常诅咒转化为传说中的祝福，至于这种努力是否奏效，留待读者的意见。

三 笑

刘宏涛（兰州大学）

以色列的先祖亚伯拉罕在一百岁的时候生下了一个儿子。他实在是等得太久了，儿子的出生让他喜出望外。于是他给儿子取名以撒，意思是“他笑”。“他笑”的文化意味饱满而深长。

据说，笑是万物之灵长所特有的生物能力。同时，因着文化的差异，笑的情景又不尽相同。当我们的声带与肌肉组合出笑的面容和声音的时候，我们的内心可能正在体会和穿越着文化。在黎族村落进行田野调查时，我经历、感受了很多种笑，以及在笑声中回响着的人类学议题：自我与他者、身份与机制、财富与祖先。

模糊的自我与他者：吊诡的处境

巴厘岛的一场非法斗鸡比赛正扣人心弦之时，当地警方的突然出现让在场的众人落荒而逃，伙同他们狂奔的还有围观这场比赛的人类学家格尔兹。事后，格尔兹感到自己被参与非法斗鸡的本地群众接受为当地人了。私以为，这最多只能被视为格尔兹社会身份的改变，而不是文化身份的改变。回想我自己在黎族村落做田野的时候，房东的侄子买彩票中了大奖，他把奖金中的一部分平分给了他所有的“嗡袍”（堂兄弟姐妹们），我竟然也被分到数量相等的一份——200 元整。收到钱的时候，我格外惊喜，像格尔兹一样觉得自己有了一个社会身份。然而，获得一个新的社会身份容易，获得新的文化身份太难。

2011 年夏天的一个傍晚，我参加了一场期待已久的仪式，满怀兴奋地回到住所——一间仅可容纳一张单人床和一张书桌的茅草屋。在它的旁边有一个凉棚，这是村民闲聊时的据点。可能是渐黑的夜幕也无法掩饰我的喜悦，正在纳凉的中年男子那劳用黎族话问我，我也用黎族话回答：

"这么高兴，你干什么去了？"

"那青家在搞鬼（做与鬼有关的仪式），我去看了。"

"谁做的？"

"'豪'做的。"

话音未落，本来在黑暗中默不作声的众人哄堂大笑。我也跟着笑了笑，我以为只是我的黎话太不标准了。那劳却并未发笑，而是沉默不言并讪讪地扭过了头。我虽有疑惑，却也未做停留，就去小屋写笔记了。

后来，我从房东那里知晓了他们大笑的缘由。

在当地，在死者家人面前提及死者的名字，这是冒犯，甚至是侮辱，其后果不是恶语相向，便是拳打脚踢。这我早就知道。可那天问我话的那劳，他经常在言辞上欺负人，招人讨厌。当天做仪式的是他的叔叔"蒿"，而不是他去世多年的父亲"豪"（"蒿"与"豪"皆为化名。除了在仪式上，死者的名字一般不会被提及，为此，笔者换了名字）。当时，我在他及众人面前所说的正是他死去的父亲的名字。错误的声调让我滑过了文化规范的边界。

他干吗不打我，或是反唇相讥？因为那是口误，所以他原谅了我？可是，若是一个当地人也犯了同样的口误，那可不会被轻易地原谅。即便是一个孩童的口误，基于人们对儿童的文化预期与规范，想必也会被训斥一番。从在场众人的笑声和他的反应来看，那是我——一个熟悉的外乡人——的口误才会被饶恕。无辜的我、有文化含义的口误，竟成了众人借机以笑声讽刺善言者的利器，他们乐见那位言辞常含讥讽的人被初学者的黎语所挫伤。如此看来，在他们心中，我连一个未成年的孩子都不算。即使未成年的孩子，除了社会身份之外，也被预期遵循当地的文化规范。我已经是三十多岁的人了，尽管我“不懂事”，他却没有像训斥孩童那样训斥我；我在这个村落住了几个月，也与很多人相熟，我不是这个村落里的陌生人，却也不被认为是当地文化的承载者，他不便训斥我。面对如此复杂的“我”，那劳无话可说了，只能扭过头将我忽视。我虽然在社会身份上被房东的侄子“视为”兄弟，但众人的笑声却显露着我未曾拥有的文化身份。

这事已然成为村里的笑谈了。他们都说，他搬起石头砸了自己的脚，而且还得憋着，不好叫疼。我非常抱歉，误伤了他。

多重的身份与机制：谁在笑？

黎语中有一个用来统称与灵魂、祖先或鬼有关的各种仪式的词：“vot din”，“vot”是动词做、搞的意思，“din”在这里泛指灵魂、祖先与神鬼。说汉语时，当地人称其为“搞鬼”。语言的跨文化使用还是很滑稽的，就像“迷信”在某些少数民族中是中性词一样。在当地，疾病祸患常与鬼相连，然而，凡人无从知晓不幸究竟因何鬼而起。能够看到鬼、与鬼进行直接沟通的往往是女性，她们被称为百蹦；在百蹦判断出鬼的身份与要求之后，主持相应仪式加以禳解的往往是男性，他们被称为葛巴。百蹦与葛巴通力合作，助当地人渡过沟坎。做仪式的人家，给予他们的报酬往往是饱足的酒肉，以及临走时带回家的一份食物。十多年前，偶尔也有少许的钱财，2011 年前后，根据肇事鬼的身份高低，灵媒的金钱报酬有所不同，三五元的常见，百余元的也不新鲜。这是可观的报酬，毕竟，当地的主要财富是家畜和谷仓里的稻米。

又是在那个夏天，醉酒的房东坐在凉棚的板凳上打盹儿。他是当地四里八乡最有能力的葛巴，处事灵活，记性好。醉酒的时候，他脾气最温和，不会生气，总是笑眯眯的。我趁着酒气问他："前几天有个人家搞鬼，是不是百满（满，名字；百满，满的母亲。她是当地的新百蹦）看出来的？"他说："是啊，明天搞鬼的那家，也是百满看出来的。百满厉害！百满能看到鬼，我不能。她看出来，我才能搞。"我说："是不是百满故意说出来，然后让你去搞的？因为你是她姐夫嘛！"

听完，他借着酒气哈哈大笑了起来，未置可否。

这个笑，意味深长。百蹦和葛巴究竟是不是说谎者？教皇究竟相不相信上帝？虽然这个问题与社会文化机制无关，但我却无法释怀。

若说他不相信，当山中野猫出现在他家中时，他认为是祖先向他发出了不祥的警告。他即刻打死了那只山猫，在只有他一人在场的情况下杀了一头猪仔、"搞鬼"，以化解野生动物闯进家屋的不祥之兆。这件事之所以被人知道，还是因为村中的一位青年在闲聊时说起他猎获的一只山猫不见了。我的房东便问了问那只山猫的大小和样貌。当得知被他杀死的野猫并非直接来自山中时，我的房东大笑了起来："我还以为是凶兆，把它杀了，送走了。"那个年轻人当即向我的房东索要山猫的赔偿，我房东也向那年轻人索要一头猪的赔偿。这事在村中成了笑谈。毫无疑问，祖先在他心中。

那他为什么还要笑呢？在与同门张帆聊起此事时，他的看法颇有见地。是谁在笑？当然是我的房东在笑。但是，我的房东在笑的时候，是作为宗教仪式主持人的葛巴在笑，还是作为需要养家的普通村民在笑？葛巴是当地文化中的一种身份，但承担起这个身份的又是一个具体的人。仪式中的葛巴不苟言笑，认真负责，而仪式之外身为葛巴的他却也以另外一种身份存在，以另外一种身份来看待葛巴这种身份和行为。毫无疑问，神鬼信仰在我的房东的心中，他远播的声名也印证了他作为葛巴的实力。只不过，他的小姨子与他联合办公的行事风格让人心生疑窦：这到底是百蹦与葛巴的协作，还是小姨子和姐夫的合谋？

时至今日，他那天的大笑依然在我脑中回旋：我们可能永远无法超越作为体系的文化，却可能以一种文化来审视另一种文化。

美好的财富与祖先：文化承诺兑现时

还是在那个夏天的傍晚，在另一处凉棚下，一个年轻的女子蹦蹦跳跳地走来。她买的彩票中奖了，她是来这个凉棚下的彩票售卖点换取现金的。

现世的财富从何而来？来自祖先，这是当地文化的回答。他们不懂高深的数学，买彩票的时候，他们不依靠概率论，而是靠梦。梦是祖先给后代的提醒。“你梦见了什么？”这是他们在投注点相见时惯常的相互询问。如果梦见了自己去锄田，那么7可能是祖先所暗示的中奖号码，因为锄头的形状像7。有一个中巴司机，他每天都往返于当地村落与县城之间，迎来送往。他做了一个梦，梦见一辆缓慢行驶的汽车挡在他的面前，让他心烦。有一天，在他开班车去县城时，那辆在他梦中出现的汽车正行驶在他的前面。他立即记下了车牌号码：2579。赶在彩票开奖之前，他买了140元的，赔率是1∶7500。开奖时发现，不是这个号码。过了些时日，他妻子阿梅在整理物品时，发现丈夫竟然在这个号码上下了这么大的赌注，她就到彩票点买了当期即第1098期的彩票20元，赔率为1∶7500。2011年7月12日，第1098期“七星彩”开奖，中奖号码为2579。他家有个好祖先，纵然子孙没能如愿，但媳妇抓住了获取财富的时机。当然，靠梦、靠祖先中奖的人家，不止他们。

做田野的时候，我也跟着他们买过几次彩票。有一次，我睡眼惺忪地从躺椅上醒来，看到钟表的时间是17点59分。我想了想，去彩票售卖点投了一注，1579，赔率为1∶7500。后来，他们告诉我，当期的中奖号码是1759。我早就该想到，祖先让我在那个时候醒来并不是偶然的。我就这么错失了祖先送我的那笔田野基金。

祖先守护着当地人的生活，尽管有时并不尽心尽力。但若没有祖先，便无凭可依。他们做的每一个梦，都是祖先让他们做的；他们在山中遇到的每一个异象，也都是祖先让他们看到的。他们期盼祖先在梦中向他们传递美好的信息，并在现实中得到兑现。

坐中巴车的时候，我遇到过阿梅。当我向她问起中奖的事时，她笑得啊……

如果格尔兹还在世的话，他可能会说："笑，值得深描。"

遇见最好的自己 *

黎相宜（中山大学）

我是谁?

在进入海外田野之前，我已经对研究对象——华人移民的祖籍地——侨乡进行了几个月的田野调查。特别是我的研究对象涉及福州的非法移民，我对于这群“没有身份的人”是有一定了解的。只是我怎么都没有想到自己到美国后，也会成为“没有身份的人”。之前，我一直以为只有非法移民才是没有身份的人，赴美后才发现我的研究对象与我的定义不同，只要是没有绿卡或者没有入籍的人，就会被定义为没有身份的人。我很快接受了自己是没有身份的人的“事实”。

记得我到的第一天，就被拥有绿卡的中国籍房东告知：即使你有绿卡，如果你被车撞死了，美国警察也是不会理你的，他们只对美国公民负责。对于这句话，我一直觉得没有必要去寻求其本来的事实，而是将其作为 sojourner（暂居者）心态的一种真实反映。每次我过马路的时候，只要指示灯开始闪烁，哪怕还有时间可以过，我一定再等下一次，我心里想：我不能死在这里，这里的警察是不管我的。

一天，在公交车上碰到一个脸上带有刀疤、一只眼睛已经瞎

---

* 本文的部分内容曾发表于《开放时代》2012 年第 10 期。

了的黑人。大概是他觉得所有人都在歧视他吧，他下车之后，我出于关心望了他一眼，只见他用恶狠狠的眼光盯着我以及车上的乘客，并举起一个打枪的手势。我的心怦怦地跳得很快，生怕他真的拔出枪来，盼望着车赶紧开走。还是冒出那一个想法：要是我死了，是不是没人管的？后来觉得这个问题很可笑，如果人都死了，警察管不管，其实没有多大的区别。人对于死的恐惧大概不是在死亡本身，因为我们其实不知道死是什么概念，而是反映出对目前生存状态的感受。

“弱者”的姿态

我在 UCLA 附近的公寓安顿了一个月之后，有一天晚上，房东告知我这房子不能继续租了（原来我跟他租了三个半月），我必须在一星期之内找到其他住所。我当时立即就想到了两位给予过我帮助的唐人街老华侨。在之前的调查中，唐人街晚上有一些重要活动，我觉得很有必要参加，但是又考虑到很晚回到住处（唐人街离我的住处有一个半小时的车程）不安全时，我会在这两位老华侨家借宿。而且，我也觉得如果能够住在她们家，会便于调查的开展。但是，当我打电话跟他们表达了自己的请求时，她们不约而同地表示了拒绝。当我心有不甘地提出可以交租时，她们也没有同意。这件事让我困惑了许久，为什么当初热情的老人家一听我提出长住的请求时，她们都选择了拒绝。

当时，我准备到旧金山做调查，由于房子不能继续租，一时又找不到住处，所以急需找人帮助看管行李。这时，我想起我的一个关键报导人。他祖籍广东开平，七十多岁，移民前在广州的学校当老师，平常对我也十分热情，主动提供过很多信息和资料。当我拿起电话向他说明情况时，他表示很为难，要与太太商量。最后，他反馈给我的信息是："我们还不熟悉，我们不能帮你看管行李，万一出了什么问题我们担待不起。"

在遭到这一连串的拒绝后，我顿时觉得既无助又气恼，因为我一度感觉与他们已经很熟悉了，结果却意外地遭到拒绝——尽管他们都是待人和善的老人。之后，我就此事进行了反省：可能在一个较为封闭、淳朴的中国少数民族村落里，帮忙看管一件行李、住在家里都不能算是什么大不了的事情。但是在美国的唐人街——一个被全球化席卷的现代化族裔聚居区内，我向我的研究对象提出这样的要求对于他们来说已经是属于"越界行为"，给他们的私人生活造成了困扰。这次经历让我与几位老人多少有了些隔阂，也使得后面的调查受到一些影响。

"共谋"的陷阱

"共谋"，在多点民族志框架中作为"亲密关系"的替代者，首先应当被理解为一个象征，它标志着民族志学者在进行田野调查时力图追求的知识类型的变化。格尔茨在《文化的解释》中提到了自己在巴厘岛做田野调查时的一个特殊经历：他有一次跟居民一起赌博，却遭遇抓赌，然后大家一块儿狼狈逃避。这段"共谋"经历反而使得他原先一筹莫展的田野调查豁然开朗，他也获得了本地人的认同。他后来也反思了"共谋"作为田野调查的重要策略所面临的诸多挑战。（格尔茨，1999）

福州的非法移民是我的一个重要的研究对象，他们大多分布在美国的东海岸，主要以纽约为主。纽约唐人街上的东百老汇大街（East Broadway）堪称是福州非法移民的“娘家”。非法移民所面临的处境，加上我不会讲福州话，不易取得“本地人”的信任，我在进入这个群体之初着实遇到了不少困难。虽然我曾在这个群体的祖籍地进行过一段时间的田野调查，但由于时间不太长，所以积累的人脉资源并不是很丰富，这在一定程度上影响了我的田野调查进度。

一开始，我通过一位在福州就认识的侨领的引荐，采访了一位福建社团的主席。那位被访者以为我是记者，因而愉快地接受了我的访谈。整个访谈的过程都比较顺利，但是当我提出请他再介绍另外一些访谈对象时，则遭到了这位“守门人”（gate keeper）的拒绝：“有什么你问我就好了，其他人都不懂，你不用采访其他人了。”虽然我一再解释自己的田野工作，但是他始终不愿意介绍其他的受访者。于是，我的田野调查由于找不到研究对象而立刻陷入了困境。那段时间，我都因为怕将田野时间浪费在无所事事上而感到焦虑。

而在与那位侨领周旋的过程中，我认识了社团的另一位成员郑先生。他不仅很热情地接受了我的访谈，还提及了他们家乡发生的一起事件：大致的起因是他们家乡由于建大学城而需要征用村里的土地，而这些土地大部分是坟墓林立的墓地，因而遭到了本村人以及海外华侨华人的反对，该村的海外移民纷纷向大使馆、统战部、侨务部门反映情况。刚开始我兴致勃勃地聆听这个故事，因为这也是我的研究重点——华人移民跨国实践很重要的一部分。直到郑先生主动向我提供很多他们集体上访的材料时，我都没有察觉到我正在步入一个研究者常常面临的“陷阱”。

在这个过程中，郑先生也主动给我介绍了一些其他福州移民。在几次友好的接触之后，郑先生以及他们村的另外几个人向我提出，能否根据他们提供的材料帮他们撰写上访信。郑先生说："我们的文化程度不高，也不会用电脑，也不知道怎么将我们村的这件事散播出去让更多的人知道，所以我们想请你帮忙。"从本意上来说，我并不愿意以直接参与的方式介入研究对象的日常生活中，尤其是如此高风险的集体维权活动。但是，郑先生是我当时认识的为数不多的关键报导人之一，而且我在田野的处境如此边缘，我无法预测拒绝可能带来的与"田野关系"断裂的风险。基于这些原因，我当时没有拒绝郑先生提出的要求。

帮助他们处理一些文字工作大大增强了我与"本地人"的接触频度和深度，在这个过程中，我也适时地向他们寻求帮助。比如要求他们带我到福州移民经常出没的赌场以及重要的福州社团参观，因而我接触到更多的福州移民，更深入地参与到他们的社团活动中。这让我以一个"外人"迅速地融入"本地人"的日常生活世界。然而，这个过程也让我更深地卷入"本地人"的社会网络中，"我"经常被人期望要去履行一些义务，经常不得不面对研究对象向我提出的某些要求，而很多要求在我看来是勉为其难的。更为重要的是，随着成员角色的深入，我甚至感到难以拒绝一些不合理的要求。

"共谋"往往变成研究者始料不及的田野策略，使研究者的角色转变成"共谋者"的角色。这种角色错位让我在整个田野过程中处于一种极为焦虑的状态。当我进一步扩大了我的联系人范围时，我不再愿意接到来自郑先生的电话，因为他总是提出一些我不想做但又不得不做的任务。尽管如此，我跟郑先生一直保持着良好的关系，在我待在纽约的两个月里，他确实也竭尽所能地满足了我的一些调研要求，比如参与一些较为秘密的社团内部会议、领事馆宴请有名望侨领的新年宴会以及春节游行等。一直到我“脱离”田野回国之后，我们还通了一次越洋电话。

遇见最好的自己

海外田野调查经常会遇到不少萍水相逢的好心人。比如我曾经碰到过一位拿救济金的老华侨，他表示可以把政府给他的公租房借给我住，而他与太太搬去与女儿住，这样我可以节省大量的住房开支。后来我觉得太麻烦他而婉拒了。但我偶尔也会被各种不了解情况的人拒绝甚至谩骂，还会无心地卷入华人内部的冲突与争执中并成为“替罪羊”。其中确实有不少委屈，但正是上述种种的经历，让我有机会重新认识自己，让我成长，这也让我有更多的机会走进那些移民们的内心。他们带给我的远远不只是田野调查的资料，还有对于穿越国界生活的感悟。他们在全球化所带来的不均等的剥离中，勇敢地克服全球化与世界体系给自身带来的边缘感，不断跨越民族国家的边界以及不同的社会文化空间，以此来积极寻求生活意义与自身主体性的重新界定。这给从来不愿改变现状的我带来的震撼与感动是无以言表的。

现在回想起来田野的那段经历都觉得是人生的难忘体验。我之所以不说是宝贵的财富，是好像这么说隐含着我认为人生是有确定目的的，我们可以通过规划一步步达到这个目的。根据虚无主义的观点，人生的目的都是一样的，那就是死亡。因而我更喜欢把人生当作一场体验，如果有机会，值得体验一下做田野的过程，这与恋爱、结婚、生娃是一样的。

如果很多年后，女儿问起我这段经历，我会告诉她：我很庆幸在自己人生的某一阶段，不计较任何成本、不期待任何回报、全凭一股热情地做了一次田野，在其中，我遇见了最好的自己。

被宠坏的原住民

吴　乔（中国社会科学院）

有一幅漫画叫作“人类学家来了”，是一个头戴旅行帽、胸前挂着相机的白人学者正在离舟登岸，村子里望风的人一声招呼，那些头戴羽冠、文身穿鼻的印第安人正忙着把 VCD、电脑、手机等藏起来。

2002 年的春节，像所有初入行的学徒一样，我怀着天真的人类学家的“献身热情”来到摩梭人聚居区，开始自己的首次调查。但田野的现状很快给我的懵懂憧憬以打击。今天的永宁满

洱海晨曦　（吴乔 摄）

是整齐的混凝土街道和路灯，电视机、啤酒、牛仔裤、摩托车随处可见，村民们手里交换着名片和手机号。而与中国其他变迁中的农村地区的不同之处在于：如同另一个人类学"圣地"萨摩亚，永宁的人口构成中当地人只占三成，另三成是旅游者，还有三成是形形色色的"人类学家"。来这里搞"研究"的人多到可以自己组建一个村子。走在乡间，不时会看到这样的情景：两个穿着打扮本地化的人互相试探，企图将对方发展为自己的报导人（informant），然后当彼此都明白对方身份后交换的是一个愤怒的目光。

对那些不幸的、真正的当地人来说日子恐怕更加难过。大概永宁的每一位村民都接受过不同背景的"人类学家"的饱和轰炸。而且他们也知道对方想要的是什么，甚至生出应对之道。在泸沽湖畔的农家小院门口，在一排排"客房出租""空调淋浴""啤酒饮料"各色招牌之中，不止一处挂着制作考究的木板，上面写着"民俗访谈，每人每次 50 元"。

细心人也许已注意到，以上人口构成总共九成，并未穷尽。而那剩下的一成人口，就是既是本地人，又是"人类学家"的奇特的混合体。我下面的这次遭遇就能说明问题。

2 月 6 日，我来到著名的温泉村。为了能立刻"进入田野"，我请乡政府的一个工作人员同去。他听说我想看一些典型的"母系家庭"，建议我们去访问五户人家，其中第三户家的主人叫杨文新。

我们来到村子头上紧靠公路的一个院子里。院子的一侧不是按照传统样式修建的经堂，而是一排整齐的小单间，挂着一些民族织物。堂屋门口显眼的位置摆着一架木头织布机。一个身材高大、颧骨突出的三十多岁的妇女正跟几个人讲话。同行者说，她就是这家的主人杨文新。

杨约我进堂屋谈话。我和同行的人当即将在村里小店买的茶、酒、糖等礼物送上。女主人收下了，并未称谢。乡政府的人向她介绍了我。我刚想按惯常套路先聊聊家常再逐步引到感兴趣的话题，杨文新却突然首先向我发问："你打算在这里调查多久？"她说的是流利的汉语方言。没想到调查对象会如此主动，我愣了一下说："大约三四天吧……"她将手一挥，说："要了解我们摩梭文化，那点时间远远不够。你应该找个地方住下来，至少待上半年、一年才行。"又没想到她对人类学"深入访谈"的路子和田野时长的国际惯例知道得这么清楚，我有些惶恐地解释："您说得对，要真正了解一种文化，确实需要长时间的观察和共同的生活。不过我这次来，是想在选定深入的考察地点之前，先到处走一走，和各个村子的人都聊一聊，这样来选择要长期居住和调查的地点。"这个女人一点头："当然，这样也可以。"她又说："你们外面的人写了很多书，说我们摩梭人有'尊老爱幼''伟大母爱''兄弟姐妹团结'等这呀那的优良品德。这些东西，都必须在一起住，从一天一天的生活中，从各种小事和细微的地方一点点地观察和体会出来。光谈谈，那没用！"于是她向我介绍，前些年有过哪些外地的学者来她这里调查。说香港的几个人物在她家住得很满意，回去后至今还和她保持着联系。又告诉我，今年下半年还会有一个"日本学者"要到她这里来，说好了要住上半年。我一直插不上嘴，只有点头的份。末了，杨说如果我愿意，也可以住到她家来。我才想起来刚才在院子里看到的一排单间大概是为"考察者"提供的客房，不知道这是否是她的经济来源之一。

我不太想就这个话题继续下去，于是转问道："听乡政府的人讲，您曾经是政府的计划生育干事。能谈一谈摩梭人近年来生育方面的情况吗？"杨文新把头一甩，说道："我们摩梭人的计划生育工作其实最好搞了。根本不用去宣传节育呀、罚款呀。女人自觉就不多生孩子。为什么呢？"她顿住了，看着我。我赶紧知趣地问："是呀，为什么呢？""因为我们母系制大家庭是兄弟姐妹生活在一起的。同一辈姐妹好几个，要是都生的孩子多了，就要闹分家。而我们摩梭人是最注重家庭团结的，都不愿意分家，所以女人生了一两个孩子之后，就不再生了。"我觉得有些牵强，而这刚好又是学科最关注的核心问题，于是追问道："那么，妇女不多生孩子是她们自觉地、有意地这样做的了？"杨又将手一挥："当然！"我有些疑惑，又从另一个方面考证道："这样的话，您能不能告诉我本村已经到乡政府卫生所做过绝育的妇女有多少人？村子里现在的出生率是多少？有多少妇女一个孩子也没生？您在计生部门工作，应该有所了解吧？"杨愣了愣，说道："数字你去乡政府查吧，我不管这个。"

这时我注意到女主人的脸色隐隐有些不愉快，感到可能说错了话。看来这个表现出如此强烈的"民族意识"的女人现在是以"民间"代表自居的，对于过多提及其曾在"政府"干事一节有些不快。

连续两次没有引起愉快的话题，我想最好赶快转到不那么敏感的经济生产方面来，于是说："我这一路过来，看见旅游发展得挺兴旺的，房屋、街道、公路都修建一新了。开发旅游是不是增加了大家的收入呢？"杨的兴致高了起来，对我说："收入当然是有提高了。就说我吧，我去年把村子里的妇女组织起来，搞了一个纺织中心，专做我们民族特色的土布旅游纪念品，人家外边的人看了很喜欢。去年我们这个中心的妇女每个人织工艺品的收入都有三四千块钱。”我问：“您的产品是自己拿到县城去卖呢，还是有人来收购呢？”杨得意地说：“我的工艺品销路好啊，路过的游客看到了就抢着买，根本不用拿出去就卖完了。今年我准备再投资，加大生产规模！”

气氛缓和一些之后，我还是忍不住想提出本学科感兴趣的问题。于是将谈话引到婚姻家庭制度方面来，小心翼翼地选择词语，委婉地问她：“摩梭人传统的婚姻方式是‘走婚’的。我看到的一些资料说，摩梭妇女在结交走婚对象方面是比较自主和开放的，对吗？”在得到她的首肯之后，我接着问：“这样的话，走婚的妇女，可不可以，比如，一个人有几个对象呢？”我十分小心地在辞色中不流露出任何贬义，尽量显得这是一个随意的问题。但是，她的脸色还是一下子严肃起来：“这完全是乱说！没有这样的事！”这个女人再次将手一劈：“这是那些根本不了解我们摩梭人的人对我们的捏造！对我们道德的诬蔑和贬低！”她的辞令之严厉，让我有些惶恐，也不好再问下去了。这真是一次失败的谈话引导。又聊了几句无关痛痒的闲话，主人并没有留我们吃饭的意思，我就示意乡政府的陪同人员起身告辞。

杨文新给了我一个手工织的挎包，说是让我“看着随便给点钱好了”。我拿着这个俗丽的小包，发现上面除了简单的几何图案，还绣着几个歪歪扭扭的汉字“摩梭人值”。我刚想告诉她应该是“织”不是“值”，突然想到：这个汉字别字也可能是故意用来体现“异文化”特色的一道招牌。不说也罢。

临走，她递给我一张名片，正面用汉字印着“阿车·独支玛”，旁边用括号小字标着汉名“(杨文新)”。另一面，是她的手机号和“业务联系”电话。职位一栏写着“摩梭民族文化工艺中心主任”。我接过来道了谢，嘴里虽然说保持联系，却觉得，将来恐怕不会再和这个中心主任有什么联系了……

十多年过去了，我已经成为经验丰富的田野工作者，在许多个民族聚居的农村、牧区进行过长久的调研。但首次田野这次失败的访谈仍记忆犹新。现在回思，当初的挫折感其实一半归咎于自己：读前人调研的书本成果，天真地期待有一块桃源在等待着我。事实是，原住民也跟我们一样有改变自己习俗和生活的权利。这正是“文化相对观”要求的学术伦理。被访谈得多了，村民们对学者的套路耳熟能详也在情理之中。倒是那“污染”，主要来自某些“学者”的不自律。

后来，我在摩梭人中观察和访谈了七个月，谱系记录和一个又一个鲜活的案例都呈现出摩梭人多对多的性爱模式的普遍性。根据其他村民的转述，这位杨主任的爱情生活也同样丰富。但随着调查的深入我也逐渐认识到，现在一些摩梭人对此不愿承认，也是事出有因。摩梭婚俗在20世纪六七十年代曾受到行政部门的粗暴压制，一些违反学术伦理的学者们也曾对此大加贬斥，这让许多摩梭人深感受辱。近年来以旅游炒作为目的的噱头宣传，更是泥沙俱下。不少摩梭人认为，外人将多伴侣的性爱习俗当作摩梭人“原始落后”的一条罪状。更有甚者，某些“学者”因同行之间的攻讦而故意歪曲学术观点，误导当地人。凡此种种，才造成了以本土文化形象自居的杨文新们的紧张和抵触。摩梭人自己的爱情生活原本坦然，就像温泉自古以来的男女同浴，泰然自若，无关荣耻。是外来研究者夹杂道德评判和感情色彩的指指点点太多，才让他们无所适从。我在杨文新那里受的瘪，其实正是这些外力从原住民那儿的反弹。

世界日趋紧密，文化之间相互的影响和交流在加深，这既是无可改变的事实，对原住民来说也未必都是坏事。但我真的希望，造成上面这种影响的，不是我身属其中一份子的学者共同体。

苍蝇与跳蚤：一个人类学者的“昆虫记”

刘怡然（中国社会科学院）

对于人类学田野，人们经常抱有如诗般的想象，湛蓝的天空、起伏的群山、芳香的泥土、袅袅的炊烟，无一不是迷人和浪漫的。然而，这些只是匆匆旅客的走马观花。对于人类学者而言，做田野不仅要与当地人互动沟通，更要与田野环境长时间、深层次地融合。在云南与几种昆虫的邂逅，成为我认识自我、透视田野文化的另一道门。

第一次到云南 HD 村，我被田野报导人安排住在一位 60 多岁的阿婆家里。阿婆是纳西族人，不太会讲普通话，多数时候用

昆虫记　　（刘怡然 摄）

一些方言和手势与我沟通。然而，这并不影响阿婆的热情。我刚一进门，她就拉着我进厨房，并递给我一个很大的铁碗。她微笑着对我说这是刚打下来的生栗子，是村里的特产，执意让我尝尝。她将碗递到我面前，我虽然没有看清里面装的是什么，但阿婆的盛情难却，我只好把手伸进了碗里。谁知手刚进去，就从里面嗡地飞出了一大群苍蝇。我一下愣住了，心里嘀咕这被苍蝇捷足先登的栗子到底还能不能吃。我抬头看看阿婆，却发现她正笑嘻嘻地看着我，好像一切正常。虽然心里觉得有点不舒服，但为了不让阿婆尴尬，我还是装作一副若无其事的样子，把栗子咬开放进了嘴里，并对栗子大加"赞美"了一番。看到我"开心地"吃下了栗子，阿婆脸上绽开了笑容，还劝我多吃一些。吃了几颗之后，我也逐渐从开始时的抵触变为坦然了。同时我也意识到，与环境融合是人类学家田野工作的重要部分，既关系到如何与当地人相处，也关系到如何理解当地人与他们所处环境的互动。

在田野中经常与各种各样看得见的昆虫接触，时间久了，反感、抵触和恐惧也就渐渐淡了。然而，看不到的昆虫却成了更大的挑战。在阿婆家住了一个多星期后，我感觉自己已经熟悉了周遭的环境，没想到田野却给我出了另一个难题。

在一次外出访谈回来的路上，我突然感到左手臂一阵瘙痒，拉开衣袖一看，七个红色大包赫然突兀在手臂上。想到正值秋天，蚊虫很多，我就自然而然地认为那是蚊子叮咬所致，完全没有放在心上。然而过了两三天后，这些红肿的包不仅没有好，反而越来越肿，而且由红色的小疙瘩变成了大水泡，奇痒难忍。不仅如此，腿上和身上也零星地开始出现类似红肿的小疙瘩，这让我十分惊慌。我向周围村民求助，他们都很热心地帮我出主意。

阿婆怀疑是我对田里喷洒的农药过敏，可能在田间走的时候被喷到了农药；有的村民怀疑我水土不服，可能不习惯吃的、用的东西；还有村民认为我是被跳蚤咬了，让我涂抹蚊虫叮咬的药。为了确定原因，我拜托村民带我去了县里的医院。医生确诊这些小包上有跳蚤咬过的痕迹，并且给我开了清凉油和风油精。

得知这些疙瘩是跳蚤造成的，我一时难以接受。自己一直那么勤快地洗澡、洗衣服，为什么还会被跳蚤咬呢？回到住处，我把衣服、被褥一股脑儿地全倒进了洗衣机，还进行了彻底的晾晒，以为这样就可以解决问题。然而，事实证明这些措施并没有任何效果，我身上的红点还是越来越多。虽然这并不是什么重大病症，但浑身的瘙痒让我无法专心工作。最后，我忍无可忍，买来灭害灵喷在屋里的每个角落。灭害灵的气味很冲，对人体的伤害也很大，在屋里待一会就会被呛得咳嗽不止，我只得一整天躲在外面做访谈，不敢进屋。村民在表示同情时也都在笑话我，还给出了我之所以被跳蚤咬的另样解读。他们认为，正是我“太爱干净”，每天都要洗澡，跳蚤才“喜欢”我，因为它们可以闻到“新鲜肉”的味道；而他们一两个月都不洗澡，跳蚤感觉不到肉的味道，所以从来不咬他们。我不禁觉得有趣，同时对“干净”与“脏”的固有认识也受到了很大冲击。虽然至今我也没有弄清楚为什么跳蚤“只咬我而不咬当地人”，但村民们给了我一套有趣的本地解释。他们的解释源自他们在当地长时间生活的感受，源自与所处环境的融合。在田野过程中，我们对文化的理解不仅来自被访谈对象，更来自与当地人同吃同住过程中的生存体验。这些看起来不起眼的小昆虫，其实是文化最纯粹的透镜。

田野中的身体感：梯田、橡胶林和毒虫

张　多（华中师范大学）

这一天是2015年哀牢山区哈尼族“苦扎扎”节的第一天。傍晚，金华大哥说要去梯田里祭祀水神、谷神，我说也要跟着去。下了一天小雨，天地都是湿漉漉的。

出门前大哥换上了高筒橡胶雨鞋，他也找了一双让我换上。我从没有穿过这种老式的高筒胶鞋，穿上雨鞋，我竟然不会走路了，完全没有脚感。因为鞋底较硬，我感到自己的脚底失去了抓地力；由于鞋筒齐膝，脚踝也使不上力。可大哥已经在前面走了好远，我只能三步一个趔趄地追赶，颇为狼狈。

村中的小路非常湿滑，我很费力才能追上大哥。从村子穿过一片森林，就要进入梯田里了。田里只有窄窄的田埂可以行走。在出村的路上我一直后悔换了这种陌生的鞋，可是进入梯田，当我两次失足踩到水田里时，才明白了这种雨鞋的好处。原来大哥早知道我走不惯田埂。

田埂实在太窄，又湿又滑，满是泥泞。田埂一侧是高崖，崖下是下一级水田。在这样的道路上行走，大哥竟然健步如飞。我一只手拿着相机，一只手撑着伞，一步一步地在田埂上挪，生怕失足掉下去。可我又必须追上去看祭祀，只能使出浑身解数。我终于切身体会到耕耘梯田的不易。

我并不惊讶大哥能健步如飞，因为他生长于斯。但我惊讶的是自己步履维艰、狼狈不堪。我忽然意识到，我对这片土地竟然如此陌生！自己以前写的文章，都是脱离了土地感的，就像我的脚穿上雨鞋那样“无感”。我意识到田野作业不能仅仅是参与观察，研究者的身体必须要熟悉这片土地。只有当身体真正参与到田野中去，才能真实地体味到身体对于这片土地的陌生，那些陌生的用具、陌生的体位、陌生的言语、陌生的触觉……这种陌生感让田野点的生活变得真实可触。

我想起2012年我到哀牢山西麓李仙江流域的哈尼族村落调查。那里由于海拔低、热量好，河谷中以种植橡胶树为主。我关注的是橡胶种植给村落生活带来的改变，但调查了几天始终感觉不到问题的实质在哪里。我决定跟着小吴哥去体验一次割胶。

凌晨3:30，小吴哥叫醒我。这时村里的胶农们都陆续起床，准备前往胶林割胶。雨季的凌晨4:00，村子周围的橡胶林湿度很大，雾锁青山。经过夜间的光合作用，这时胶林里空气沉闷。小吴哥用摩托车载着我在土路上飞驰，一会儿就来到他家的胶林。胶林顺着山势层级而上，割胶要从山坡下层的胶林割起，依次向上到顶层。

橡胶树的株距一般有2.5米，小吴哥怕我割坏了树，不让我上手，就叫我跟着他看。一棵树的割胶动作主要包括：割胶、检查胶舌和胶杯、安置防雨裙。熟练的胶农大约30秒就能完成一棵树的割胶工作。小吴哥身手极快，我还没反应过来，他已经窜到下一棵树了。三个动作在成百棵橡胶树上不断重复，从山下到山顶。小吴哥越干越起劲，我才跟他上了三层胶林，已经累得爬不动了。因为来之前只睡了两三个小时，爬到最后两层我又累又困，实在体力不支，就在一旁休息。直到6:40日出，小吴哥已经完成工作，割胶约360棵树。此时，夜间流出的胶乳已凝固成胶饼，胶农开始第一次收胶。7:20 小吴哥收完胶饼，我们这才回家。

这次割胶，让我的身体置于真实的时空中，感受到层层胶林对人的身体意味着什么，感受到黑白颠倒对生活意味着什么。我忽然明白了橡胶种植与过去的水稻种植相比，完全改变了胶农的作息时间。于是我在时间制度上找到了观察文化变迁的突破口。

在田野作业中，如果研究者的身体没有参与到关键的生活环节，光靠询问是远远不够的。生活文化是“刻写”在身体上的，研究者的“参与”应以建立地方的身体感为目的。只有当一种文化的身姿和体态慢慢刻写在研究者身上的时候，才是学术与土地融合的时刻。

但是这种“刻写”也可能是刻骨铭心的疼痛。我在滇南哀牢山区田野作业，总要面对毒虫、虱蚤的叮咬。2015 年夏天最严重，全身被叮咬 80 多处，伤口起初是奇痒无比，我自带的国产药膏、缅甸万金油全部失效，后来伤口一经触碰就会疼痛，我不得不提前结束调查。后来，我休养了三个月才痊愈，而且身上留下了永久的疤痕。从此以后，每次进山我都要购买市面上最强效的防蚊液、防虫液。

在哀牢山，我深刻体会到身体与土地的距离。有时候我很沮丧，感觉自己的身体对这里的山地社区来说就像一个异类，格格不入，处处不适。但是当我克服了身体的陌生，初步建立了身体感的时候，我的田野也才真正进入更深入的阶段。对每一个田野工作者来说，自己的身体如何建立对田野地点的身体感，始终是绕不过去的问题。但对我来说，毒虫的身体感还是“无感”为好。

“荤花儿”

周　星（日本爱知大学）

1989年9月，我离开中国社会科学院民族研究所民族学研究室，到北京大学社会学研究所的社会学博士后流动站，师从费孝通教授，开始了为期两年的“博士后”研究工作。当时，费先生主持的国家“七五”哲学社会科学重点课题“边区与少数民族地区发展问题研究”已经完成了前期的问卷调查，接下来，还需要做进一步的补充调查和撰写最终的研究报告。于是，费先生和主持社会学研究所工作的潘乃谷、马戎教授就安排我除了做自己的博士后项目“黄河上游多民族地区专题研究”之外，也参加费先生这个课题的相关调研工作。

按照费先生“东有温州（模式），西有河州（模式）”的思路，1990年7～9月，我和研究所的同事刘援朝一起去了甘肃省的临夏回族自治州，也就是“河州”做田野调查。我们的任务是回访此前由临夏回族自治州州委党校组织实施过的问卷调查中的一小部分对象农户，而不是定点的社区调查。回访工作要求必须进村入户，而当地的回汉农户又居住分散，所以，调查非常辛苦。记得是在和政县，我和援朝连续几天在下面几个村子奔波，有点精疲力竭，就商量回到一个小镇上稍事休息。

说是小镇，其实也就是一个稍微大一点的村落，因为处在几条公路的交会处而显得有点人气。这天晚上，我们住进了一家简陋的旅馆，由于那里靠近青藏高原的边缘地带，昼夜温差大，晚上还是挺冷的，于是就想喝点小酒，暖暖身子解解乏。可是，酒也不那么容易买到，我就去找旅馆值班的老王。

老王四十多岁，是个有着古铜色脸的复员军人。不一会儿，他就带了一瓶白酒和当地的一些点心、花生来到我的房间。几个人一边喝酒，一边闲聊，或许是因为我和他说起了西北方言，彼此觉得挺亲切。二两酒下肚，话匣子打开，用方言一“谝”，几个大男人的话题就自然而然地扯到了女人。老王一高兴，就唱起了“花儿”。没错，就是标准的“河州花儿”，只是那些词却全是些“荤花儿”，当地又叫“骚花儿”。尽管我对民间歌谣中多有“荤”的要素也略知一二，但老王的“荤花儿”还是让我大开眼界。

> 西山的云朵东山里来，
> 东山里下一场雨来；
> 尕妹是牡丹阳沟里开，
> 阿哥你浇一回水来。
> 院子圪塄里的韭菜，
> 绿绿地长着；
> 尕妹的阳沟阿哥的水，
> 如如地流着。
> 白牡丹丢在河里了，
> 眼看着捞不上了；
> 热身子搂在怀里了，
> 实实地舍不哈了。
> 阳沟里水长流着哩，
> 盘窝里喜鹊卧着；

花被子捂哈了等着哩，
麻麻黑就炕上日着。

老王几乎是喝一杯酒，就唱一首“荤花儿”，然后，大家哈哈一笑。就这样，一首接着一首，一晚上我就记录下来几十首之多，虽然这和我们的调查任务没有直接的关系，但也算得上是来自“田野”的意外收获。在当地，这一类直接触及男女性事或性器官的“荤花儿”一点也不稀罕，它虽然上不了台面，但在男人们之间绝不是什么秘密。而且，当地的乡民们都知道的规矩是，“荤花儿”绝不可以在村里唱，更不能冲着别人家的媳妇、闺女唱，它只能在山野地里唱，或在一伙男人堆里唱唱，宣泄一下而已，不然，就有可能惹下大麻烦，被人家打断腿也说不定。

一般来说，这类赤裸裸、坦荡荡的“荤花儿”并没有多少思想性，其审美价值也比较有限，难怪它长期以来备受忽视，在绝大多数有关花儿的出版物中，都把它排除殆尽，好像它不曾存在一样。但是，只要我们提醒自己不用“道学家”的眼光或心态去考察它，就“荤花儿”的社会与文化功能而言，它确实又是一类非常重要的“社会事实”或民俗文化事象。对于研究者而言，它是不应该回避或否认的存在，在滋生它们的社会或文化里也并非不可理喻、不可解释。进一步说，“荤花儿”也绝非孤例，类似的“荤歌谣”“荤故事”“荤笑话”等，在中国各地民间文化的沃土里，都是蓬蓬勃勃地生长着的，只是那些前来“采风”的知识分子们对它熟视无睹而已。当时的我曾经设想过，等再多做一些搜集的功夫之后，不妨对它做一番探讨，但遗憾的是，自那以后我却再也没有回到这个题目上去。

女人下井，就会有塌方

彭流萤（中国文联电影艺术中心）

2008年，正在读研的我跟随硕导进行湘楚文化与湖南影视文学的区域研究。这年6月，中国广播电视协会纪录片工作委员会与平江县政府邀约了一个高清纪录片的拍摄大赛。作为湖南台的编导团队成员，我带着调研和编导的双重任务随之前往。

这次纪录片拍摄以平江的自然风光、人文景观、民俗民情和原生态保护等为背景，出发前我们就搜集资料、查找档案，做了各种案头准备功课。在从长沙驱车赶往平江的一路上，大家谈笑风生，都觉得再不行，那么山清水秀、物华天宝的地界，拍个风光片，配点优美的解说词，我们也是志在必得。

到了现场，我们抽到的题既不是汨罗江也不是福寿山，而是在当时的网络上根本搜索不到什么资料的黄金洞金矿。从开机到收尾，只有七天不到的时间，而这点时间对于田野调查来说，连个板凳都坐不热，也就只能浮光掠影地拍点风物人情了。这个完全在意料之外的拍摄主场，让大家一时慌了手脚。

跟我们对接的是当地的金矿公司，管事的大哥很快就联络上了我们。带队的老师想要了解开矿前后的各种情况，但是除了公司的简介和一些产出数据，其他材料就没有了。我们找了县里文化馆的老人，但对于这个乡镇的人文渊源也没更多地介绍。这种情况，稍不留神就只能拍成一个企业的宣传片了。而要对一个矿区进行拍摄，必须要实地展开深入调研，对该区域的情况有全面的把握。怎么拍既能突出城镇特质，又能不落入企业宣传的窠臼，这还真是给我们出了个难题！

尽管如此，这个充满财富的地方仍然以其金灿灿的光芒吸引着大家。从县城到传说中的平江最富有的地方黄金洞乡，两个多小时的车程，大家从卓别林的《淘金记》聊到对矿上的种种憧憬。

当小车终于驶进矿区，开进金矿所谓的大门时，从没有在金矿甚至矿区生活过的我们，几乎都惊呆了！到处站立或坐或卧在矿区路边的都是身着工装的男子，黑黢黢的脸和衣服的颜色应该都是由相同的物质蹭染而成的。偶尔几个工棚里飘着浓烟，也仅有个别随工的妇女进出倒水，或蹲在门口择菜。镜头所到之处，并没有想象中金光闪闪晃瞎眼的情况出现。

小车颠簸了十几分钟后，停在了矿上唯一的一栋两层小楼跟前。联络的大哥把我们领到了二楼，每人一个单间，已经算是这里最好的住所了。一路奔波，既没有看到传说中的黄金，也没有看到任何能跟明晃晃的财富发生直接关联的、可供拍摄的、成型的器物。

而这个矿上唯一的招待所，所有房间的门窗都没有锁！怎么洗澡？怎么睡觉？南方的六月天啊！不仅如此，我们还带着大批重量级的、昂贵的摄录设备。窗外还是两排比楼还高出一截的大树，枝丫横生，站在窗边，这些树触手可及。在这荒山野岭、满是男人的矿上，要进行一周的拍摄和剪辑，还要住在这个翻墙爬树就能随意进出的地方，安全问题让人变得无比焦灼。

作为团队唯一的女同事，大家商量把我的房间换到中间。这样，隔壁几间住的都是同事，他们晚上睡觉时都门窗大开，如果有情况，大家也容易惊醒。即使如此，我还是把门窗关闭，又全部堵上桌椅，窗外风吹树叶沙沙响，我还是一宿没敢睡觉。第二天一早，想拍内陆淘金的愿望还在。我鼓着黑眼圈跟着矿上指引的大哥去了最大的矿工作业的洞口，拍摄了几辆运送矿工和矿土的车，随后，我们提出必须下矿拍一些真实的作业镜头，大哥说其他人都没问题，指着我一下就为难了。

这里，矿山一座挨着一座，但是矿里从来没有女工，也有不让女人下矿的规定。大概说是担心女子体力弱，肺活量不够，矿井下条件更艰苦，怕会出现缺氧性昏迷，也怕出现啥意外。这些我倒不在乎。但是只让摄像和剪辑的人下井，而把编导留在上面，对于做片子来说肯定是不行的。于是在团队的坚持下，并做了充分的保证后，大哥从附近的工棚找来一套下矿的装备，我直接往身上一套就跟着大伙儿上了矿车。矿车越往下走，寒气就直往身上扑。比起衣服上浓浓的汗酸味，矿下的黑暗和曲折更加令我震撼。此时，脑海里那些橱窗中精美的黄金首饰和器皿背后，都是千淘万漉辛苦工作的矿工们的身影。

从矿井出来后，大家松了一口气，但又担心里面光线暗淡没有拍好，于是都挤在洞口旁边看素材回放。路边的老人把抽着的烟斗往地上磕了磕，斜睨着我说："女人下井，就会有塌方。"大家都劝说让我当玩笑来听就好，我却被着实吓了一大跳！想想那些为了生计辛辛苦苦的矿工们，跟拍片赢比赛相比，剩下的几天我唯一的希望就是：这个禁忌，能够因为我只是外来的一个拍摄者而失效。

后来，因为主办方的调配失当，加上金矿管理层的介入，要求我们能在片子中反映矿区资金税收等问题，而随着我们在矿区生活调研的逐步深入，更多现实的想法被激发出来。我们既无心拍摄碧水青山的大好风光，更不可能拍摄出一个地方的产业宣传片。于是，我们的团队只能与纪录片比赛遗憾地作别了。回平江县城的时候，路过长寿镇，大家停车买了一箱长寿香干，边吃边感慨：如果只是拍点美食美景，那真的是最轻松的记录了。那些触及真实人性和人生故事的发掘，实在是需要强大的内心，需要无比坚韧。

在突发事件与非寻常的参与观察中，对于田野中性别与身份的界限、行业的禁忌与潜在的风险，我第一次有了切身的感受！而今，离开平江金矿已有 9 年，偶尔想起，唯一的希望也就是矿井里的所有工人们都能一直健康平安！

谁在说

李　芳（云南师范大学）

为了解村里的事情，我总要观察村民的生活并与他们聊天。今年年初的一天，我在滇南乡村的一个小菜市场里，从围观麻将大战的人群中，找到了一位满脸皱纹但据说头脑清楚的老人。

观看战况与参战的都是村里上了年纪的闲散男人，没有一个女人。看到这种情形，我心想：凑过去不合适，肯定招人话柄，等散场吧。这一等就等到了下午。三点多的时候，在村边的大榕树下，我看到这位 93 岁的老爷爷在大日头下扛着一捆绿皮甘蔗从村头不紧不慢地走过来。

上前与他搭话，说明意图后，李老爷子回了我一句："和你不熟，不给你讲。"我补充了一句："我有一个朋友和您三儿子熟，您儿子说可以找您的。"老爷子又回我一句："我儿子不在家，等他回来再说吧。"我顿时无语，意识到这是一位不好说话的老爷爷，尽管看起来很慈祥、很面善。

晚上，我灰溜溜地回到住处，和常在村里走动且与李家老三有来往的一位朋友说起这次夭折的访谈。可能是出于对我的"同情"，朋友和我谈起了李家先辈的一些事情。朋友的讲述自然是从其他村民以及李家人那里听来的。

李家祖辈与李姓老人自己的故事

李姓老人的祖父早年在村里务农，但因为当时村中人多地少且土地贫瘠，生计难以维持，为谋求活路，也曾在临安到个旧的驿道上走马帮，可这样也只能勉强维持生计且要面临极大的风险。后来在极为偶然的情况下，李家的这位祖先在个旧的一片矿尖里发现了富矿，获利丰厚并致富，摆脱了穷困的生活。李家由此跻身临安城富户之列，并与同为富豪的沈姓与郭姓联姻。因着联姻，李家在一定程度上与临安城里的豪门大族也建立了联系，这在某种程度上是有利于李家在民国初年的发展的。

李老爷子的父亲接手家业后，在临安城里成立了商号。凭借他本人卓越的经商能力，李家锡矿所采大锡出口香港，生意规模极大。与此同时，他本人也为村里做了一些事情，如出资打井解决村民的饮水问题等。

中华人民共和国成立后，实行公私合营与资本主义工商业改造。于是，李姓老人就在改造后成立的锡矿公司上班，成为村民所说的“挣工资的人”，20 世纪 80 年代退休后回乡养老。现在和在村里以种地为生的大儿子一家住在祖辈留下的、极为宽敞的、上下两层的木结构老房子里。但这栋老房子还有四五家其他姓氏的居民，他们均是在土改没收地主财产分配给贫下中农时搬进来的。

听完这段叙说，我顿时觉得李家祖辈的故事很有传奇性，李家的发家史也是够稀奇的，得有多好的运气啊！我想：李姓老人也是一位精明之人和“隐士”，在乡村里颐养天年，享受天伦之乐和自由，比待在由混凝土、钢筋构筑的城市空间里强多了。

李家四代人的故事：自家的“辉煌”历史

第二天，老人的三儿子回来了，同意我和朋友去他父亲家拜访。路上，朋友和我说，他家的门很难进的。我顿时心生困惑，村里人一般是可以随意串门的啊。

李家位于村子中央，我们在一条曲里拐弯的小巷里走着。走到巷子尽头时，看到一座门楼高耸的宅院。仔细打量了一下，发现大门两边的墙缝中还插着带灰烬的半截香条。一条灰白色的土狗突地从不甚低矮的木制门槛儿里跳出，冲我直吠，凶猛异常且非常吓人。在一连串的犬吠声中，李家老三出来喝退了他家的狗。此人一脸精明相，头发略有些花白，近五十岁的样子，衣着讲究，谈吐“不凡”，完全不同于他那位有些木讷、内向且弯腰驼背的大哥。

我们进到堂屋时，李老三的父亲不在，给我们讲故事的就是他了。他父亲对于村里的情形了如指掌因而有人借此来访，这件事显然是让他极为自豪的，可能还有几分自傲。但我看得出来，他更感兴趣的是讲自己“辉煌”的家史，如曾祖、祖父的风光、名头和排场、财富以及强大的人脉关系等。他的叙说，很明显地有“精英”史的痕迹在内，出言必谈民国时期云南政界大人物与其祖先的关联。某种程度上，这位曾在省城政法系统工作且经常来往于临安与个旧的李家老三也颇有以精英自诩的意味。我们谈话的时候，他主讲且谈锋甚健，他大哥几乎是不插嘴的，一直很沉默。

其间，他还谈到了他祖先盖房的历史及盖房的巨额白银花费。于此，李家老三很是自得，特意强调了自家祖先的阔绰。出于礼貌和好奇，我们参观了他家老房子上的各种装饰性的木雕、山水画、书法以及作为转角跑马楼式建筑之一的美人靠等。颇具文人雅士情趣的院子里，还有一大盆正开着紫色花的三角梅做装点。梅树下方摆着一个装满了水的龙纹石缸，细看，石缸上还有民国某名人的题字。据题名来看，此物显然是其祖父时代留下来的。现从事房地产开发工作的李老三很是看重这件“古董”的市场价值，貌似对它的期望很高。

父与子的故事：怀旧与世故

李家老爷子每日的生活是很有“规律”的：按时回家。他回来的时候，我和朋友正站在他家堂屋屋檐下，他把买来的且已经加工处理过的排骨和莲藕递给满脸沧桑的大儿子后，就径直进屋看电视去了。对于父亲的一声不吭，李老三并未在意，而是接着说：“以前我家还有自己的书房和厨房，就在这个院子里，后来都给拆掉了。”

交谈中，我回头瞥了一眼，注意到李姓老人看的节目具有很浓的怀旧感，讲的是那个风起云涌的年代的事情。此后，身着草绿色衣服的老人再没有和我们几位说过一句话，十分专注，像是一尊雕像，完全沉浸在自己的世界中，只有家养的猫咪进进出出。

李家老三送我们出来时，倒很是客气。站在门口时，原先很凶猛的狗围着我们跑前跑后，显得很可爱、很友好。看到这种情形，李老三说：“狗就是这样，你对它好，它也会对你好。”听到这话，我和朋友笑了笑，心想：这个人人都知道吧。注意到我们的反应，李家老三又接着说：“这狗是见过世面的，它和某明星同名。”这次我们还是没主动开口，但心里已经有了数，于是顺着他的话接下去，恭维并称赞了两句。

看我们注意到他家正对面的屋子时，李老三说："这里本来是有一堵照壁的，集体化的时候给拆掉了，办起了养猪场，屋子是家里后来才建起来的。"顺着梯子上去，在屋顶上，视眼确实更为开阔，能看到村子的全貌，也能看到村子背后的小山。"风水好。"李老三笑着说。

告辞时，李家老三仍然很有礼貌和风度。回去的路上，我和朋友谈论起他讲的"故事"的真实性。我觉得有很多夸张的成分，攀附大人物和期盼发达的心态一览无余。而朋友也有同感，说这个人喜欢吹牛和夸耀，比较势利。他进一步说，李家有位近亲，人是好人，很正派，但李老三看不起他，就因为他家穷。至此，我更是深深地明白了为什么他家的门难进。精英的"精"，对于李家的后代而言，在于精明和算计，而不在于才华、文雅和为民。

"精英"史与"平民"史

听完了一部滇南乡村的"精英"史，看到了乡村里的"精英"后，我不由想到"精英"史的背后，遮蔽的是怎样的"平民"的历史？世人或许更羡慕权势与富贵，向往"精英"或社会上层人士的生活，那平民的生活和经历如何得以表述？

李家的祖先和李家的后代，是自以为精英的。而事实上，李家本身也是自贫民而起的，李家后代中也不乏平民。但在被讲述的故事中，李家历史上的贫与现实中的"平"似乎不再重要，呈现于我们眼前的是一个豪族的往昔繁华和子孙对于繁华的追求、向往与回忆。无论是李姓老人还是他的三儿子，在某种程度上，似乎都是在把自己的生活过成一部历史并乐于对某些熟人讲这些过去的事情。

村里的他姓村民，在李家人眼里，自然是平民百姓。虽然他们可能参与了清末至民国时期个旧锡矿的开发，也参与了矿山上的劳动，但按照“经济理性人”的判断来讲，大部分村民们在社会地位的剧烈转变、巨额财富的积累方面是无望的。与此同时，他们所参与的历史以及在历史里扮演的“角色”也是被李姓“精英”有意无意地抹杀了，他们也沦为口头叙述中的边缘人和“陪衬”。

我觉得，更重要的是要思考叙述者的心性与心态。谁是平民？谁是精英？平民视角与历史—现代化视角下的李家家史和村落史又会是怎样的？这似乎又是复杂而错综的，抑或是我思虑过度从而陷于过度“解构”和“反思”？这也未可知吧。

喝下一碗酥油茶

马斌斌（云南民族大学）

在经历了田野的历练后，许多人对自己的田野都会怀有这样或那样的感慨，有时甚至是抱怨。尤其是在初做田野，所抱有的许多美好的期待和想象与实际上遭遇的不悦形成反差时，那种心境是无以言表的。但时过境迁，最后留下的是什么，不同的人有不同的追忆。

记得初到A县城时，是几近腊月的时光，整个A县城像此时的季节一样，一片凄冷，整个大街上，连行人都见不到几个，凛冽的寒风吹得呼呼作响，自己只能一个劲地裹紧衣服，赶紧四处寻找避风港。几经周折后，因为没有找到人家可以落脚，所以我暂时在宾馆里安顿了下来，宾馆便成了自己的第一个落脚点，然后以此为中心在县城里晃荡了两天。A县城并不大，两天的足迹已踏遍了整个县城的每一条街。随后便在一通接一通的电话后，拜访了来A县城之前已经确定或许能够提供帮助的人，当然这种帮助包括提供住处。于自己而言，如果每天都住在宾馆里，即使做出了成绩，这种代价也是极其昂贵的，而且也与自己的专业要求相悖。

幸运的是A县城里有一座清真寺，因为自己本身是回族人，俗话说“天下回族是一家”，出门在外的回族人多半都会向清真寺靠拢，因而在田野乏力的时候或者束手无策时，自己都会去找清真寺里的阿訇坐一坐，去找他聊聊一些情况，巧合的是，正是在那个“坐”的过程中，一次偶然的机会，我与为我提供住处的X相遇了。经阿訇的介绍，我俩便有了初步的认识，我对他的印象也只停留在对他身份的了解上，即他是一个藏族和回族结合式家庭的男主人。

那天，在几经迷茫和无策后，在A县城遇到这样一个“人”（藏族和回族结合家庭中的“回族人”）于自己而言无疑是救命稻草，自己当时就想，如果他能够给我提供住处那该多好。于是，当他邀请我去家里坐坐的时候，自己也就毫不推辞地去了。

跟着他走进了一个木质结构的藏式小院，共有两层房屋，下边堆木板、杂物，类似于仓库，上边住人，客厅则设置在上层，与卧室是相分离的。整个房屋干净而有序，由于是藏族和回族结合式的家庭，因而家中有伊斯兰教的装饰物，如麦加清真寺的图案（克白图），也有藏传佛教的经堂（供着各类水果和插电长明的替代酥油灯的小灯），伊斯兰教式的装饰物在客厅，而藏传佛教的经堂安排在厨房里，因为是两种不同的神圣存在，因而两者是分开的，但作为一个整体的“家”，又是结合为一个整体的。平日里，男主人主麻（星期五）去清真寺礼拜，跟着阿訇学习《古兰经》经文，作为藏族人的女主人，则时常去转经，并更换经堂前边的贡品。

热情的主人把我领到家里后，邀我参观了一下客厅和房屋，然后我随他到了厨房里的火炉旁坐了下来，他让我坐下后，立马打了酥油，煮起了酥油茶。没过几分钟，眼前一个精致的小碗里，已经盛满了白中泛黄的酥油茶。望着眼前的酥油茶，我的内心是矛盾的，因为作为一个穆斯林，在饮食方面存在严格的禁忌，虽然他是“回族”，但自己的内心依旧在纠结中，因为毕竟

"他"和"我"所处的环境是不同的，我出生并成长在西北一个传统的回族家庭，自幼耳濡目染着宗教所赋予的一切，而"他"虽是回族人，但他的家庭结构却是我以前从未遇到过的，如果不是亲眼所见，我自己是不相信有这种现象存在的。随着脑海中的各种挣扎，我手上也做出了犹豫不决的动作，手伸向那碗酥油茶三四次，却没有勇气端起来喝，主人家看到了我的举动，对我说："喝吧，是干净的，家里从来不吃猪肉，也不把猪肉拿到家里的。"听到这样的劝说，一时间，想说什么但竟然无法开口，其实很多时候，对于"干净""清真"都是无法清楚地表述的，尤其是在这样的境况下，如果我很较真地给他说什么是清真，那么无疑是在怀疑他的"回族"身份，但事实上自己心里清楚，真正的"清真"并非只是不吃猪肉，不吃有关猪的一切食物。

尽管如此，在他的一席话后，我还是在犹豫中端起了小碗，凑到嘴边，再三犹豫后，喝下了第一口酥油茶，一口下去，感受到的是浓浓的盐巴味，此外，还有其他什么味道，我一时间竟没有尝出来。紧接着第二口、第三口直到把整碗酥油茶喝完。在此过程中，内心有种说不出来的感觉，感觉自己犯了错，但又觉察到，这是不同地域的"回族人"的另一种生活方式。每喝掉一点点，热情的主人都要给我添满碗，但都被自己劝阻了，一来是内心的不安，内心始终存在些许的挣扎，因而并没有那么的理所当然；二来是因为，之前听朋友说起，酥油茶喝多了会变胖，自己个子矮，一想到变胖，自然就没有勇气再多喝。就这样，我和他坐着、聊着，看着他喝茶，不知不觉间过了一个多小时。

后来，他问及我的住处，我很诚恳地回答说暂住在宾馆里，他说："搬我家住嘛，今天不行的话明天就搬进来，吃饭和我们一起嘛，大家都是回族人，你和我家儿子的年龄一般大，一个人在外边不容易，而且还是学生。”听到这些话，我内心充满了感动，竟连丝毫客套的、推脱的话都没有说，赶紧一个劲地答应：“好，好，我明天就搬过来。”那天聊完后，我回到宾馆住的地方，别提有多高兴，因为自己终于有住的地方了，再也不会为住处发愁了。

第二天，我如约搬进了 X 家，单独住在一个房间里。之前的田野经历给了自己不少的教训，因为每走到一个地方，首先要解决吃住问题。对于其他大多数人来说，这可能并不存在困难，但因为自己是回族人，所以每去一个地方之前，都会认真考虑吃饭问题，即那里有没有清真餐馆，有没有回族人家之类的问题，次数多了，为了方便起见，便自己带着电饭锅，每到一个地方都自己背着“锅”，自己做饭解决吃饭的问题。这样次数多了，老师和同学们都称我为“背锅回”，当然这次也不例外。尽管来之前我已经了解到 A 县城有清真寺、回族餐馆，但还是自己带了锅，以防万一，后来的日子证明，带锅是对的，因为整整一个多月的田野里，都是自己在煮饭。

在安顿好后，我拿出了自己的锅，每天早起煮一碗稀饭作为早餐，然后早早地去找寻田野对象，开始一天的工作。下午回到住处，一碗挂面就是最好的晚餐，即使每天他们都热情地喊我一起去吃饭，但自己始终没去，因为无法突破自己的心。我可以接受并尝试去喝掉一碗酥油茶，但始终不能说服自己与他们一起吃饭。鉴于此，主人家会时不时地送来几个鸡蛋，时不时地拿来一个饼子，或者是一点蔬菜。其实很多时候，很多次，我都不知道该怎么样去把自己“表述”清楚，尤其是对从未听说过何为“清真”的人，因而大多时候，自己便成了“无法表述的表述”，当面对“没关系的，吃吧，是干净的，没有猪肉”时，我竟不知道如何去“表述”何为我们意义上的“干净”。

此后，正因为有了第一碗酥油茶，也就有了第二碗，于是在整个田野里，自己时不时地都会在主人家里，喝一两碗酥油茶。于自己而言，平生第一碗所遇的酥油茶并不是在这里，但喝下的“第一碗”却是在这里，之所以喝下，是因为递送这碗酥油茶的主人是回族人，自己也是回族人，仅此而已。

当田野结束时，我怀揣着喝下第一碗酥油茶的那种温暖，离开了住了一个多月的房屋，告别了热情的主人家，走向了田野之外的另一片天际。回想起每天的田野经历，几乎在所有的聊天访谈中，都有一个或半个小时在倾听民生，听A县城的人们谈论这个地方的物价是何等不合理、有关部门的行为是何等有违国家规定等，但这些抱怨和指责又怎能放在自己的文本里？每每那时，我想或许自己只是一个远道而来的倾听者，或许只能是“倾听者”，而他们所讲的民生只能留给“他们”。

在我国广袤的大地上，自从有了民族学、人类学的曙光，大部分社区都会有不止一个的人类学家/民族学家或者人类学学习者/民族学学习者前往，为自己的研究“勘探”资源，挖掘“适合”自己的有效信息，当然每个研究者即使在同一个田野中所听到的、所遇见的也不会相同，但民族志文本呈现的却是作者精挑细选的结果，是为了某种理论、为了某种建构而做的取舍，在此过程中，有些注定将“被迫”遗忘，“被迫”舍弃。

其实很多时候，一个区域来来往往的研究者不乏其数，但民众们所遇到的问题却都“被迫”搁置。我们来了，又走了，这片土地上“挣扎”的注定是“他们”，而不是“我们”，我们满载着田野的心酸和厚重的资料回到各自来的地方，写下了“文本”；我们走出了田野，但很多时候却无法走出自己的“心结”，因为我们只是来获取的，而给予的却很少。而那一碗酥油茶如同那些倾诉的民生一样，成了我挥之不去的“心结”。

食　生

杨跃雄（厦门大学）

2016年夏天我在大理洱海边做田野调查，时值洱海“封湖期”，也是大理的旅游旺季，湖边没多少渔民，可骑车环湖的人却成群结队。报导人的外孙要办满月酒，他老婆赶早去帮忙，人手不足，我和一个村里的小伙伴便答应冒险帮他收“地笼”。我们在洱海里手忙脚乱了两个小时后，终于满载而归，正当我们打算把泡沫船和“地笼”藏到路边的树丛时，有俩年轻游客骑车经过，他们伸长脖子好奇地看着我们桶里的东西。男游客问：“刚捞上来的吗？”“是啊。”我回答。“这些鱼虾这么小，这么丑，能吃吗？”女游客问。他们言语轻蔑，我本想给他们科普一下洱海的渔业知识，旁边的报导人却有些不耐烦了，他可能担心游客的围观会引来“巡逻队”。“本来就长这样，你们要买吗？不买就不要看了。”不料那男的却说：“买！”

议好价后，他们称了一斤湖虾。“这里是高原湖泊，里面的鱼虾都是绿色无污染的哦。”男游客对着女游客说，好像自己很懂的样子。说罢，他突然抓起一只活虾往嘴巴里放，还摆出一副津津有味的表情。这一举动，着实把我们吓了一跳，特别是我旁边的两个本地人，真的被男游客带来的饮食文化“震撼”了一把。要知道白族人虽然喜食生冷的东西，但传统上不吃生鱼，在“小花鱼”、银鱼等外来物种刚在洱海出现的时候，人们甚至因为它们没有红色的血，或认为它们是祖先灵魂的幻化，而将其放归自然，更不要说生吃它们了。近年洱海水质下降，生吃刚从水里捞上来的鱼虾被认为不洁，让人恶心。

看到我们有些吃惊，男游客暗暗自喜，索性又吃了一只虾。于是旁边的报导人很识相地把装“小花鱼”的桶抬到他面前：“这些鱼也是活的，没有污染，还跳着呢。”在我们和女游客期待的眼神中，男游客只好故作淡定，抓起一只“小花鱼”闭起眼睛生吞了下去。事后，我问报导人是不是故意让男游客吃活鱼的，他一脸坏笑，肯定地点了点头：“这些外地人连活鱼活虾都敢吃，太邋遢了！”

中午，我和小伙伴骑摩托车去喜洲下馆子，点了白族的特色菜“赫葛”（一些生猪皮、生猪肉和生猪肝），正当我们大快朵颐的时候，那一男一女正巧也来这里吃饭，那男的进门便认出了我们，我问他买的鱼虾吃完了吗，他说吃了一些，剩下的就送人了，我怀疑他是都扔了。他俩知道我们是本地人，就让我们推荐本地的特色菜，我指着桌上的“赫葛”示意这个就是，女游客走近问：“这是什么？”我用筷子挨个指着回答：“生猪皮、生猪肉和生猪肝，你看上面还有血呢。”这次轮到他俩震惊了，他们本能地对视了一眼，摆出想吐的表情。女游客左手拉着男游客的衣角，右手捂着嘴巴吃惊地说：“生猪肉怎么能吃呢？脏不脏啊？”男游客附和道：“小心有寄生虫，这样吃太野蛮了。”说罢就离我们而去，另寻吃处了，我和小伙伴则相视一笑继续大快朵颐。

看来食物的功能不仅只有果腹和品尝，有时候它也被用来区别“文明”与“野蛮”、洁与不洁，以及划定族群的边界。

小心差异

吴金光（中国人类学民族学研究会）

中西方文化有很大的差异，尤其是在语言不通的情况下。我长期从事民族文化领域的外事工作，先后跑了60多个国家，遇到不少这类因差异造成的笑话和趣闻。在此挑拣一二，聊以飨君。

不要轻易说“OK”

一次在荷兰，我们去演出，按照当地的习惯，团员们都要被分到当地人家里居住。荷兰地势低洼，大部分土地是平原，尼德兰的意思就是“低地国”。长期以来，荷兰人拦海造田，使土地增加了7千多平方公里，被誉为“堤坎之国”。荷兰在历史上曾是海洋强国，所以荷兰人也是海洋民族，为人非常热情，有一对中年夫妇领到我们的两名团员后，又是帮着拿行李，又是问寒问暖。其中一个团员只会说“OK”，所以不管荷兰家长说什么他都一边点头，一边说“OK”。荷兰人以为他会英语就滔滔不绝地拉起了家常。

“你们这次来荷兰我们非常欢迎。”家长说。

“OK，OK。”那个团员说。

“尤其是到我们家来，我们全家都非常高兴。”

“OK，OK。”

“我家里有四口人，还有一只小狗。”

“OK，OK。”

这时荷兰家长话锋一转说：“可惜我的父亲刚刚去世，我还有点悲痛。”

“OK，OK。”

荷兰家长一听“OK”可就不干了，顿时就翻了脸，怒气冲天，大声吼叫起来。我听到喊声，跑过来一问原因，连忙把我们的团员叫到一边说：“你知道他说什么你就‘OK，OK’的，他父亲刚刚去世，按照荷兰人的习惯，应该说些安慰的话，你不会英语就说不会，不要引起对方误解。”经过我一解释，这个荷兰家长理解了，马上恢复了笑容。

这件事发生以后，我向全体团员宣布了一条纪律：今后不会说外语就说不会，不要轻易说“OK”。

德国人的认真

一次在德国人家居住，我的一个团员和我说了他们家房东的一件事，从中可以看出德国人是多么认真。他说：“我们一到家德国人就非常热情，拿出德汉字典跟我们交流，我们也积极响应，比比画画总算还能沟通。可是，不一会男主人拼命地跟我们说着什么，脸憋得通红，我们仍不明白。他先是翻字典，然后满屋子找东西，不一会他拿出一个针线盒，比比画画。看我们还不懂，他一下子冲进了厨房拿了一把菜刀出来。我们被吓了一跳，不知道他要干什么。他先是拿刀在后背比画了几下，然后，拿出针线做了个缝的动作。我们突然明白了，原来他想说，他后背开了一刀，缝了七针。真是虚惊一场。”

我说：“德国人就是这样，非常认真，在待人接物方面，他们严肃拘谨，但态度诚实可靠。当他们想告诉你一件事情的时候，他们要想尽一切办法，让你明白他们的意思。所以，德国这个民族发展得很快，这和他们凡事认真的性格是分不开的。”

吃鱼的困惑

一次在捷克，我和我的同事上饭馆吃饭。由于语言不通，又看不懂菜单，我只好靠比画来表达意思。我说要鸡蛋，说英语他不懂，我就学着鸡叫“咯咯咯咯”，然后用手比了一个圆形，侍者领悟得挺快，马上知道是鸡蛋。我接着说要牛奶，他还是摇头，我把手放到头顶做了个犄角状，然后学着牛叫“哞哞”，他知道是牛了，但以为是牛肉，我只好在胸前又做了几个挤奶的动作，他终于明白了是牛奶。谢天谢地，总算是搞清楚了。最后是鱼，我无论怎么做他都不明白，我只好要了一张巴掌大的纸在上面恭恭敬敬地画了一条小鱼，他这下也明白了。好了，我们就等着吃吧。谁知道等鱼端上来一看，我们傻了眼了，只见盘子里的鱼和我们画的鱼大小一样，而且就一条，显然，侍者理解成我们要一条“小鱼”，而不是要鱼这道菜了。

后来，我了解到，捷克人对日常生活很讲究，午晚两餐都要有汤，但不喜欢浓汤，菜爱清淡，喜欢吃粤菜，爱饮酒，爱吃香蕉等水果。日常饮料是红茶、咖啡、可可、橘子水、蜜酒等。有些人则不吃鱼、虾、羊肉和卤水牛肉，蔬菜也吃得较少。他们的口味特点是，爱吃肥猪肉、牛肉和用各种做法做出来的鸡，以及中式炸饺子，调味要少油腻，带酸甜微辣味。难怪他们会给我们上这么小的一条小鱼呢，因为，他们就不怎么吃鱼。

不能谦让

一次在荷兰参加国际民间艺术节，我们的演员都被分配到当地人家里居住，走的时候大家高高兴兴的，第二天集合时普遍都喊没吃饱，我问他们为什么没吃饱，是东西不够吗？他们说："吃的东西很多，只是当主人问我们饱了没有时，我们一边点头，一边说差不多了，按照中国人的习惯主人肯定还要再让一让，我们就等着他劝我们再吃点，谁知道主人二话不说，端着吃的东西就进了厨房，我们也不好再要，只好饿着肚子。"听完后我知道了原因，我说："欧洲人没有客气地再让一让的习惯，你们必须实事求是地说，没吃饱就说没吃饱，不能说模棱两可的话。"大家按照我说的办了后，再也没有谁饿肚子了，有的演员还会向主人要啤酒喝了。我鼓励大家：在荷兰人家里，别拿自己当外人，想吃什么就开口说，或者用你自己的方式表达出来。

在意大利打的士

在意大利打的士可不容易，大街上根本拦不到车，需要到指定地点去排队；但也有一个好办法，那就是找个咖啡馆，给老板点小费，让他帮你打电话叫个车来。我开始不知道这个窍门，还是按照国内的习惯在大街上拦出租车，意大利人非常友好热情，见我拦不到车就主动带我去了一个咖啡店，老板听了情况二话不说，拿起电话就给我要车。不一会，他指着一辆出租车说，那是你的车。我谢了老板，然后上了车，司机也很热情，很快把我拉到了目的地。我按照表上显示的数字给司机付钱，司机拿到钱后突然问了我一句："你是苏格兰人吗？"我说："不是呀！"并表示不解，他接着说："苏格兰人不给小费呀。"啊哈！原来如此，我连忙给他塞了小费。意大利人真有趣，说话还挺幽默，想要小费还不直说。可能在欧洲人看来，苏格兰人是比较小气的。

眼泪的仪式

朱　娜（中央民族大学）

我手中有一份三千多页以毛笔字书写的、零碎的、某少数民族的民国时期的档案。当时，大部分的卷宗都是直至我的到来，粘连页才被打开的。而今，每当我打开这些档案，当年的情景仍偶有闪现——那是我上学时因学业而流的最多的眼泪。文章的每个场景切实发生过，现在回忆起来，更像我进入田野研究的仪式性开始。

事情距今，六年有余。

彼时，我读硕士一年级。该学期末，暑期初至，我便拿着学校开具的介绍信，兴冲冲地扑向田野地。初生牛犊不怕虎，即使独自上路，即使目的地陌生，但因研究对象是自己幼年时便熟悉的族群，心里很是期待。

长途火车，走走停停，“晃”入旧日西北重镇。火热的阳，邪肆的沙，祥和的城。打上车，在那个网络预订尚不流行的年代，根据出租车师傅的推荐入住了一家老城区的酒店。安顿，休整。

正式调研第一天。大致了解了城市布局后，我便直奔目的地，到了当地市政府。明确了自己的行程目的后，我开始收集资料。先去史志办。史志办的阿姨看到我的介绍信，热情地接待了我，询问我是不是 ××× 的亲戚？（我的自我介绍是从 ×× 学校过来做研究，而恰巧我的姓和本市某领导的姓相同。）我如实回答，并在交流后获得了当地的地方志，以便研究参考。这是我和这位阿姨的相识之始，她是我在田野地结交的第一位朋友，我们一直保持联系，往来已近七年。

只是，自信心没有延续，第二天的经历，让第一次做田野的我异常难受。前后落差之大，以至于让我重新思考自己所做事情的可行性。这便是在当地档案局的经历。

调研第二天，我按照计划前往档案局。工作人员接待了我，并将相关目录给了我，以便我选择需要查阅的档案。但当我询问是否可以翻拍档案回去研究时，遭到了拒绝。一上午，我查阅了几本 1949 年前的目录，其中与我的研究对象直接相关的档案有近 120 份！工作人员告诉我，可以翻阅、笔录，但是不能翻拍。中午的时候，我给老师打电话，说明情况，老师回复："必须拿下！"（后来才知道，当老师知道这个消息的时候，比当时的我激动多了。）

下午，我回到档案局，再次提出请求，强调自己只是做研究用，希望给予便利，然而并不奏效。我抄完相关目录，便离开了档案局。站在门外空旷的市政府广场上，我给老师汇报情况，同时了解了另外两位同门的进度，她们很顺利。而我，内心充满了无力感。

那一晚我辗转半宿，不断地问自己"该怎么办？"我没有本地关系，没法依托熟人；我也没有足够的经费，打通地方关系；我更没有充足的时间，在这里手抄档案……难道，真的要放弃了吗？这是我在可选范围内找到的唯一与故乡相连接的研究课题啊，我舍不得。因为舍不得，所以绞尽脑汁，试图寻找那具有可能性的稻草。几番思量后，打算向市政府办公室接待我的主任求助，因为叔叔说有什么困难可以找他，而我确实别无他路。

第三天，我早早来到办公室等主任上班。他看到我，问我什么事？我红着脸，表示了我的请求，起初他说：“这是政策的事，我也没办法。”我不知如何是好，只能继续乞求：“叔叔，那我怎么办呢？我怎么样可以拿到材料呢？”他沉默了。那一刻感觉做学术的希望离我而去，突然间我泪如雨下。我一边流泪，一边哽咽：“叔叔，我不知道怎么办了，才来求您的……我的同学进展都很顺利，只有我是这样（后来才知道，其他两个同门也并不顺利，老师是为了安抚我才那样说）。我想好好写一篇论文啊，我该怎么办呢……”我没有在自己哭的时候照过镜子，但我想那个时候的自己一定非常哀伤。时间涓滴流逝，也许半个小时，也许一个小时，我坐在椅子上，无声地流泪。我不知道自己会哭多久，因为内心很难受，眼泪似乎找到了宣泄口，不知什么时候才会流完。

可能一个女孩子无声的流泪确实容易让人产生怜悯之心，可能是对学术的支持，也可能是因为一些情境联想……我收集完档案后，向史志办的阿姨道别，讲了发生的这件事，阿姨告诉我：“主任有一个和你一样大的女儿在外地上学，也许他是想起他的女儿了”。主任给档案局局长打了电话，从他们断断续续的交谈中，我听到：“好，周六，嗯，项目，一定去，见面谈，学术研究也要支持的嘛……”主任挂掉电话，告诉我可以去查阅资料了。并跟我说：“小姑娘，好好干。”

我终于可以继续研究这个课题了！感谢西北的这座城市给予学术温柔以待。这座干热的城市以其淳朴给了我这个外乡人继续研究的力量，让我有勇气面对接下来田野中的任何困难，不推诿，不退缩。不再因相关材料无法查阅而痛苦，反倒可以享受慢慢搜集能被找到的资料的慢节奏过程；不因语言不通而焦躁不安，而学会在当地寻找翻译与导游，并对伸出双手的人们心存感激；不因被喝醉酒的汉子深夜敲门辱骂而委屈，而是学会品尝这些人生中的意外，修正自己调研中的言行举止；不会因为调研地牧区的寒冷与饮食住居不便而自怜，反倒庆幸自己能够经历天然的游牧时光，增加生命的宽度……这样的心态，带来了丰硕的果实。

我热爱这片土地上的人们。

我想，每一位人类学者都会在田野的过程中遇到各种各样的难题，例如材料收集的不顺畅（如曾经的我）、田野访谈的难以深入（如访谈时遭遇戒备心理颇重的被访者）等，当第一次碰到这样的情况时，内心肯定会呈现出复杂的变化过程。解决这一困境的过程本身，是对田野训练的一场更新的认识，更像是一场心理的田野仪式。

我们内心经历的这些过程，在他人看来似乎并没什么，甚至之后在我们重新回看自身那段经历时，也会有不同的感触。

想起当时同门听过我收集材料的曲折过程后，说："你为什么哭啊？至于么？""不过，你说哭就哭，真厉害！"

文字下乡的时代际遇

王　华（江南大学）

我的田野地点是一个位于太湖东岸以捕捞为支柱产业的渔村。全村总面积 1.66 平方公里，1969 年“陆上定居”政策落实之后“围湖造田”而成。全村一共 1300 多户，4000 多人，在册登记的专业捕捞船只共计 720 艘，运输铁驳船 270 艘。事实上，自改革开放以来，渔民家庭被允许“单干”之后，渔家的收入逐年提高，渔村新建的一栋栋临湖别墅就是最好的证明。根据渔民的经验，每年只要工作四个月（一月至八月是太湖的法定禁捕期），人均纯收入基本上都能超过十万元。即便如此，青壮年男女还是不愿意进入老祖宗传下来的行当，纷纷撇下渔船跑去从事其他白领、蓝领的工作，哪怕收入没有渔业捕捞可观。这或许是对现代文明的追求，抑或是对自卑的逃离，年轻人们选择了去外面世界闯荡。依旧坚守此业的是那些上了岁数的老渔民，年复一年地重复着祖先传下的生计。因此，每逢周末，在市里工作的渔民子女便纷纷开着私家车回家看望父母，离开时带上父辈们捕捞的湖鲜，这渐渐成为“渔村—城市”二元关系的一道风景线。

那是一个夏日的午后，我提着沉重的行李来到了村里唯一的一家民宿，准备暂时先安顿下来，以图后计。在与民宿老板的儿子较量了几个回合之后，我终于以较实惠的价格拿到了一间房间。房间在顶层，透过狭小的玻璃窗，我可以看到停泊在避风湾里的渔船。大大小小的渔船在波浪的颠簸下发出“咯咯咯”的声音。桅杆上高高地吊晒着一盘盘的鱼干和虾干，少数几艘船上晾晒着衣服，却见不到一个渔民的身影。偶尔有一只麻雀孤零零地驻停在房间的窗台上，给初来乍到的我平添了几许思绪。

对于一个封闭的水上社会而言，一个陌生人的到来，特别是一个以调查者的身份出现的人，无疑能让他们谈论好一阵子。当他们听到要调查渔民生活时，都觉得莫名其妙，因为他们自认为渔民群体不值得被关注，这大概跟渔民在历史上的社会地位有关。传统时代，太湖渔民是强大的帝制共同体的“化外之民”，他们穷而无告、弱而无助，悲苦地生活在茫茫的水面上，处于整个社会的底层和边缘，其社会地位远远不及农耕文明的陆上人。而且，陆上人的想象和污名化构筑了观念中的社会等级，并形成了对渔民的偏见与歧视。在权力宰制下，作为农耕文明的“他者”产生了对“污名化的认同”，逐渐养成了自卑心理。当进入渔村调查渔民群体的生产生活时，他们的反应在我的意料之中。

对于渔民而言，读书人是他们敬重的群体。我尽量放低自己的姿态，把自己当成好问的“小学生”。事实上，我也确实不了解渔民文化，需要潜心学习和领悟。但是，每次我跟他们交流仍令他们腼腆不安，脸上泛出一阵兴奋的红晕：“哎呀，采访我？一个大博士采访我老太婆，我不好意思咯。”吴侬软语的话音里却又掩盖不住内心的自卑：“我们都不识字，不会说话的。”对于没有接受过多少学校教育的渔民而言，让他们准确地析解和表达出系统复杂的文化，确实有点难为他们了。存在于渔民“头脑和心灵”中的文化是一回事，渔民用语言表达给我听是一回事，而我的理解却是另一回事。这让我感到若将渔村的文化现象，经过表达、翻译、理解之后，用可供阅读的术语固定于纸张上确实不容易。换言之，仅凭深度访谈，我们无法达到格尔茨（Clifford Geertz）意义上的理解。因此，在不善言辞的渔民群体中开展调查，身体力行地参与、体会他们的日常活动，透过局内人的眼睛去看文化显得尤为重要。

闷热的夏夜，在品尝了知名的"太湖十八浇"的夜宵后，我回到房间。正准备入睡，忽闻楼下一阵吵闹，我透过窗户看去，是几个渔民与外来建筑商发生了口角。为了不错过观察的机会，我迅速穿上衣服匆匆下楼。原来，一辆旅游大巴停靠在建筑商的办公楼前面的场地上，影响了办公室的视线。建筑商要横地动用了两台汽车前后夹击，堵住了旅游大巴的移动，并索要两千元的"损失"费。大巴司机试图与他们沟通协商，但没有效果，反而被其中一人抡了两拳。出身于本地渔民的大巴司机无奈之下，急忙打电话通知亲朋过来帮忙。于是，一大群渔民纷纷从家里出来，聚集在建筑商的办公楼前，要求对方将大巴前后的两台车移走，并赔礼道歉。然而，建筑商非但不予理睬，反而紧闭办公室的大门，睡觉去了。渔民情绪激动起来，有些人主张砸门冲进去，有些人试图砸车，均被民宿老板和几个船老大制止了。在等待警察到来的时间里，几个年老的渔民认为今晚发生的事是外人欺负渔民的典型事件，并追忆叙述了人生经历中的一件件被欺负的血泪故事。

警察的到来并没有令情况好转，于是决定将双方带去派出所进行详细的调查处理。临走的时候，一名警察需要征询两名证人，一同前往派出所协助调查。这下渔民们犯难了，谁去合适呢？一时间大家默不作声，好像静静地等待着什么。一个最先在场的渔民自告奋勇，却被某个船老大一顿呵斥，退缩到人群里。

有个大胆的妇女当众建议应当找“会说话的”人。大家小声地议论着，权衡着，民宿老板建议他的儿子去，理由是他是渔民的后代，懂得维护本地人的利益，更重要的是他是地方一所大学的高才生，现在市里从事人事工作。毫无疑问，他的资格选择通过了。不过，民宿老板推举的另一个渔民，虽然在村里是个捕捞能手，为人正派，但他因胆怯而自我放弃了。时间一分一秒地过去了，警察开始催促，但另一个证人还没有产生。大家开始焦躁起来，议论的声音也渐渐变大。突然，在我身旁的一个老渔民大声地喊道：“我们叫王博士去吧！”霎时间，大家齐刷刷地把目光聚焦于我，开始重新认识和掂量我的存在，并七嘴八舌地分析、评估着我去做证人的后果：“他是外人，会不会帮我们？”“人家读了一肚子的书，肯定懂道理，不会瞎来的。”接着，民宿老板拉我到旁边说了一些话，强调渔民们让我“去正义一把”，不要辜负了。最终，我通过了选拔成为证人。

其实，这是我第一次做证人，而且是被甄选出来的证人，内心充满了兴奋和紧张，又有些受宠若惊的惶恐。不过，我注意到，被选来作证的人有个共同点，即在渔民看来我们是“会说话”的读书人。在水上社会中，识字念书是一项比较奢侈的活动，尤其是在传统社会。在他们看来，是否读过书是区分“会不会说话”的标准。从这一意义上说，不识字、没念过书则被认为是“愚”。事实上，传统社会向来有文字崇拜一说，敬祀字祖、敬惜字纸便是其表现之一。在封建社会早期，能够掌握和运用文字的人一般属于社会的权力阶层，这无疑增加了文字的神圣性和权威性。反过来看，文字崇拜却恰恰反映的是文字长期得不到普及，普通大众缺少学习文字的机会，以至于衍生出一种阶层的象征。

这种文化的特色在费孝通看来是有一定情境性的。在两篇有关文字下乡的短文中，费先生认为，乡土社会的本质决定了“不但文字是多余的，连语言都并不是传情达意的唯一象征体系”，而且批判了仅凭文字和语言的角度，去断定乡土社会中的所谓“文盲”与“聪明”的轻率做法。若结合渔民的情况而言，“会不会说话”的判别标准是识不识得字、有没有读过书，恐怕这也是一种文字崇拜的表现。当然，水上社会中的渔民群体内部的面对面交往，并不是愚蠢到字都不识的地步，而是在不需要文字的情势下社会生活依然能够得以维系。但随着社会的变迁，渔民的生计基础发生了根本改变，他们不得不上岸与其他阶层群体接触。因此，我们有理由相信，社会的现代性变迁是产生渔民社交尴尬现象的缘由所在，亦是“文字下乡”的时代际遇。

一部书与一个村

李　立（云南师范大学）

带着描写你即将抵达之地的著作进入田野，是一件经常发生而又很有意思的事情。

在贵州做村落调查时，一部书——《屯堡乡民社会》（孙兆霞等著，社会科学文献出版社，2005年）成为我了解一个村落的重要读物。这部书是6年前的一次大规模社会调查的成果，那次调查对村落影响深远，以至于不仅我在阅读这部书，而且许多村民都知道这部书的存在，有的村民家中还珍藏着作者赠送的这部书。他们会问我看过这部书没有，也时常提及当年参与调查的学者、后来这部书的作者的名字。

我在村落不时地自己翻看，也和村民一起讨论关于这部书的话题。它对村中过去发生的具体事件、真名实姓的人物甚至某些人物个性的描述，让我进村后能按图索骥。我也用它来测试村民的阅读反应，检验文本的可靠性，更以此观察村民对文中所述人、事的态度和评价。虽然作为被写群体的一员，大多数村民也只是在我带着书进村后才有机会细读。他们对此很感兴趣，我的这种研究方法满足了他们的兴趣。

毫不奇怪，后来我发现来这个村的调查者的行囊中大多都有这部书。当我们在村落邂逅，共同的话题除了村落，还有这部书。这是一种有意思的文化景观和工作场面。我们会达成一种共识，即如果某个人宣称他正在或即将研究该村而又没有读过这部书，那么你就不要再和他谈什么了，因为他无知。一个没有读过这部书的人，就没有取得研究和言说这个村落的资格。这本“神圣”的书，就像西方宣誓者手掌下的《圣经》，足以检验入会者对共同体的所知度，也构成相互认同的标志。我知道，这样说，会引起一些共同体成员的不快，但也相信它会引起大部分成员的共鸣。

“这部书”是调查研究“这个村”的我们的“田野指南”与“入会手册”。

第二部分 六欲

《吕氏春秋》曰“所谓全生者，六欲皆得其宜者”，所指六欲即见欲、听欲、香欲、味欲、触欲、意欲，能够使六欲皆得其所的人才是尊重生命的人，而人类学工作者无疑是“人以群分”的一类“全生者”。

吃货田野自白书

唐晓春（清华大学）

在基诺山寨进行田野调查的第一顿午餐，我的房东把我带上了自家竹楼。正值本寨过“特懋克”节，男女老少皆身着民族服饰，按性别和长幼在竹篾桌前团团围坐。作为客人的我被安排在长者一桌就座。正当我苦苦思索是否需要将盛饭的芭蕉叶捧在手上的问题之时，房东爷爷指着一碗鲜红的不明酱状物问我：“会吃吗？这是我们基诺族特有的剁生。”

不问“敢吃”而言“会吃”，加之齐刷刷望向这边的友善又期待的目光，似乎暗示着吃下它无关勇气，而是一项能获取族人认同的生存技能。我一边自我催眠：这是刚刚祭过寨神的水牛，健壮漂亮，清洗得干干净净，应该没有太多寄生虫；一边用筷子蘸了勉强可以入口又不至于显得太少的一小坨，面不改色地吞了下去。老人们见我并没被吓跑，颇为欣慰，又向我推荐了旁边的牛血、麂子剁生，并示范了拌饭吃、用青菜蘸着吃等多种吃法。按照他们的说法，剁生是基诺族节日餐桌上必不可少的一道菜品，尤其对于男人们来说，过年时没有剁生就吃不饱。

老实讲，剁生并不怎么膻腥，因为拌入了盐巴、辣子和葱姜蒜，稍稍还有点腌制风味。经此一餐，我体会到，会吃也许是博取族人好感的一条捷径。剁生、包烧、夹烘、舂辣子等，本是云南西双版纳地区少数民族常见的烹饪手法。取材从飞禽走兽游鱼到昆虫野菜家畜，皆可被端上餐桌。与傣族的平原地区相比，基诺山的食材更“野”。田野期间，据不完全统计，我生平第一次吃下的东西包括：生吃蚂蚁蛋（外形很像大米，味同嚼蜡）、包烧山蜘蛛（不必细看，论味道还是挺香的）、炒野猪肉、松鼠汤、翠鸟汤、煮臭菜……晚餐的野生蜂房是白天进山劳作时现割的，稍稍一戳就淌蜜，连同蜂巢里若干只蜜蜂尸体一起拌米饭吃；芭蕉是带茎整捆砍下来的，和一麻袋花生一起堆在屋角，作为平时的零食。我肆无忌惮地保持着吃货本色，回学校的时候体重已达巅峰，导师和同门一见我就惊呼：“基诺山的伙食不错啊！”

经过这段冰火两重天的共食阶段，在我开始见怪不怪、肠胃逐渐适应各种生熟之时，在我可以在宴席的时候偷偷溜到任意一桌而不为村民察觉时，在我能和房东一起出工采茶串山，也能在火塘旁帮着房东爷爷整治一点简单饭菜时，我才逐渐了解到食物在基诺人生活中的意义和角色。

作为山地农耕者，每一个寨子的基诺族山民都拥有广阔的山地。寨内，干栏式竹楼的上层住人，下层圈养猪、鸡，以剁碎的芭蕉秆和剩饭喂食；山上放养牛、羊，屋后种植瓜果蔬菜。寨外，在世代约定俗成的寨间界线（比如一条箐沟）内，早年，山民可自行挑选荒地开垦种植。据村老们说，那时，在看中的地上插一根经过特别加工的树枝即可声明自己的主权。而这主权又是变易不居的。在经过十余年的耕种，土地肥力消退之后，再抛荒另辟疆土，即所谓的刀耕火种的游耕方式。随着近几十年来农耕技术的提高和橡胶、茶叶等经济作物的推广，土地的使用权逐渐固定下来。山地农业亦非他们的唯一生计，雨林地区丰富的生物多样性以及世代累积的饮食经验，使得采集和狩猎成为有力的热量补充。当地人曾骄傲地告诉我：即使是三年严重困难期间，基诺山也没有饿死过人。

狩猎是成年男人的专属活动。20世纪末西双版纳颁布了禁猎令，在我田野调查的2006年，村民仍持续着半地下的狩猎活动。我曾问过房东家的弟弟和干爸是否可以去围观狩猎，他们连连摆手："不行不行，你跟不上我们。打枪又危险，要出人命的。"干爸迟疑一下又说："我们族人认为带女人去打猎会倒霉的，不是打不到猎物就是会误伤人。"于是我只能作为女眷在家静候，或在猎人们有所斩获时去看个热闹。近几年山区生态渐遭破坏，老人们口中的熊瞎子等巨型野兽已多年未见，猎物多是松鼠、竹鼠等小东西，偶尔也不乏野猪、野牛等庞然大物。流淌着新鲜血液的野猪刚拖进村即被就地肢解，并按猎人数量及各自贡献的程度，有条不紊地分摊。射出致命一枪的可得兽头，四肢、内脏各部分也各有其主。众人各自用蕉叶包走自己的"面份"，满意而归。

基诺族讲究"面份"。过年村民凑钱买牛，由几名精壮男子在户外杀牛分肉。在杀牛的人们合力制服挣扎的水牛的同时，已经有人在附近砍来成片的芭蕉叶或白花树叶，铺在地上以备摆放各式牛肉（大腿肉、肚腩、牛头肉、牛喉等）、各种内脏（肺、肝、肚、肠、苦肠）、牛皮、牛油、牛血、牛骨头……由大伙儿公推的办事员和有经验的老人负责分肉，一丝不苟。每家按钱数所得的份子就是"面份"。各家凑钱不一，用秤称给。但从分肉现场来看，却是将牛的各部位先平均分成若干份，给人以"平均分肉"的错觉。这也是基诺族后来被划为共有财产的"原始社会"的依据之一。时至今日，这种满地鲜肉的分配场景仍经常在基诺山寨出现，给人触目惊心之感。特殊部位，如牛头、脚、尾巴要分给在本寨居住历史最长的几位家族长老，长老之间如何分配也有定规。即便是杀牛时拴牛的树，也会得到牛尾尖尖上一点带毛的肉，肉被夹在树干上砍开的口子里——这是树神的“面份”。

采集虽然和狩猎同为串山活动，但它对性别却并无要求，女人和小孩儿皆可上手。这也是田野里我最喜欢、最疗愈的时光。雨季来临前，西双版纳气候温和宜人，山野溪谷的“山茅野菜”蓬勃发芽，苦凉菜、水香菜、鱼腥草、象耳朵菜、野豌豆菜……一小丛就可消耗半日光阴。洗净后每个篾桌抓上两三把，搭配小番茄春辣子生吃，是满桌荤食最好的点缀。雨季时挎上筒帕，别上弯刀，扎进深林寻找刚刚露头的苦笋和蘑菇，顺带采几朵茶花泡水喝，自有一股蜜香。

作为人际交往媒介的食物，还帮助我解开了亲属制度调查中的一些困惑。比如，对某个类似汉语里“亲戚”的关键词的含义，报导人始终语焉不详。最终我从村民间的礼物流动中找到了某种形式的解答。基诺人逢节日时全寨杀牛，自家有红白喜事时杀猪，招待远客时杀鸡。络绎不绝的酒席有一个规律，每个“亲戚”家中至少要出一个人前来帮忙，酒席之后，主家要给每个“亲戚”家送去一包热菜、一点生肉。跟着我的基诺族干妈，提着蕉叶包好的“礼物”走家串户，这个本地词汇的外延便清晰地呈现出来。

某天，我在野外路边草丛里看到一个竹篾和蕉叶搭就的袖珍小屋，里面放着一小团肉和饭，还有一小杯水。这是谁给谁留下的食物呢？村民说，这叫“三口饭”，即凡杀生、开荒、上新房、吃新米等活动，必留一点饭、肉和汤，念词请相应的鬼神来吃，这是基诺族比较普遍的献祭仪式。为什么只喂三口呢？房东爷爷解释道："多了他们就不可怜我们了。鬼数不过三，超过三口，喂得再多也一样。"待到过年敲鼓祭寨神时，祭品更为丰富，有各种生肉、槟榔、茶、酒、盐巴、辣子、大米、鸡蛋、酸渣肉等，简直可以摆出一桌酒席。仪式完毕，祭品们就真的被搬上了人们的酒席。不止人与人之间，人与鬼神、人与自然之间也可用食物传递信息，互相取悦和哄骗，维持关系的平衡。

离开田野的时候，房东家为我杀了头猪。干妈将包好的烤肉和酸笋塞到我包里，这是我作为"汉族女儿"的"面份"。十年之后，我们还保持着过年互寄礼物的习惯，我寄去北京烤鸭、御食园小吃，干妈寄来自制茶叶、野生酸角、自家的花生。期待重逢在基诺山的雨季，和房东爷爷在火塘上再炒一锅热乎乎的花生。

忽然就成了酒鬼：喝酒三阶说

张　琪（四川大学）

调查者进入一个好酒的族群社会，喝酒是必然要面对的问题。如何处理，如何调试，恐怕应该上升到“田野方法”的高度了。

在田野中，我与酒的关系大致经历了三个阶段，或曰三重境界：嘴动心不动，嘴不动心动，主动求醉。这是一个从“期待融入”到“得以融入”的研究历程，也是一番从“面对陌生”到“难以割舍”的情感体验。

婚礼半路酒　　（张琪 摄）

初阶：嘴动心不动

我刚进入田野时，正好是白裤瑶人农历六月三十过小年。小年期间最重要的事情除了聚餐，便是请鬼师用鬼。在前前后后十几天的时间里，我跟着房东马不停蹄地赶场寨子里的仪式。

我能够零距离地坐在鬼师旁边参与观察的第一场仪式，是寨子里的一家人为小儿子请“鸡婆”神。这位神灵爱吃鸡肉，能保护小孩儿免遭病痛的侵袭。仪式的每一个步骤都以喝酒结束，鬼师、主人家以及两三个男性亲友与神灵举杯共饮，恰似酒局上的你来我往。

由于仪式时间长、步骤多，几杯之后大家就开始躲酒。有的人忙着杀鸡，有的人忙着劈柴，有的人忙着做饭，被鬼师点到时，都以没空为由推脱。但酒总得找人喝下肚才行，否则神是不为所动的。于是鬼师盯上了我。

出于礼数，我毫不犹豫地喝下了开头两杯。没想到众人就此拿我当替身，再也不接酒，而是一次次地起哄，吵着嚷着要我喝，说是鬼师信得过我。我瞄了一眼鬼师以求证实，他笑而不语，端酒的手已经伸到我的嘴边。

几次仪式过后，我也掌握了躲酒的技巧，学着众人借故走开，离鬼师远远的。但“魔高一尺道高一丈”，有一位能言善辩的鬼师为了劝我喝酒，先是假装生气要赶我出门，见我仍旧迟疑，他转威逼为利诱：“跟你说，要是喝了我的酒，你就能听懂我们说瑶话。你不信就喝一杯试试！”这真是一个充满智慧的诱饵，他深知瑶话对于我这个调查者的重要性，我如果再不接过酒杯就实在枉费他的“好意”了。

初入田野，寨子里的人为我斟酒，既是他们的好客之道，也是在试探我的性情；饮酒下肚，则是我回应他们的热情，拉近彼此的距离，融入他们生活的最佳捷径。虽然我内心拒绝喝酒，但嘴巴可得老实张开，相互的信任就是从那一刻悄然开始的。

进阶：嘴不动心动

两三个月之后，我跟寨子里的人都已经熟悉了，即使是那些不会说桂柳话的老人家，也都跟他们混了个脸熟。其中有一位老奶奶总会在赶集的路上碰到我，每次她都用瑶话问我“你去哪里呢”，只要一听到我用不标准的瑶话回答“去赶集啊”，她便心花怒放，自顾自地笑个不停。

当寨上每个人都知道我从哪里来、要住多久、往哪里去，都理解我来做什么、怎么做、做了有什么用时，我们彼此间的信任便建立起来了。因为这份信任，他们劝我喝酒的那股劲儿就松了许多，而我也拥有了拒酒的资本。

所以，这个阶段若是遇到需要我聚精会神做记录的场合，我通常只喝头一杯，之后再接过酒便直接搁在一旁，时而懒洋洋地端起来小抿一口，做做样子便罢。我不必再担心拒酒会带给他们陌生感，他们也不再严格检查我的酒杯是否见底。

然而随着田野的深入，那些难得一见的稀罕酒闯入我的日常，我开始对所谓的“好酒”产生了心动，续杯时变得积极起来。例如正从酒窖里流出的自酿“土八路”，直接用碗接了就喝，伴着锅气的余热和玉米的清香，我品到了酒的甘醇。抑或是杀猪时用胆汁滴入酒中兑成的胆酒，虽然“苦”不堪言，但却是地道的瑶家珍品，喝上一杯保你提神醒脑。再如五六月插秧时用杨梅泡的梅子酒，经过几个月的发酵，杨梅的酸甜覆盖了全部的酒味，入口之后唇齿留香，欲罢不能。

高阶：主动求醉

在田野中的一年，我虽然数次喝到头晕，但却从未达到喝醉的程度，即所谓的说不清话、走不动路的那种不省人事的境界，更没有体验的欲望。美酒与快乐之间的联系，对于我来说依然模糊。

直到当我离开田野一年之后再返回寨子里时，在喝酒这件事情上我突然“开了窍”，也给了整个寨子一次反向的“文化震惊”。

那天，我跟着房东去另外一个村走亲戚，这家主人恰好是我在田野中结识的好友。起初，与我同围一口锅的人都只是礼貌性地邀我举杯，但当他们听说我在这里住过一年之后，便争相与我对饮。“住过一年”，意味着我见识过他们的一切，意味着我与他们有了某些内在相通的地方，于是熟悉和亲切感油然而生，他们开始拍我的肩背，一遍遍地叫我兄弟，向我敞开了心扉与话匣，不再有任何掩饰。

我看着人群中灿烂的笑脸，领会着他们见到我这个“老熟人”时的放松和愉悦，回想起我在寨子里跟着众人种田、打猎、用鬼、守夜、听歌、敲鼓的日子，我猛然感到自己分明就与他们没有差别，他们也分明认可我就是“多努”的一分子。我今天要是还不真正醉上一回，简直不配坐在这大石山的野地里与他们同乐。

我开始一杯接一杯地豪饮起来，渐渐无法感知酒精的苦辣。最后，我几乎连坐也坐不稳，这可吓坏了房东，他拉着我说：“走啦，不喝啦！回去啦！”我迷迷糊糊地飘到了寨口，正被房东摆放上摩托车时，一位大叔端着酒杯追了出来，他妻子则提了一壶酒跟在他身后飞奔。

大叔冲到我跟前说：“小张兄弟，刚才勒代（主人家的瑶名）说你是他的朋友。哎呀，我先前不知道，真是不好意思。所以……我还要再敬你一杯！”我二话没说，爽快应允：“好，我们喝！”转过头一看，房东脸上写满了无奈。喝完一杯，大叔的妻子也要跟我喝一杯，硬是凑了个双数。

接下来我就以瘫痪的姿态被摩托车拉回了寨里。进寨的一路上，大人小孩儿们都在看我的“笑话”。房东妻子更是震惊不已，向老天爷告状说：“快来看哦，这个大学生也成酒鬼咯！”我心里想：你就继续佯装吧，权当我没见过你们三五个女士聚在一起用美酒佐八卦；没见过春节期间院坝里横七竖八地躺在地上晒太阳的女酒疯子；没见过月黑风高的晚上醉倒在草丛里把我吓得半死的老太太。

忽然间，我成了酒鬼们眼中的酒鬼，而且平生第一次，我感受到了喝酒是那么快乐。

食在四方

吴　乔（中国社会科学院）

塔吉克人：馕与茶

在整个夏季，馕几乎是塔吉克人家的唯一食物。

主妇们大约半个月烤制一次这种食物。烤馕的灶是由泥土和沙子夯成的，小开口，大肚子，内部像个坛子。底下用牛粪生火，一块块和好的面饼就被贴在土壁上烤熟。一批烤成，塔吉克人就将其砌在墙角，不再理睬。很快，这些东西就变得冰冷、坚硬、水火不侵，与砖块难分伯仲。开饭的时候，主妇搬过来按人头计算好的几块，大家泡着热茶吃下去。半个月过去了，所有的“砖块”消耗殆尽，主妇才会想起那个牛粪罐子，便再去烤制下一批。

说到茶，这也算是经济人类学值得研究的一个课题：塔吉克地区并不产茶，这里的海拔高度和气候都不适合茶的生长，塔吉克人也没有精细种植的农业文化，但是他们不可一餐无茶，那是烤馕唯一的“配菜”。也就是说，塔吉克人必须从外地买进大量的茶叶。到田野前我一直以为，在全国 28 个国家级特困县之一的塔县，购买舶来品会是人们生活中一笔不小的开支。吃过一次后才知道并非如此。在这种茶叶中，茶科植物的残骸，不论根茎还是枝叶，大约只占十分之一。其余的大部分，是我分辨不出材质，但绝非茶叶的其他各种物质的混合物。它的价格低至一元钱一公斤。加水煮沸，并放入一把盐后，这种茶就呈现出一碗稀泥的颜色，堪与令人惊异的馕相配。

塔吉克人有句俗话：“塔族吃肉，维族（维吾尔族）吃面，汉族吃草。”说的是塔吉克人吃羊肉，维吾尔族人吃面食，汉族人吃蔬菜（塔吉克人从不吃叶子蔬菜，认为那是“草”）。看来塔吉克族人很以其身居食物链的顶端而自豪。可我在没口福的整个夏季的考察中，从未在塔吉克人家吃过羊肉。主人倒不是特意亏待我，而是他们自己也无肉可吃，因为此时是长膘和产崽的季节，羊都在高山牧场，不能宰杀。在山谷的常住地嚼了两个月的馕之后，我的体重掉了十多斤，头发枯黄得像一蓬乱草，我也对馕这种物体有了深刻的认识。

结论是：馕，尤其是青稞馕，就其硬度和韧性而言，是一种优良的建筑材料。它的里面通常还富含另一种建筑材料：沙子。遗憾的是，在塔吉克，它的主要用途是食用。在我看来，吞食馕，是一件毫无味觉享受可言的例行公务，是失去乐园之后人类为了生存不得不承受的苦难之一。但是正如人类学者所推崇的文化相对性一样，幸福也有相对性。每天三顿就餐时看见塔吉克同伴兴高采烈的表情，我就明白，对这些罕见温和的伊斯兰教徒来说，乐园从未失去。

摩梭人：烧里脊和生猪膘

永宁摩梭人最令人惊异的食物就是烧里脊和生猪膘。烧里脊是现宰一头大活猪，开膛破肚后，立刻将靠近后腰的两片里脊肉割下，放到火塘上烧一烧就吃。这一天，我在达坡村杨鹏家参

摩梭老人　　（吴乔 摄）

加他们的“宰年猪”。猪刚宰好，主人就请我吃几片，说这是待客的最好食品。这块猪肉外糊内生，咸淡不均，腥味很重，血迹犹存。我原以为自己能入乡随俗，可是当吃到嘴里尝着焦苦和腥腻，而且目睹了这块肉十分钟之前还在那头尖叫的大黑猪身上颤动时，总是难以下咽。生猪膘也是一种腥腻味很重的肉，其制作工艺堪称精巧。猪宰杀后，内脏、骨头、瘦肉全部分割取出，留下完整的一块猪皮连同皮下一两寸厚的肥膘，然后揉进大量盐，并用针线缝好，这块猪膘从外观上看仍然是一头整猪。然后它就被压得扁扁的，被摩梭主妇束之高阁。由于高盐和脱水，猪膘肉多年不腐。要吃的时候，将这连皮的大肥肉切成手掌厚的片，不再烹制，直接生吃。当地人说只有放了七八年以上的陈年老猪膘才可以这么吃。据说盐腌存放具有杀菌作用，生吃无妨，还更具风味。当地的旅游宣传歌曲里甚至也会唱“吃一块千年老猪膘”，似乎以此为幸。依我想，简直与尸蜡无异。而且，据我观察，即便当地人，也未必嗜好此物。但当餐桌上摆着这道菜时，大家往往都看着我这个外来人的嘴，似乎将能否吃生肉作为检验我诚意的标准。我只好硬着头皮在吃一小片肉的同时大喝一口酒，让浓烈的酒味掩盖腥腻。

长久调查后我逐渐了解到，在传统意义上烧里脊确实是难得的美食。在没有低温保鲜技术的时代，摩梭人一年仅有两次在固定的日子里宰杀大牲口，能吃上新鲜肉的机会不多。作为传统农耕民族，腌制、熏制、风干等技术的发明，其首要目的都是长期保存肉类，并非出于风味的考虑。而猪膘肉在摩梭人的文化中还扮演着重要作用。过去，一户人家存有多少个猪膘，是其财富多少的直接标志。猪膘也并非天天能吃的食材，在切开一个整猪膘以供食用时，还要举行专门的“开猪膘”仪式。此外，这种食物也是摩梭社会网络中象征性“礼物流动”的载体，以及除“亲密接触”之外家庭之间交换菌群的方式。在节日、成丁礼、进新房等庆典中，村民们总是将自家的猪膘肉割一圈送给亲友，而对方也回赠一块猪膘肉。制作这些腌制品的木槽和工具，都是百年老家什，像酒窖一样散发着浓郁的味道，应该也有着各自的优势菌群，也就是各自的“风味”所在。不过世世代代以来，并无证据表明此类菌群对摩梭人的健康有害。微生物和人的关系倒是挺和谐。毕竟，依据刘易斯·托马斯光辉的著述，任何持久的共生关系都是互利的。在我看来，这倒与人类学社会功能主义的论调暗合。

花腰傣：虫子与文化的创造力

花腰傣生活在云南中部元江河谷地区。这里植被茂密，物产丰富，与我到过的其他民族地区相比，环境算是得天独厚。

与许多少数民族一样，花腰傣有多种特色食物，从原材料的获取（种植/饲养或捕猎/采集）到食材的处理再到烹饪，都有独到之秘。但对于一个人类学者来说最瞩目之处，是花腰傣人的食谱之广，几乎到了无所不包的程度。《洁净与危险》用“模糊的中间状态”来区分可食与不可食，理论上言之凿凿。但这样的概念分类在花腰傣处似乎难有用武之地。植物方面，用各种作物和野生植物做菜自不必说，花腰傣人甚至有专用各种野花做成的“百花宴”菜谱；就动物性食物而言，花腰傣人吃狗肉（介于家庭成员与家畜之间）、蝙蝠（介于鸟类与兽类之间，花腰傣人吃的不是常见的住在屋檐下的那种家蝠，是住在山洞中的大型蝙蝠，翼展超过一尺）、蛇（介于食物与毒物之间）、猪肉（偶蹄而不反刍）、水牛（介于劳动合作伙伴与牲畜之间）、各种鱼（不管是无鳞的鲇鱼、鳝鱼还是有鳞的鲤鱼、鲫鱼）以及各种野兽（既有食草动物如鹿，

婚礼中走入男方寨子的花腰傣新娘及伴娘　（吴乔 摄）

又有食肉动物如豹子，还有杂食动物如熊和野猪）。而身处热带，花腰傣人对各种小动物和虫子的偏好更是得其所哉。螺蛳、蝌蚪、岩蛙、蜂蛹、蚂蚁卵、竹虫、大蟋蟀、水蜈蚣（一种形如蜈蚣，生活在水边滩涂的节肢动物）都是美味佳肴。在长期的共同生活中，这些东西我几乎遍尝，大多数的味道确实不错。

一天，我跟房东汉子去江边抓了一大罐水蜈蚣，用油炸过，撒上盐吃。这种东西确实像蜈蚣一样多节多肢，但颜色深黑，体型比蜈蚣略显粗短。我看主人吃得甚欢，也略尝了几只。但见虫子的头部大张着颚牙，形态狰狞，就没敢吃。主人看我面前的桌上齐齐放了一排剩下的水蜈蚣头，善意地笑了，说："你不敢吃它的头吗？"我唯唯诺诺。他三岁的小女儿过来拿起蜈蚣头，一个个塞到嘴里，嘎嘣嘎嘣如嚼豌豆，全吃掉了。我借机问了主人我们人类学者一直关心的一个问题："什么样的虫子才是能吃的？"他回答说："好吃的就能吃嘛。"我想起鲁迅先生的那个论断，就问："蜘蛛有人吃吗？"他说："没有。"我问："为什么？"他说："不好吃嘛。而且，蜘蛛太小，又分散，半天抓不够一碗。"我知道在美洲、非洲、东南亚都有嗜吃蜘蛛的族群。但是他们捕捉和食用的是巨型的狼蛛、食鸟蛛等，大如手掌，一个就管饱。花腰傣人放过了蜘蛛，主要是出于投入产出比的理性考虑，与那些食蛛部落的逻辑并不相悖。

调查时间长了我得知，花腰傣人吃什么，多来自生产生活的实践，并不需要解释；而在这个文化中，不吃什么才是需要解释的。例如在他们的创世史诗《朗娥与桑诺》中，讲述了各种动植物的神创来历，其中专门指出一种虫子不能吃，因为神话中的主人公桑诺吃它时挂在了胡子上，引人嘲笑，于是桑诺将它弃掷于地上，从此这种虫子就不能吃了。

而在田野工作中，最令我难忘的是花腰傣人在食物方面的文化创造能力。就在我做田野的那两年时间里，嘎洒的花腰傣人开始吃一种令人惊异的半翅目昆虫——椿象。这种指甲盖大小的虫子六脚双翅，吸食嫩芽和水果的汁液。椿象奇臭无比，汉语俗名叫“臭屁虫”。因为其令人窒息的味道，它的成虫在自然界没有天敌。椿象原来靠本地野生的杧果和荔枝树为生，近些年随着人工种植杧果和荔枝的扩大，它的数量也大增，于是成为一害。当我听一个花腰傣人说要炒椿象吃时，非常惊讶，去到他家，果然端出来金黄酥脆的一盘。我一试之下，却并无臭气，味道还不坏，口感与炒蚕蛹类似。这个人娓娓道来，原来椿象成虫虽恶臭，但如同许多昆虫一样，生长过程中要蜕壳数次，刚蜕掉壳的虫子就没有异味。花腰傣人选对时节，清晨来到荔枝树下，一脚踹上树干，刚蜕壳的椿象腿软站不牢，便纷纷掉下树来，窸窸窣窣像下了一场虫子雨。树下，人以竹匾承之，真是唾手可得，而且经过了自然筛选。拿回去下油锅一炒，就可大快朵颐了。更有意思的是，这种捕捉和食用椿象的方法，老一辈的花腰傣人都不会。它是最近这些年随着椿象的“扩张”才出现，并迅速流传到整个花腰傣地区的。在我调查过的两个聚居地中，嘎洒坝子的人说是漠沙坝子的人发明后传入嘎洒的；而漠沙坝子的人则说是嘎洒坝子的人发明后传入漠沙的。首创者是谁不得而知，但这个人一定仔细观察过椿象的生长，并设计出了最优的捕捉和筛选方案。人类学者常常惊叹于文化的“痼疾”，而花腰傣文化所表现出来的灵活性和创造力，同样令人惊叹。

藏族第三类人

白玛措（西藏社会科学院）

“股市”走向

不知是谁把女博士从男人、女人的两性分类中剥离出来，将之归类为第三类人的。第三类人在较远的牧区做田野，去厕所比较尴尬。尤其是女性同胞无法像男同胞一样来一个站立式八字步“远程射击”，而是有点像游击队，得找到一处高地，躲在后面解决。这种时候，你还得确保双耳的灵敏度要调到最佳档，只要听到高地另一端有敌对噪音，立马得干咳几声以示“此处有熊出没，敬请绕行”。曾经还有一位同僚提议，这种情况下最好的办法就是把脸遮起来，因为股都一样。

我寻思着以后去偏远的牧区做田野，背包里是不是也装个面具；或者去找于丹阿姨要一个鸡汤符贴，贴在脸上，“只要心灵干净，可以不让‘股市’影响到你”。

在进行“礼物交换”的田野期间，因为是定居村落，这个问题少了几分尴尬。不过，田野归来，回到住处，得确保睡前少喝水，否则只有两种选择：壮胆走到那间七拐八拐之后才能到的黑咕隆咚的厕所，或者直接在院子前面的杂草堆就地解决。

如果此时，恰好有车子经过，灯光照来，“股市”乍现，我只能想着我的某位堂哥在微信圈里分享的那些“股市”行为艺术，一种福柯式的哲学理念。

私密问题

第三类人在从事人类学田野时，虽有尴尬场景，但却有其优势：可以和女访谈人交流一些私密话题，对男性人类学者而言这是个比较难踏入的禁忌圈。

“打狗”是藏地牧区婚前性行为的一种习俗。对传统的游牧部落而言，这可以确保部落人种的繁衍。“打狗”是地方语的直译，用现代语说比较接近的就是一夜情。只不过，“打狗”经常被冠以“落后加陋习”，而一夜情似乎带着“文明加浪漫”的桂冠，这是比较典型的文明中心主义对相同生物行为给出的不同论断。

一次田野，访谈一位独居的牧女。我问起晚上是否有“打狗”的人前来，她很自然地回答道：“年轻的时候，我们住帐篷的时间多，那时‘打狗’的人多。现在，住在房子里，来‘打狗’的人好像也少了。”

NM 自称是雪域“打狗”传承人，我不知道他将如何面对在现代化进程中的定居与“打狗”习俗传承的两难问题。

在和这些女性访谈人的聊天中，我知道了大部分牧区女性在“大姨妈”期间都会使用卫生巾，但令我担忧的是她们使用的卫生巾大都是廉价品，廉价卫生巾意味着对女性健康存在着潜在的不利。

更为私密的话题可能就是她们告诉我的：没怎么体会过，或者不大在乎，或者不强调性高潮。也许还是我和她们不够亲密，这个话题未能完全展开……

我也质疑自己，对性高潮的强调，是否纯粹就是个后现代女权主义的产物。这种怪异的产物是否适合带入另一套不同的文化体系中，并试图得到解释？

漂亮的阿雅

初遇阿雅，是在一个宗教仪式场合。当时，我在厨房和其他妇女一起准备仪式所需的食材，前来参加仪式的牧民排成长长的一队。身材高挑的阿雅，立刻引起了我的注意。仪式结束，用餐时，阿雅就坐在我旁边。一身牧女装，像所有的牧区妇女，阿雅的双颊也用一块漂亮的方巾遮了起来。此时，主人给阿雅递茶，阿雅用双手接过茶，我留意到阿雅有一双男人的手。后来，其他的牧民告诉我，阿雅是个男孩子，却自幼喜欢着女装，言行举止与牧女无别。

过了几天，我得以去阿雅的村子做问卷调查。间接聊起阿雅，从其他牧民的描述中，没有听出对阿雅的排斥或者轻视的措辞，或者视阿雅为异类的中心视野。田野中的这种场景，让我反思作为第三类人的我，自己是不是“被文化”了？“被文化”的结果就是在潜意识中植入了“阿雅是另类”的文化概念。

到了阿雅家，见到打水回来的阿雅，打照面时，不小心说了句“大哥，你好”。阿雅一下子有些尴尬，眼神中飘过一丝不易觉察的忧伤。我暗暗有些自责……在阿雅家的长辈配合我输入问卷数据期间，阿雅在一边麻利地烧起牛粪炉，又娴熟地打好酥油茶，神情有些羞涩地给我们倒茶，然后默默走到炉灶边忙碌起来。临走时，我拿出准备好的辫穗对阿雅说："姐姐，这是我送给你的礼物。"

阿雅，本是女娇娥，又不是男儿郎。

巨无霸

作为第三类人，我经常能结交各种类型的第三类人，而且第三类人的数量似乎呈增长趋势，并多于男博士。这是不是因为第三类人的大脑皮层比第二类人的大脑皮层厚，还是在加厚，不得而知！总之，这些可爱的第三类人，有各种稀奇古怪的故事。居士博士 S 是其中一位。和 S 聊天，一会儿能进入唯物论者绕行的灵性世界，一会儿又会进入纯粹思辨的理性世界，这可能也是大多数第三类人的特征：半仙半人。

S 有着丰乳，估计其周围的男博士常常会因此在漫漫长夜中彻夜难眠。因为，连我这个同性，余光都会忍不住跑到丰乳区溜一圈。我告诉 S："你是巨无霸。" S 也不谦虚，毫不掩饰地说："母亲遗传给我的是超级巨无霸。"于是，我和 S 聊起了有关巨无霸的文化场景，S 告诉我有关巨无霸的一次有趣的田野经历：

那时 S 被"抓去"青海果洛牧区给一位密咒师兼活佛做侍者。S 的显性身份是这位活佛的"火头军"，而隐形身份就是田野调查者。有一天傍晚，这位活佛的亲侄女来拜见活佛，在描述完身体不适之处后，毫不犹豫地脱掉了衬衣，请活佛吹气加持。S 博士告诉我，当时她已无暇顾及吹气加持治病等奇幻场景，因为她被眼前裸露的坦荡荡的一对巨无霸震撼得目瞪口呆，内心迅速产生了害羞感并感到无比尴尬。S 描述道：令她奇怪的是，目瞪口呆和害羞尴尬的好像只有她这个戴着胸罩的人，因为来看病的侄女和活佛完全都在治疗仪式的场景中，他们的表情也和往常一模一样。在接下来的几天中，S经常看到这种场景，巨无霸、苹果、飞机场，正上方是活佛，周围还有这些巨无霸、苹果和飞机场的亲戚以及邻里。常态，完全是常态。在他们的世界里，这种裸露是无须遮掩，不会尴尬，无法产生害羞感的。

这段故事让我想起在人类学家钟爱的非洲部落中，女性裸露双乳也是常态。我又开始反思：为什么S博士，包括我会感觉裸露胸部，或者看到裸露的胸部会产生害羞感，会感到一种不适？我们一定是被文化驯化了。就如，西蒙波伏娃所说：女性是后天塑造的，而非天生的。这段话也一定暗含着女性胸部从裸露到遮掩、从常态感到尴尬感的文化塑造过程。

一个从怯场到泼辣的女人类学者

刘 倩（北京大学）

犹记得那时的我，外表苍白，少见阳光，羸弱的窄肩、细颈，却顶着一个大脑壳，每日捧着一本《忧郁的热带》做苦思状，内心却幼稚狂野：偏偏要做和自身气质不符之事。而田野，似乎让我在个人气质上完成了一种仪式性的蜕变。

初入田野

2014年10月，我在导师的介绍下进入贵州省黔西南州开始我的田野调查，初步调查的目标是布依族的宗教仪式。我住的第一户人家是离县城不远的一个村寨的黄大妈家，这是当地一位本家的文化官员引荐的。黄大妈有两子两女，最小的女儿跟我差不多大，所以她当着到家里为我接风洗尘的众人的面说，会把我当成她的女儿一样对待。果然，在生活上，她处处照顾我，帮我添置各种生活用品，如被褥、脸盆、拖鞋……还告诉我每天的吃饭时间，防止我出外访谈错过饭点。布依族地处中国西部，由于时差的原因，早饭和晚饭吃得都比我们习惯的时间偏晚，不过我经常是访谈中就被热情的布依族人留下吃饭了，不再回家吃。后来的几件事，让我发现，黄大妈说把我当女儿一样教养，不是客气话，就像她说的："你们汉族人喜欢弯弯绕，我们布依族人想得简单，肚子里有什么，嘴里就说什么。"

布依族人喜欢请客吃饭，也喜欢到别人家做客，越是经济条件好的人家，越是频繁宴请，一个星期至少有一天高朋满座。与汉族不同的是，他们吃饭的桌子很矮，大概只到成年人的膝部。我每次吃米饭，都延续了在家里的习惯，把饭碗放在桌子上面，埋头扒饭。几次过去，黄大妈不高兴了，在一次只有家人在场的时候，对我说："你不要把饭碗放在桌上，要拿起来捧在手里吃，缩头缩脑的不好看。"我一直留短发，但是在当地长长了一些，垂到了耳朵下面。布依族妇女无论已婚还是未婚，都要把头发盘起来，头顶梳得光光的，脑后绾得紧紧的。于是大妈又说："你把你的头发绾起来，每天披头散发不好看，吃饭也会掉到饭碗里。"我当时脸通红，觉得当面被教育，很不好意思。后来发现，大妈只是习惯这样教养后辈，我听话了，她就很高兴，觉得我有了布依族姑娘该有的样子。

陆陆续续地，大妈又告诉我很多礼节性的规定。比如，家里来客人时，布依族妇女要帮忙在后厨准备饭菜：洗菜、洗米、炒菜、蒸米饭、摆桌子、端盘子、摆酒杯、倒酒……其实不是很重的活儿，但是女人如果在旁边手闲脚闲，就会被别人笑话没规矩，以后会嫁不出去的。在宴席上，要给客人敬酒，敬酒的顺序是：从辈分高的到辈分低的，从地位高的到地位低的，从官员到寨老，从男人到女人，按照这样的顺序从头到尾敬三圈。敬酒时要说各种祝愿的话，还有布依族特有的劝酒歌，哪个女人能说会道、唱得好，就会得到远近闻名的美誉。客人的酒杯一旦见底，就要马上给斟上酒，客人如果不想再喝，就故意留一点杯底，主人一看就懂了。喝完酒，还要给客人盛"花米饭"，要双手捧碗正面递给客人。再比如，女人穿布依族传统斜襟服装，扣子要扣紧，下摆要够长，不能短过腰部，结婚时赴宴不能穿白底的衣服，要穿黑色，布依族以黑色为贵。布依族女人平日洗头发，要避开男人，不能湿着头发见到家里的叔伯兄弟。女人晾晒内衣，要选择隐蔽的角落，不能被男性长辈和平辈看到。

慢慢地，我学会了如何做一个布依族女性。当我穿着她们的传统服装，用背带背着娃娃跟她们一起走着山路去赶集时，我已经不再羞怯了。我的个子比当地妇女高，她们最多会问："你是外地嫁过来的媳妇吗？"而很少以为我是什么研究学者，尽管我戴着眼镜。原来一个人类学者不怯场的前提，不是完全扭转自己的性格，而是充分地了解当地文化、礼节，知道在恰当的时候做恰当的事，说恰当的话，当一切都显得得体和自然时，就能"从心所欲而不逾矩"。

改换人家

在黄大妈家住了两个月，我看了看研究成果，开始发愁：不行，这个地点距离县城太近，虽然生活条件较好，但是传统文化已经流失得太多。对于想调查布依族宗教的我来说，这并不是一个理想的田野点。于是我吸取教训，自己联系了一个更远、更闭塞、交通更不便的村寨，落脚点是乡村小学的李校长家。由于对当地语言、文化都有了初步的了解，我觉得自己有底气了很多。结果一个月不到，我又遇到了生活上的问题：李校长的夫人不识字，不懂汉语，考虑到她家有一个四十岁的壮年男子和一个十几岁的儿子，她在心理上非常反感一个年轻异族女性住进家里。这种对陌生他者的防备体现在生活的方方面面。我极力避免独自一

采访主持仪式的摩公　（黄镇邦 提供）

人出入厨房、打开橱柜，因为她每次都要在事后去察看。校长给我的水果、零食，我每次接受后，她回头都会大声跟校长争吵。我每个月给的生活费并不少，却一连吃了三个星期的野菜汤，里面只有几片很薄的腊肉。后来我实在受不了，也领悟到这是变相的逐客令，便悄悄地开始另寻人家。当我找到村里的摩公之一黄老的家里时，他热情地接纳了我，并耐心地听了我委婉的诉苦。黄老和另一位摩公陆老早已开始担心我的遭遇，原来校长夫人是远近闻名的脾气大的女人，因为她的娘家在当地人多势众，是三大家族之一。我彼时才如释重负，不用担心当地人错怪我了。

这件事给我的教训是，虽然到了田野中要充分尊重当地人，但是也不要怀抱着对淳朴人性的天真想象，一旦发现自己吃亏或者受了欺负，要勇敢地表达自己的诉求，要相信每一个人类社会都存在判断是非曲直的标准，也要相信每一个社会都有维持秩序和主持公道的能力。

惊心动魄的一夜

住在黄老家里，我欣喜地发现，这就是我梦寐以求的人家：热情，善良，有礼数，不占人便宜，懂汉语，经常主持仪式，家里还有两个寒暑假可以回家的孙子孙女，可以跟我做跨文化的讨论。一切都有条不紊地进行下去。到了 2015 年 8 月，我在田野中遇到的最惊心动魄的一件事拉开了序幕。

8 月 17 日，正值贵州的雨季，连降三天三夜大雨，我所在的村寨停电，从山上到山下一片漆黑，应急灯所照之处，是面筋粗的雨丝。黄老家是土木结构的老房子，房屋背后有一条宽约一米的排水沟。布依族的房子都是依山而建，那一天，山体发生大规模滑坡，滑下来的十几吨泥土堵住了排水沟的出口。接近半夜时，房屋后面的积水渐渐涨到齐窗高，房屋的后墙也有了两个缺口，开始不停地往屋里冒水。黄老的儿子和孙子挖开屋里的泥地，形成沟渠，配合橡胶水管往外排水。到了晚上十一点，屋里的水已经越积越多。他们把电器转移到其他的房子里，黄老伤心地说："这个老房子要倒了。"不知道为什么，村里的其他人没有来帮忙，也许这样的天灾每年都有吧。那一刻，我不知道从哪里来的勇气，拿出手机，开始给我能想到的每一个县里、镇上的官员打电话。其实，当时虽然留了他们的联系方式，但是我很少因为个人的琐事麻烦他们，因为人类学的研究讲究自下而上，没有干预。我知道这是自然灾害，但是我没有办法眼睁睁地看着我住了七个月的房子在我眼前倒下。我每天在这里吃饭、聊天，看各种小仪式，每天在房前高高的平台上看远山，看星空，看一群群牛和羊沿着山路悠闲地回家……我没有办法以这样袖手旁观的方式跟它告别，更不用提这是与我有着深厚感情的一家人的祖宅。这不仅仅是一个破旧的布依族老房子，这也是我在远方的家。最终，我打通了乡镇党委书记的电话。他听完我急促的讲述后，对我说："刘博士啊，你赶紧转移到安全的地方，你出了事，我们负责不起。"我说："家里其他人不走，我也不走！"这位干部见我心意坚定，通过电话找到村主任，吩咐他联合村里的几个年轻人，来到老房子帮我们一起排水。到了后半夜，雨奇迹般地停了。水退了，房子保住了。

凌晨，我在山村清新无比的空气中，在老房子前驻足良久，心里五味杂陈。短短一夜的时间，我体会到的是害怕，是担忧，是不舍，是失而复得。事情还没结束。经过调查和走访后我发现，村里那一夜有好几处发生了山体滑坡，好几家的老房子发生了险情。贵州每年都下大雨，为什么这一年山体滑坡如此厉害？这不仅仅是天灾。真相是，前来进行整寨旅游开发的商人，为了贪求盘山道路的宽度，用石板覆盖了道路两边原有的排水沟，整个路面变成不透水的石板路。下雨时，水无法像原来一样，顺着排水沟蜿蜒而下，而是从路面漫溢到山体，形成瀑布效应。暴晒了一个夏天的山体，土壤皲裂，水渗入泥土，最终造成山体滑坡。这是一个现代化的力量粗鲁地藐视山地人民数千年生存智慧的后果。我一年后重回田野时，当地人民的争取终于让开发商撬开石板路，重修了排水沟。

雨季的这件事发生后，我在村里的名声传开了，黄老说我变成当地一个厉害的女人了，他说："你以后一定既能带娃娃，又能'找活路'。"找活路的意思是赚钱、做事业。我开心吗？比开心更深沉。尔后的田野生活，我好像有了某种无形力量的支持，访谈时声音大了，跟人搭讪时能够谈笑风生，必要时也敢大碗喝酒了。所幸布依族自己酿的米酒酒精含量很低，喝很多也不容易醉。

女人类学者的困境

我常常思考，女性做人类学研究，和男性相比，优势和劣势在哪里。女性更温柔，更没有攻击性，更富亲和力，容易迅速和当地人拉近距离，让当地人敞开心扉。在妇女的小团体中，女性更容易听到各种闲话、"八卦"、乡村秘闻。女性好像天生对小道消息、绯闻逸事更灵通。但是，一些民族的重要仪式，不准妇女参加，更不用说是异族妇女。村寨的重要人物、长老巫师，也天生视女性为某种不洁、禁忌的对象。一个来自异族的女人类学者，如果未婚，在封闭的传统社会会被视为某种不安定的因素，一种没有归属的存在。

田野并不总是温情脉脉、充满诗意的，我在当地曾经感受到几次非常明显的敌意。除了上述的校长夫人以外，还有一位当地富裕人家的女主人，大概四十岁，一儿一女，平时陪伴子女在县城读书。一天晚上我去串门、聊天，正好碰到她也在。她劈头盖脸地质问我："你从哪里来的？你什么时候回去？你丈夫和婆家怎么不管你？"这是被视为针对女人类学者的三个经典问题。我笑着不说话，她反而变本加厉，一直追问我何时结婚生孩子的问题。她神态夸张地说："你这样东奔西跑，也没个安定的家，真可怜，我们这里跟你一样大的女人，孩子都满地跑了。"她又说："没有孩子的女人，是会被人看不起的。你看我有一个女儿，一个儿子，我这辈子也满足了。"我懒得跟她解释我的价值观，被逼急了，便脱口而出："生孩子没什么了不起的。老鼠也会生孩子。"她一愣，也许没想到看起来温顺的我也有泼辣的一面，就收敛了锋芒，怏怏地不说话了。

女人类学者在田野中还要面临的一个困境是，如何把握与当地年轻男性的交往尺度。调查者和被调查者双方的移情和感情涉入问题，在任何定性研究中都会存在，特别是在双方未婚、年纪较轻并且相处时间较长的情况下。但是，保证友谊不要变质，时刻不忘自己的身份和目的，是每一个人类学者都应该坚守的原则。我在田野中对待年轻男性的态度是，对我友好、充满善意、给我提供无私帮助的，我衷心感激，但是不忘分寸；对我不尊重，甚至心怀不轨的，我会坚决将这种情感扼杀在萌芽状态。

我在黄老家居住时，黄老正在上大学的孙子，在暑假回家期间，对我这个大姐照顾有加。印象最深的有两件事。黄老家的厕所建在户外，是一个只有两平方米的小屋，旁边种有葡萄树，夏天一到，葡萄藤疯长，低垂的枝条盖住了小屋的入口。布依族当地人的平均身高不高，而我的个子很高。每次上厕所，我都要弯腰穿过葡萄藤，很是费劲。一天早晨，我突然发现葡萄藤被砍去了不少，我进门再也不用弯腰了。后来才知道是黄老的孙子默默做的。布依族是一个烹调技术比较简单的民族，平时做菜就是用水白煮，煮熟了以后蘸辣椒吃。我去县城时，特意买了酱油和鸡精，希望能为他们的菜肴增添一点味道。但是当地人并不太吃得惯。后来我发现，黄老的孙子每次做饭时，都把一碗用酱油烹调过的菜放在我面前，而桌上其他的菜都是用原来的做法做的。我感激于他的细心和体贴，一直想着能够有所回报。后来，我在县城买了一套备考公务员的书，临行时放在了黄老家里。我还送了他和他的妹妹一幅字："山中宝玉，陋室明娟。"以赞扬他们的勤劳和聪慧。

在当地，我还结识了一个能说会道、交友广泛的男青年。我一开始设想让他担任我的翻译，帮助我把布依族的一些摩经经典翻译出来，也给了他一些酬劳和礼物。但是，一天晚上，已经是后半夜的时候，他突然给我打电话，告诉我，有十几个男青年一起在山上吃烧烤，叫我一起去。我几次拒绝，他又把我的电话号码告诉其他人，他们一直不停地给我打电话。我非常生气，忍无可忍之下，厉声对他说："你们再继续骚扰我，我就告诉寨老，让他告诉全村人！"他们害怕丢脸，可能也害怕全村人知道了以后不好找老婆，果然停止了。后来有一次在村里一起吃饭时，始作俑者给我敬酒，我面无表情地盯着他的双眼看了十几秒钟，没有拿起酒杯。他尴尬地移开目光，走到一边去了。

就这样，经历了调查中的种种困难，接触了形形色色的人物，度过了一个又一个山村漆黑寂寞的夜晚，体验了严寒酷暑、高山深谷，当我从田野回到北京时，我的肩膀变宽了，胳膊上有了肌肉，我的皮肤不再苍白，我说话的声音不再轻声细语。我风尘仆仆，轻装上路，行囊空空，只有几本笔记、书籍和几件旧衣；但我的内心很满很满，也许要花很多年的时间，才能全部倒出。到那个时候，我应该能够称自己为：一个女人类学者。

两者之间

薛　茗（美国自然历史博物馆）

2009 年的夏天，我第一次来到青海省黄南藏族自治州的热贡地区（注：今同仁县）。那时我正在为自己的博士论文选择田野考察地点。热贡（Rebgong），是一个藏语名字。藏族小伙子们挂在嘴边的是一个虽不准确，但足够浪漫的汉话翻译——“金色的谷地，梦想的故乡”。

这片金色的谷地里，世世代代居住着画神的人。“唐卡”（thangka）一词也来自藏语，《藏汉大词典》中解释为卷轴画，常以天然矿植物为原料，绘制佛本生故事、历史风俗、历史人物等。在 2009 年，唐卡、堆绣、泥塑等热贡艺术被联合国教科文组织列入《人类非物质文化遗产代表作名录》。目前，藏传佛教唐卡艺术是热贡地区几个藏族村庄的主要经济来源。

男女有别、尊卑分明，仍然是这些藏族村子保守的传统。在热贡，画唐卡赚钱的主要是男人，女人的社会地位普遍比男人要低，受教育的程度也低一些。大到田间劳动、修房子、背泥土，小到烧火做饭、清理屋子，都落到女人的肩上。哪怕是几家人外出游玩野餐的时候，也常常是男人们坐在一边，女人们带着小孩儿坐在另一边，座次也是按照年纪的长幼顺序排好，丝毫不乱规矩。

我作为一个人类学者，总是以观察者的角色出现在热贡的社会生活中。在当地社会的性别划分中，我往往处于非常模糊的地带。村里人都知道我是做研究的，是个“文化人”，所以对待我和对待村里其他女人的态度十分不同。除了一些宗教禁忌以外，男人们能参加的活动，我基本都能参加。当然，女人们日常的活计，我也可以跟着一起做。虽然田野调查的工作常常让我处于一种“无性别”的状态，但毕竟我是一个女性，而且，我所生长的环境，对于女性的观念和这里有很大的不同。

这一天是农历的正月十六。白天的时候，一个措瓦（注：土语中部落的意思，指有血缘关系的家庭的联合）的二十几户凑在一家人那里念经。念到下午五点多，这些家的男人们临时决定，大家凑点钱，让这二十几家的媳妇晚上到县上去搓馆子。我借宿那家的嫂子也去，她把我也一道拉去。嫂子说，这二十几家的男人在几辈以前都是近亲，后来因为结婚分家，没再住一起，但一直保持着密切的联系。平时大家都忙，没时间聚会，过年最后一天，这些家的男人和女人们才会凑到一起。虽然措瓦里的媳妇们不一定是血亲，但都来自同一个村，大家很熟，现在又沾着姻亲，所以关系特别好。一听说要去县上吃饭，媳妇们都很兴奋。她们飞快地脱下厚重的藏袍，换上五颜六色的羽绒服、牛仔裤和高跟鞋，到公路上去搭车。

天黑前，我们赶到县上一家回族人开的清真餐厅。据说，村里人请客办酒席都会选这家清真餐厅。有人家刚刚在饭庄办过婚宴，大红的“囍”字还挂在大厅的墙壁上。这会儿男人们还没到，媳妇们凑到红彤彤的墙壁前，兴奋地吆喝着，让我一张接一张地为她们照相。独照，合影，几个女人互相把衣服换来换去，很快就拍出一百多张照片。她们在镜头前显得有点羞涩，笑得也不太自然。可一拍完，便原形毕露，不顾旁边还有人等着拍照，尖叫一声从我手里一把抓过相机，急着从 LCD 里看自己的样子。

因为交通不便，村里的面包车来回运人，折腾了一个多小时，所有人才到齐。措瓦里的男人们没全来，只来了十个，单独坐一桌。其他的二十几个女人分两桌坐。措瓦里管事的大哥一边喝酒，一边给大家分配座位。他走到我身边的时候，身上已经有很浓的酒气了。我按照借宿那家大哥交代的，给了他一百元“凑份子钱”。他一把抓住我的胳膊，把我拎到女人的一桌去坐下。他一边把我按在椅子上，一边冲着我的耳朵嚷嚷：“好好吃，好好喝，今天你们女人家放松放松！”

菜先上到男人那一桌。男人们喝酒喝得厉害，菜却吃得很少。没吃完的菜，就被端到女人们的桌子上来。媳妇们即使在外面吃饭，也还是保持了勤快、持家的女主人性格。菜一端上来，一下子就被利索地分到了每个人的碗里。吃了一会儿，男人们酒劲儿上来了。一位大哥突然站起来唱歌，女人们中间嗓子好的，也跟着唱起来。虽然是在餐厅里，他们仍是放开了嗓子，如在旷野里一般豪放，而且还不忘麦克风。当有男人起来唱歌的时候，女人们便放下碗筷，举手跟着打拍子。

闹到夜里十一点多，聚会接近尾声。管事的大哥和餐厅老板结了账，让其他几个男人把没喝完的酒水带走，他们一会儿要去县上找个地方继续喝。临走前，大家聚到大厅中间，再载歌载舞了一段才满意地出了门。出门前，管事的大哥忽然跑过来拍着我的肩膀说：“怎么样，高兴吧？我们当家的今天凑些钱，就是想让你们女人高兴高兴。”我脸上笑着，但心里却有点别扭。这种感觉，就像前几日在山顶煨桑祭祀时，村落的族长向妇女和小孩儿抛撒糖果和零钱，引得所有女人和孩子们跪在地上哄抢，而男人们在一旁哈哈大笑时我感到的尴尬一样。

也许是因为我的文化背景，我不习惯看到女人被这样对待。记得在一次访谈中，村子里的一个女人告诉我，她丈夫常年在外地画画，平时很少给她打电话。即使打电话，也总是骂她笨，嫌她田里的事干不好或者小孩儿管教得不好。但她马上话锋一转，眼神如孩子一般快乐地说，过年的时候，她丈夫就会从外地带好吃的回来给她和孩子，那时她觉得自己特别幸福。我看着餐厅里挥着手臂跳舞的女人们，我很少看到她们这样放松地欢笑。

这种高兴与满足非常真实，我不知道该说些什么。

从村里来县上的时候，只开了一辆面包车和一辆小轿车。我借宿那家的大哥二话不说，自己抢先钻进他朋友的小轿车里，和几个男人走了。嫂子赶快拉我去搭面包车，所幸我们挤上了车。这辆准乘 8 人的车子，最后一共坐了 15 个人。车子“惨叫着”发动后，开始笨重地前行。我惴惴不安地坐在车里（其实是跪在车里），丝毫没有忘记司机刚才饮酒饮得是那般尽兴，没有忘记超载、无证驾驶、一盏路灯也没有的乡间小路以及汽车本身糟糕的照明……车一边行驶着，我一边紧紧地抓住门把手，同时还要不时地注意周围，避免在颠簸的时候被密密麻麻的手肘和肩头磕到脑袋。

行驶到一半时，车上的女人们突然念起了经。经文十分流畅，如同流水的歌咏一般，绵延不绝地萦绕在耳旁。司机和另外两个男人抽完了手上的香烟，也跟着念了起来。两种声音加在一起，变得浑厚悠远，车子里突然充满了静谧和坚定。这好像一个突如其来的梦境——自己正与朝圣的藏人挤在车子里，在夜色中穿过树林，穿过群山，一直缓缓地驶下去。

我时常会有这样的矛盾：作为女人，我对这里的男人对待女人的态度很不习惯；但我也清楚，这一切对于当地人来说，约定俗成，自然而然。村子里的女人，有着十分隐忍的性格。她们沉默而非无知，她们非常宽容，有着极大的同情心，懂得珍视简单的快乐，这甚至让她们显得很高贵（一个西班牙人到热贡旅行时也曾这样评价）。我知道，我不可能全盘接受村里人对女性的观念，就像我不会苟同一个极端女权主义者一样。我知道，我不能将自己的价值观强加在他们身上，同样，理解他们的文化并不代表我要改变自己的价值观。

作为一个人类学者，我总是处于两者之间。

用好事

余 珍（西南民族大学）

原来只是听说水族多鬼。到了水利大寨，更是深有体会，水书先生说每天都有一个鬼，一年便有365个鬼。在水利大寨，鬼分为好鬼和坏鬼。好鬼可以理解为神，坏鬼就是恶鬼。恶鬼缠身要做仪式，做仪式要请鬼师或者水书先生。鬼师和水书先生自然知道每种仪式的具体名称，只是其他村民统称之为用好事。用好事无处不在。婴儿出生要用好事，孩童哭闹要用好事，小孩儿吃饭不香要用好事，破财要用好事，发财更要用好事……用好事分淡季和旺季。在旺季，几乎每天都能遇到各种各样的仪式。开始，我每天兴奋地陶醉在自以为人品大爆发的假想中，渐渐地从鬼师那里知道了树叶一发芽恶鬼就不敢出来了的秘密。原来，仅仅是因为我到的时候正值冬季，渐渐地，我开始喜欢上了这个季节。

乱叫的鸡和闯祸的狗

规则不仅仅对人行之有效，对动物，同样如此。违背规则就意味着要被修正，要接受惩罚。村民吴玉春家的一只公鸡在晚上七八点总是乱叫。在大寨，公鸡叫错时辰即是征兆，预示着家里要有不好的事情发生，避免厄运的办法就是求助鬼师或者水书先生用鬼来改掉。改的仪式分为两个步骤，一是在主人家念经、扫鬼，这之后主人家要把门锁上，不让鬼再进入；二是到有水塘的野外去用鬼，把违背时间秩序的公鸡杀掉，送给鬼。鬼师吴志才告诉我：“鸡冠上有黑点的鸡就是鬼想要的那只，黑点就是记号，你就得把这只鸡送给它。如果杀错了鸡，这个就做不成，家里的坏事也改不掉。你看，我杀的这只，鸡冠上就有这个黑点，就是那只乱叫的，改了也就好了。”仪式最后，鬼师将塞有鸡冠的木棍放到水沟里让它随水漂走，水沟的旁边则放了一把白刺草，意思是鬼带着这只公鸡离开了，白刺草是驱鬼的，鬼以后就不敢来了。仪式之后，我没有像往常一样，随鬼师和其他帮忙的村民一起席地而坐，共享美味，而是找了个理由离开了。毕竟，在我看来这只公鸡实在太可怜。

村民吴迅今年 31 岁，因女儿还小，妻子又怀孕，所以没有外出打工，而是在水塘下面找了一片树林养殖洋鸭。今年 3 月，当地禽流感肆虐，他的洋鸭却得以幸免。眼看就要过清明，清明挂青要用洋鸭，他自然期盼着到时候能卖出个好价钱。然而清明节的前十天，他的洋鸭被狗咬死了一大半。当天，他的妻子看到了吴木中家的两只满身是泥巴的大狗从水塘下面过来，便断定闯祸的狗是吴木中家的。吴木中虽然想否认，但是人家已经描述得这样真切，他也不得不接受。毕竟，都是家族的兄弟，不能闹僵。这样，两家便商量赔偿事宜。吴迅的损失应该在 1500 元左右，商定的结果是吴木中家赔偿 700 元。毕竟是家族的兄弟，不能太计较。吴木中一只眼睛残疾，他的妻子又因小时候发过高烧大脑有些愚笨，两人的经济条件并不好，钱只能欠着，等卖了米再还给吴迅。

几天后，那两只闯祸的狗被杀了，成了吴木中家“做保财”

（用来保佑家财不外流和家人发财的仪式）的“祭品”。这之前，吴木中的妻子去过阴，已经答应过阴婆做保财，但迟迟没做。洋鸭事件之后，夫妻二人后悔没有早点做保财，否则也不会损失那700块钱了。做保财要用狗，小狗就可以了。做保财后的祭品，越多人吃越好，吃得越干净对主人家越好。所以，做过保财后，吴木中夫妻便忙碌于叫人吃饭。那天，锅里的肉就是那两只闯祸的大狗的肉。

献给县长的大猪头

在水利大寨，进新房办酒、婚礼办酒、丧礼办酒、办状元酒后的第三天需要请水书先生或者鬼师来做封口嘴仪式。做这个仪式，主要是为了封住那些来吃酒的人的嘴。否则，办酒后任何人的议论都会给主人家带来伤害，招致主人的家里人生病。仪式用品主要有：劈成两半的竹子、两根棒芒草、一个大的空酒坛、一个大的空木蒸子、一大盆猪稀饭、12个碗、6炷香、一个大猪头、一碗盐沾、一壶土酒、一碗糯米饭和一碗大米。

（仪式当天）

我：“这个是敬给哪位神仙的？”

鬼师：“这个是给荔波县县长的。”

我：“为什么要敬给荔波县县长？”

鬼师：“是请他来封住吃酒人的嘴，议论主人家酒席的好坏会使主人家生病，来年的禾苗也长不出来，请县长来才能管得住，县长官最大。”

我：“为什么是12个碗？”

鬼师："县长要带秘书和警卫来。"

我："请秘书和警卫来做什么？"

鬼师："秘书能在县长身边说上话，得好好供着他。要是再有人说闲话，县长就让警卫把他捆走，所以也得请警卫吃饭、喝酒。"

我："为什么用棒芒草？这个竹竿为什么分个口？"

鬼师："谁再议论就用竹竿夹他的嘴巴，用棒芒草割他的舌头。"

我："为什么要用碗盛酒？放一个空坛和一个空的木饭桶做什么？"

鬼师："县长官大，得用一大坛酒接待，大官不用杯子喝酒，而是用碗喝酒。县长来了，要给他盛一大桶饭，他才高兴。"

我："为什么念一段经后要吃供给县长的猪头饭？吃后为什么又要念经？"

鬼师："念一段经把县长请过来了，我们就陪着他吃饭，饱了就念经送他回去。"

我："这盐沾是给县长吃的？"

鬼师："是的，县长是贵州人，是荔波的，和我们一样爱吃盐沾，没有辣椒他不高兴。"

我："那用完的棒芒草为什么要插在门上？"

鬼师："这是剪刀，谁再多嘴就剪他们的舌头。县长管得住大门也就管得住他们的嘴，主人也不会生病。"

（仪式结束，香纸烧给了县长。）

我："这仪式是做给活人的？叫啥名字？"

鬼师："是给死了的县长的，活的管不住这个。"

我："死了那么多县长，那供给哪个吃啊？"

鬼师："给近几届的县长，无论叫来了哪一届的县长，都能把他的秘书、书记、警卫叫过来，管住这些人。"

我："香纸也是烧给死了的县长的？"

鬼师："烧黄钱就是烧给死去的县长的，活着的县长不能收黄钱。"

牲畜进家与"厄运"的发生

在水利大寨，牛、马和猪进了别人的家，就意味着祖先之间已经达成了交换。过去，当别人家的牛进入自己家，意思就是别人的祖宗已经把他家的牛卖给我家祖宗了，我就可以杀掉"做大保财"。有的人不知道牛是谁家的，也可以直接杀掉。现在，若有别家的牛进入家中，则不杀掉对方的牛，但是需要对方包红包给主家，并且要买一块红布挂在门上。红布少则 1 尺 6，多则 3 尺 6。牲畜家的主人要将拿来的红布挂在主家的大门上，红包可以给 16、26、36 不等，无论多少一定要带 6，以求吉利。村民认为，若不包红包，不给主家挂红布，牲畜和双方的家人均会生病。同样，收红包的主家也要请鬼师或者水书先生做仪式，否则家里也会不顺。2010 年 2 月，村民吴树军家的猪进到了叔叔吴国利家。考虑到二人是叔侄关系，吴国利没有让吴树军包红包，便让他把猪领了回去。当天，吴国利打工刚领到的 1200 块钱就丢了。他认为："一定是因为我没有要红包，不管是多少都要给。如果吴树军给了我红包，我的钱也不会丢了。"

村民说，鸡、鸭、狗进了别人家则不用包红包、买红布、做仪式。因此，我以为真的就只有牛、马、猪进了家才有这些讲究和忌讳。村民王国芬分享的另一个事件着实让我更新了自己的理解。每到春暖花开的时候，山上的野蜜蜂就开始活跃起来，在寨子里飞来飞去。有几户村民做了蜂箱，成了自由的养蜂人。春天，有一家的蜜蜂飞到了村民王国芬的家里。王国芬当时没有想太多，就让那家主人把蜜蜂赶走了。今年，王国芬认为家里诸事不顺说不定与此有关，菜种不好，田种不好，孙子总生病，她的胃病也越来越严重，以前从来没有这么糟糕过。她说："当时他家人着急外出打工，没有给我红包就把蜜蜂赶走了，但是我也只是心里猜，说出来怕伤害了我们两家的关系。"蜜蜂进家带来厄运倒是第一次听说，这儿的解释逻辑实在丰富得有趣。我不禁联想到李锦老师分享的一件趣事，两件事情联想到一起简直让人欢乐。①

关于水利大寨的趣事实在多，有些趣事在外人看来甚至是小题大做，不可思议。但如果走入他们的生活，你会发现，若要理解他们，这些趣事便是一把钥匙。

---

① 四川大学的李锦老师分享了去水族地区做调查的趣事：热情的村主任杀鸡招待她和另外一位老师。家里只有白公鸡，便杀一了只白公鸡。在当地，白公鸡在解鬼的时候才用。第二天早上，村主任和两位老师去吃米粉。三人坐定后，村主任提出和另外一位老师换位置。两人换过位置后，村主任刚坐下，房上的横柱就掉了下来砸在了村主任的头上。村主任说："看吧，我就说不能杀白公鸡。"

元阳神山祭祀的猪与鸡

李建明（云南民族大学）

两年前，我有机会参与主题为“哈尼族社会中的沟渠及区域共同体”的田野调查。我们主要调查的地方是一个缺水的哈尼社区，一年多的田野调查下来却还没人亲眼见过那种电视上经常宣传的壮美的无边的哈尼族梯田。调查后期，团队里加入一位做影视人类学的老师，是个老顽童。我们软磨硬泡，让他答应载我们去元阳县观赏一下“理想型”的哈尼族梯田，理由是拍摄取景。同行的，除了这位老师和我，还有一个哈尼族男学生及一个汉族女学生。

到了元阳才发现秧苗已经长出来了，我们错过了绝佳的赏景时机。既来之则安之，大家决定在村子里转转，得知村子里第二天要举行一个很大的山神祭祀仪式，我们异常兴奋，心想：虽不能拍摄自然美景，但若能拍到仪式场景也是有收获的。于是便让同行的哈尼族男同学带着团队去找最有权威的摩披（哈尼族社会里进行祭祀活动的专职人员）进行沟通。但摩披认为仪式不能让外人参加，否则不灵验。我们不甘心，让哈尼族学生再尝试沟通。摩披许是看出了我们的执着，也感受到了我们的诚意，便找来村子里其他有权威的人，一同商量是否允许我们参与拍摄他们的仪式。最后，他们同意让我们跟随拍摄，但说同行的女孩子绝对不能参加山神祭祀。当地人的祭山神仪式从不允许女性参与，我们理解他们的禁忌，于是在仪式当日留下女同学，我们便前去拍摄。

为了表达对山神的敬意，每个村寨都派出几个代表来参加仪式，并且集体供奉两头生猪进行祭祀。两头生猪是祭祀仪式上重要的贡品，生猪必须活着赶上山后才能杀了祭祀。另一种重要的祭品是一只毛茸茸的小鸡，要在仪式最后的环节放到山神的“心脏”中。我们跟着摩披提前到山腰等待被赶上来的两头活猪。许久，只见一头大肥猪气喘吁吁地缓缓爬了上来，它眼神中充满哀怨，浑身散着热气，几乎精疲力竭，而另一头猪还不见踪影。等待的过程中为了和村民们“打成一片”，拍摄的老师不断地给大伙儿发烟，过了不久一条子烟都被散尽，不过社交效果也很明显，大家伙确实热情了很多。正是一团和气的时候，赶猪人气喘吁吁地爬上来沮丧地告诉大家，另一头猪走着走着莫名地死掉了。据说是这位赶猪人看那头胖猪爬山太累、浑身是汗，心生怜悯，便给猪喂了一口矿泉水，结果肥猪大热天喝了冷水就被“激”死了。这下子，整个山头炸开了锅，大家纷纷议论好好的一头活猪怎么就突然死掉了。村民们从和我们交流时用的汉语一下子转到了哈尼语，一种莫名的紧张感在空气中弥漫。或许是因为祭祀仪式太重要而不知所措，或许是因为在为猪的死去寻找合理的解释体系。我们三个“外人”面面相觑，谁也没有道破心中的话语，但都在担心：他们会不会把猪死亡的原因归结于我们三个外人的参与，认为是我们的到来导致了祭祀仪式的危机。同行的摄影老师“江湖经验”比较丰富，见此状赶紧拿着摄像机忙活，显出自己正沉浸在专业拍摄的世界中的样子，逃离了现实的尴尬。我与哈尼族学生对视几秒后，也赶紧拿起摄像机忙忙碌碌，想办法让自己的面孔消失在镜头后面，避免当地人看到我们有些心虚的面孔。

摩披们开起了长老会，商量祭祀仪式是否要继续。我们的神经跟着紧绷，生怕他们真的把这个突发事件归咎到我们三个外来人头上，同时又都在心里默默庆幸，幸亏同行的女孩子没有参加到今天的祭祀仪式中，不然这责任追究起来真是没法再逃避了。摩披们商量来商量去，最终决定就地掩埋死去的那头猪，重新再找一头活猪来代替。他们没有归罪于我们，也许这是他们的善良，也许是他们不想再在山神面前看到活人还要继续吵架。但遭遇了活猪死亡事件，我们刚和当地村民通过香烟流动建立起来的那点热情关系开始逐渐降温了。新的活猪终于被赶上山来，仪式也进入程序，几个壮汉手脚麻利地杀死了这两头猪，猪内脏生祭一次、熟祭一次之后，各村代表便开始做饭飨食了。摩披们单独开伙，吃的是“圣食”，他们也热情邀我们跟他们共享，说是吃了有福气。当地人对我们是很包容的，我们边吃边聊天，似乎忘记了刚才发生的事。

午饭后又开始新一轮的祭祀仪式，这次小鸡要派上用场了。只见毛茸茸的小鸡被装在一个小塑料袋里，或许是饿了，一直叽叽喳喳地叫个不停，毛茸茸的可爱样让人心疼。在炽热太阳的烧烤下，塑料袋子里的小鸡越来越蔫，我真的开始担心它会死掉。我问摩披，这只小鸡最后要怎么处理，他看着我笑眯眯地说等一会要放生到大山里去。我信以为真，害怕它被闷死，便在包裹小鸡的塑料袋上捅了几个洞，让小鸡呼吸得通畅些。同行的哈尼族男生悄悄告诉我，其实这只小鸡要被塞进一个山洞里直接闷死。或许是摩披怕我知道真相觉得残忍，所以才骗我说是要将它放生。我一听，内心的怜悯又开始发作了，于是趁着摩披们忙着念诵祭词的时候，悄悄把之前在塑料袋上戳的洞越扯越大，小鸡顺着那个破洞“逃”了出来。我知道如果小鸡失踪了，这场仪式又要中断甚至可能失效。作为一个人类学者，我深知不该用自己的伦理价值去要求当地人，更不该干扰当地人的仪式。但我心里还是在呼喊：“小毛茸，你赶紧跑吧。”小鸡似乎听到了我的呼唤，开始往树林里钻。如果说，我想在猪的意外之死时做个隐形人，尽量避免当地人把罪怪到我们这些外来人身上；那么，在面对小鸡逃跑的时候，我多希望我这个外来人可以改变小鸡的命运，让它逃得远一点，可以多活些时间，感受一下自己的生命。

摩披无意间看到小鸡不见了，一下子又慌了起来，于是发动人们寻找。他不知道是我放了小鸡，但知道小鸡丢失的后果。小鸡在众人的努力下被找到了，仪式也到了最后环节。这一环节很关键，摩披要带着小鸡去山神心脏所在的那个山洞祭祀。山洞的位置不能被外人知道，怕外人来偷走山神的心脏，给村寨带来灾难。因此，只能主祭一个人带着小鸡前去。我坚持要跟着主祭去，或许对于当地人来说，手持摄像机的我并不是他们“文化圈”里的人，只是一个远方来的路人，因此主祭也让我随行了。我们走了很远的路，到了一个小小的洞口，摩披把小鸡塞了进去，只听到小鸡的声音越来越弱、越来越远，所有的仪式就都结束了。

回去的路上我在想：今日的神山祭祀，我们闯入了别人的生活，又有惊无险地离开了，我们看到猪死时怕在这场仪式中被卷入不必要的责任界定中去，而看到小鸡被杀死时又怜悯其命运，到底我们还是成了他们的事件。

田野中不可承受之轻

李 立（云南师范大学）

研究者有时会被田野调查对象视为救星。他们希望研究者拯救的并非他们的历史，而往往是他们的现实，或者通过拯救历史来拯救他们的现实。在那些自然资源匮乏而又急于求发展的地方，尤其如此。但是，研究者很难帮他们实现这种期望。

我在贵州调查时，地方政府正在宣传和推广一种以“屯堡”二字命名的旅游文化。当地许多村落以“屯”或“堡”为名，据说这种现象与六百年前明朝南征这段历史有关。村民会自豪地讲起他们的先人当年骑着高头大马征服贵州的故事，有的文章则称他们为“戍边者后裔”甚或“明王朝遗民部落”。然而，人们对历史有诉求，历史却未必能满足。六百年的跨度太大，历史遗存太少。

有个村落，村名以“庄”而不是“屯”“堡”为后缀，与别的屯堡村相比，文化遗存也极为有限。眼见其他村的屯堡文化搞得有声有色，新上任的村支书决定无论如何也要放手一搏，得知我在另一个村做文化研究，就通过与我相熟的村民邀我去他们村看看。

初冬的肖家庄，寒风凛冽，田野荒凉，罗支书却热情高涨。他召集村中老者、文化人与我座谈，话题是肖家庄的历史文化资源如何发掘、如何利用，其核心是论证肖家庄曾经是征南将军傅友德扎营的大寨。此举一旦成功，肖家庄毋庸置疑会成为整个屯堡文化的中心，因为屯堡文化就发端于傅友德统率大军入黔。那么，证据何在？

罗支书一行数人陪着我村里村外、山上山下四处转悠。邻村有傅家寨，村里有据说是傅友德后人的傅姓人家，但证明他们身份的宝贝却被藏起来了。据说有人见过，但不轻易示人。村旁的山坡有大营山、督军营，但仅有地名，并无遗迹。山上有石将军，其实是许多地方流行的石敢当崇拜。又有裸露出岩石的手打岩，传说是傅友德发怒时挥掌击打留下的。最匪夷所思的是，雷打坡上有疑似傅友德之墓的荒坟。墓不大，已被盗过，也无墓碑。不知何时，此无名墓被附会了金童玉女殉葬其中、白日飞升的故事。村旁还有名为小屯山的断壁残垣，据说咸丰、光绪年间两次被毁，如今了无一物。

站在大营山，罗支书和我一起遥想当年傅将军如何指挥将士安营扎寨、埋锅造饭、排兵布阵、打扫战场、掩埋遗骸。所有的一切，六百年前就发生在我们脚下那片不大的土地上。罗支书的初步设想是，沿着傅友德将军的足迹，构建一条古战场旅游线路。

临别时，肖家庄人委托我查证傅友德死后埋于何处。

平安夜色·旅游中想象的“本土性”

王佳果（桂林理工大学）

下午从雁山匆匆赶到琴潭车站，已是五点半左右。我和王俊平老师会合后，顾不上满身的疲惫，小心翼翼地开着车子朝龙脊出发了。这真是一场匆匆忙忙的进场。昨晚和吴老师在一起聊起我的毕业论文调研，他特别建议我在进场前要明确调研目的，要列出调研清单，最好要提出总的研究假设，甚至每个章节都要提出相应的研究假设，然后在田野调查期间就要有针对性地根据这些假设去进行资料搜集，这貌似是一种高效率研究的“捷径”。我嘴上应承下来说“对对对”，其实心里面在嘀咕，这种过分建构主义的研究取向在去年年底的时候已经被我否定过了。是的，很悲惨，已经是四月份了，我的毕业论文还是一团糟，除了去年年底写成的那个现在看来依旧是一团混乱的提纲和开题报告，其他一无进展，我总是在告诉自己该看的书还没看完。甚至我连如何做一个有点人类学味道的田野都不知道。这一切，我都把看书查资料视为重要甚至首要的解决路径。总之，我就在这样一团糟的背景下，在连个像样的调研提纲和访谈提纲都没有的情况下，以陪同别人预调研的名义又杀进这个令我又期待又恐惧的田野场域。

王老师在中南财经政法大学攻读旅游管理专业的博士，这是我的“故园”专业，是充斥着从各种学科、领域移植过来的各种新概念、新方法的跨界领域，是充满流动性和变异性的有点“诡异”的研究领域。我之前知道她毕业论文的选题方向大概是乡村旅游扶贫，没料到现在突然要改写“文化变迁”，而且要用定量和指标体系来做，我有些很不礼貌地、直截了当地提出了一大堆的质疑，数落定量研究的建构化和数字游戏化，指责文化变迁这样的宏大议题太难下手，自以为是地提出一些自认为有价值、有意义的研究议题。还好她是一个温和的人，对我尖锐的质疑没有太多反驳。其实，我的这种态度是有问题的，带着一种莫名其妙的学科自信去苛刻地批评其他学科，不足取也！以后需要改正。既然相对真理无处不在，每个学科都在贡献相对真理，多听听别人的相对真理，恰恰能发现自身的不足。

聊到我的旅游想象研究，王老师说她之前没有来过龙胜，最近看了不少学术研究论文，最感兴趣的是梯田和红瑶，不知道去了之后看到现实会做何反应。我心想：这倒很值得跟踪观察。但是，我不太想刻意地把身边的任何一个人都抓来做我的研究对象，也就没有再追问下去，那就在自然而然的情景中静观吧。

到了和大路口，天色已晚，我们两个人在晨阳饭店点了饭菜用餐。我特别点了一些自认为具有龙胜特色和时令特点的菜品：春笋炒腊肉、酸炒牛肉、百花菜汤（应该是辣椒苗），王老师似乎在广西待久了，也没觉得有多大特色，感觉和贺州那边的菜差不多，甚至在某些方面和她老家湖北长阳的颇有些相似。出发进山伊始，夜色已沉沉笼罩大地，我已十分疲惫，但必须打起精神，因为接下来的山路比较弯曲，不可大意。

到了平安停车场已经是八点半，穿越那条进寨的石板路，两边那些熟悉又陌生的店铺闯入眼帘，大多数是工艺品店，有些地方建起了几栋高高窄窄的突兀的楼房，那必定又是新建的旅馆了。路口那家以坑外地游客而著称的土特产店已经早早关门了，我记得上次小符说这家店因售卖假药材被屡屡投诉，但龙胜旅游局因店主复杂的社会关系而束手无策，放任其去害人。我心想：一定要在调研过程和论文写作时“动用”我的话语权揭露批评一下。既熟悉又陌生的平安，不知道有多少人来这里进行过调研，写过多少篇论文，每次来到这里，我总能发现很多所谓的问题，但却没有认真停下来，驻足脚步，扎根村寨，好好地听一听，看一看，挖一挖，试图从什么地方切入进去，发现什么深层次的结构，以至于我对它产生了一种研究上的恐惧。这是一个谜，一个复杂的社会表征复合体，我又想到那么多研究平安的人，又有几个人说得清它，就靠几张简简单单的问卷，就妄图在瞬息万变和千丝万缕的杂合体中抽取一个规律、结构或结论。难！难！难！我不禁羡慕马林诺夫斯基、布朗、普理查德，他们似乎在一个静止的、与世隔绝的、单纯的社会体系中，通过库拉，甚至通过一头牛这样的社会表征就抓住了整个社会文化的结构和本质，而我所面对的这样一个对象，似乎处于一个不断扭转、涡旋的巨大网络当中，并不停地吸纳各种各样的流质进来，呈现出一个瞬息万变的幻象，看不到背后，看不到底，甚至已不知身在何处。

我甚至无法判断真假虚幻。隔壁的工艺品店老板一开始告诉我他是山下的，追问后才知道他是临桂的，卖的桂林山水刺绣品，号称是手工的，可是只卖 50 元，产地是龙胜，追问是县城哪个厂做的，又支支吾吾。他问我是哪里的，我说我是武汉的，我在骗他吗？他在骗我吗？客气的告别后，我手机百度了一下刚才那个产品包装背后的商标，产地是浙江。我于是在心里又呵呵了，去年我在喀什老街看的让人心动不已、眼花缭乱的所谓手工铜盘，不同店铺的维吾尔族老板都一脸严肃地告诉我说是巴基斯坦的、克什米尔的、印度的、喀什的，我当时都没有细想，总之它是异域的，这对我来说已经足够了，于是买了。我这会儿恍然大悟，什么情况？估计八成又是从中国义乌集散而出的商品。王老师追问甚至开始学我，要思考各种文化表征背后的意义、功能……谈到这个老板为什么撒谎，我已经不愿多说，因为答案就在我们自己身上。

沿着灯光，我们在寨子里游荡了一圈，我试图找寻历次调研的痕迹，但是似乎找不到他时之气息和遗存。转到住店附近，一个老板招呼我们进店，这家店其实我们刚才路过，当时不想进去，但老板这么主动地招呼，我们还是习惯地、礼貌性地回应了。这家店的老板很“诚实”，开口就回答他是外地的，是平乐的，之前在桂林做木雕生意，看他店里的摆设，除了烂大街的牛角梳和没有任何“灵韵”的工业化木雕摆件外，最里面一排的木雕引起我们的好奇，这几件木雕自然古朴，貌似没有经过过分雕琢，却被打磨得很仔细，并涂上了一层亮亮的油脂物，每件木雕上面居然还种植了几棵活生生的小树、小草，甚至摆放了几件稍显粗糙的小瓷亭、瓷塔。似乎之前未曾见过。老板很得意地介绍说这是他“发明”的世界上独一无二的艺术品，并拿出一个花生粒一样的东西用打火机点燃，白色的烟雾如瀑布般从木雕的缝隙中泄流下来，颇有山涧飞瀑溪流之意蕴，我们心中暗暗叫奇，老板继续得意地介绍：“这叫倒流香，你看看，这多有品位，好多香港、台湾的老板来我这里购买，回去摆在办公室。”我笑称：“我们可不是什么老板，只是一介穷书生。”但是，不免好奇，还是索要了这位关老板的联系方式。出了店，百度一查，才知道了这所谓的倒流香，适才是我等孤陋寡闻，才被乡村野老卖弄了一番。

回到店中，其实很想找店老板聊一聊店里菜谱的食材来源和制作问题，看看所谓的“本土菜”如何制作出来，可没有任何访谈的力气，也感觉这种要揭底的事儿，人家和你又不熟，绝不可能和你说实话，于是作罢。遂拿起菜谱，“啪啪啪”地先拍下来再说，随口问王老师：“发现菜谱有什么问题吗？”“没有什么本地的东西啊！”……那就是，我们来这满地找所谓“本土性”的东西，这不逼着人家撒谎嘛！于是，答案揭晓了。

萨拉查说，处于流动性的旅游者总是把目的地想象成固定的、一成不变的。我们今天这么可笑地像旅游者那样寻找“本地性”正中要害。哪有什么本地性？到处都是在想象中建立起的各种关联的杂合体。好了，本店没有冰镇啤酒，我要拿起电热水壶烧热水了！

“重新为人”的尴尬

高一飞（南方医科大学）

还记得刚入人类学大门时，经常受到师哥、师姐们的“蛊惑”，在他们口中人类学是一个“自由自在”的广阔天地，别的学科做研究、写论文要在书桌前头悬梁、锥刺股，人类学者做研究是满世界旅行，到你不熟悉的，甚至没听过、没见过的“异文化”世界中，去寻找何为人、何谓文化的真谛。人类学者的研究工作中最重要的部分就是进入田野，让自己从一个外来者成为当地人，和研究对象同吃、同住、同生活、同劳动。为了真正进入田野，研究者需要在很大程度上抛弃自己原有的社会身份、观念和行为方式，需要学会用当地人的眼睛去观察，用当地人的语言去交流，用当地人的逻辑去思考，用当地人的标准去判断，用当地人的方式去行动，就好比一个天真无知的婴儿在当地社会化的过程，所以被戏称为“重新为人”。“重新为人”听起来是何等浪漫，甚至带着几分梦幻，人类学者的身姿在我心目中也瞬间玄幻起来，仿佛个个具备七十二变的神力，拔根毫毛就能够随时成功上演变形记。后来才知道，其中的种种洋相、笑料、尴尬，真是五味杂陈，一言难尽，甘苦自知。

2007年，我在滇西一个贫困村做田野调查，村里农户的年平均收入水平刚过一千元，生活条件很艰苦。我寄住在村里一户中等收入水平的农家，全家人都很纯朴，女主人尤其善良好客，每顿饭忙前忙后，生怕我这个城里来的“知识分子”吃不饱、吃不好。一次，大家围坐桌前，准备开始就餐，放在我面前的白瓷碗上有一处污渍，女主人看到，连忙一把拿过碗，流畅地朝污渍处啐了口唾沫，麻利地用衣角使劲擦拭了一遍，然后将光可鉴人的白瓷碗放回我面前，脸上洋溢着温暖和关心。我的思绪瞬间朝着两个方向奔涌而去：一边想着女主人为我这个客人真是竭尽所能，体贴入微，连小小的污渍都帮我处理干净，从她动作的熟练和流畅程度看，这应该是当地习以为常的方式，我要欣然接受、心怀感激，甚至应该模仿行事，真正变成他们中的一员；另一边，心头迅速涌现出常识里、教科书里（医学课程是医学人类学方向的博士的必修课之一）所有可能通过唾液传播的疾病，性病、狂犬病、肝炎、麻疹、腮腺炎、水痘、病毒性肝炎、细菌性痢疾、脊髓灰质炎、伤寒、霍乱……然后，两股思绪混成一摊“糨糊”，不知如何反应是好。还好，热情的女主人没有给我时间纠结，已经往我碗里夹了一筷子菜，眼神示意我快吃。顺势而为的直觉启动了，我像往常一样和他们围桌享用了那顿餐饭，用那个擦拭过的白瓷碗。现在，我已经不太能记得当日用餐时复杂纠结的心情是如何平复的，只是仍时时提醒自己，有些早已深入骨髓、潜移默化、觉得理所应当的观念都会在田野中受到挑战，那种感觉有时并不那么美好。

过于成功地“重新做人”有时也可能会陷你于尴尬。因为当地方言与我的家乡话——昆明话有几分相似，在村里住了一段时间后我已经能操着纯熟的当地话与村民交流，也因此田野工作如鱼得水，进展飞速。当时，一条在建的二级路工程要穿村而过，施工队为了开工顺利来祭拜村里的社树（地位相当于村里的土地公）。在祭祀后的村宴上，当地有头有脸的人物齐聚一堂，村主任颇为得意地向施工队老板介绍了我这个村里新来的“文化人”，言下之意是值得博士驻扎研究的村寨必有其了不起之处。我操着当地话和施工队老板闲话家常，他脸上渐渐浮现出怀疑的神色，又聊了一会儿，就直接开口质疑：“别蒙我了，我见过多少昆明人，完全听不出你有昆明口音，你肯定就是本地人！”我不悦地想辩解，可是情急之下竟没能说出一句完整纯正的昆明话，几个月浸淫在当地方言中，我甚至已经不习惯在这个语言环境中说“母语”了。顿时一阵尴尬，心里充满邯郸学步的懊恼，郁闷至极。村宴后，施工队的老板还十分真诚地劝诫村主任，要对我留个心眼儿，不要尽信。晚间，带着胸口的烦闷我躺在床上辗转难眠，想着想着竟有些释怀了。田野工作者能成功地成为当地人固然重要，但是如果走进新的角色跳脱不出来，就是丢失了研究者自己的身份。这样一个“忘本”的人确实会给人不可靠、不可信的印象，不怪施工队老板对我的误读。从那之后，“重新为人”时，我便常提醒自己，所有新的角色都只是作为人类学者的一段经历，要能进入，也要能跳脱。田野中的“重新为人”不过是一段暂时的分裂经历，体验不同的角色不是为了忘记自己，而是为了更清楚地认识他者，并透过他者认识自己。

取得博士学位后，我投身到一个国际合作公共卫生项目中开展医学人类学实务，有一段时间主要与受国际项目资助的基层项目执行单位打交道。一位与我们有合作关系的培训机构的专家偶然看到我的简历，表示十分惊讶，他说：“日常工作中实在看不出你是有过国外留学、访学经历的‘海龟’，看上去就像是从基层成长起来的一线公共卫生工作者。”有同事听了感觉很尴尬，急着为我解释和背书，要证明我的海外经历确有其事。我笑而不语，心里觉得这句评价是一种褒奖，人类学工作者就是应该有一种与背景浑然一体的本事。更重要的是，无论角色如何变化，通过他者之镜反观之后，对于自我的认识只会越来越笃定、越来越清晰，“重新为人”的经历累积成了更丰富、更有趣的自己，也让我越来越能够从容面对那些尴尬。

第三部分 七情

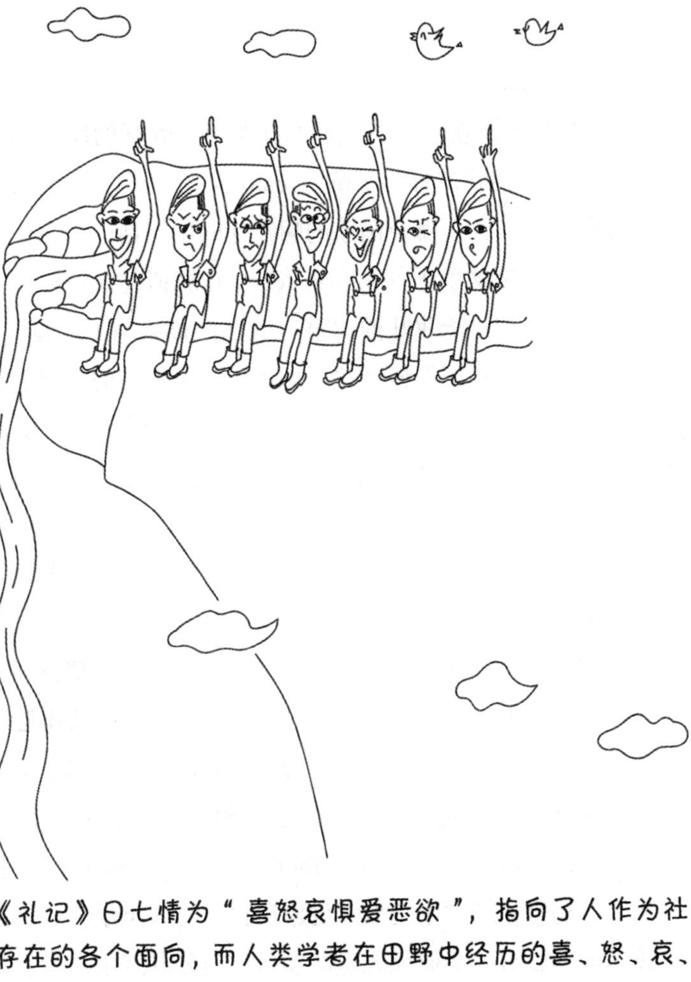

《礼记》曰七情为“喜怒哀惧爱恶欲”，指向了人作为社会性存在的各个面向，而人类学者在田野中经历的喜、怒、哀、惧、爱、恶、欲，无疑是每一种人类性情的最好注解。

两个人的田野（一）

张庆宁（兰州大学）

盛夏的海南，烈日炎炎。

Jenny 和我挤在一辆飞驰的摩托车上，呼呼的风声伴着司机的海南普通话在我们耳旁呼啸。Jenny 又一次重复着她和很多司机的例行对话：你是哪个国家的啊？你的中国话说得真好，你来中国多久了？来这里干什么啊？ Jenny 在貌似礼貌地回答完问题后，就开始用英语给我吐槽："我今天已经被人问了八遍了。"

当我们让司机把车停在这所城市里人人皆知的"鸡婆村"村口时，他意味深长地看着我们，欲言又止的样子，收了钱还不走，一直看着我们走进了村里。这一定超出了他的理解和想象，一个大陆女人带着一个会说中国话的美国女人去"鸡婆村"，她们去干什么？是啊，我也反复问过自己这个问题，我们来干什么？我们穿行在 H 市的各类性服务场所：出租屋、宾馆、发廊、按摩店和夜总会。我们手上拿着海南人喜欢的黑色塑料袋，里面装着见不得人的安全套、润滑剂、艾滋病等性病预防小册子。我们和场所里的老板、大姐、小妹聊天，偶尔还给他们安全套。

那时我的身份是北京协和医学院预防医学的博士后，Jenny 来自美国社区研究所（Institute for Community Research）。我们是这两个机构合作的"中美妇女健康项目"的人类学者。这是个研究长达五年、有四个研究地点的项目，由公共卫生学者、应用人类学者联合地方疾病预防控制单位合作开展。海南的 H 市是最后一个研究地点。由预防工作者向性服务女性讲解一种女用安全套的使用方法，并且免费发放给她们。研究运用了横断面问卷调查与人类学访谈与观察的混合研究方法。目的在于探索有哪些因素影响性服务女性的女用安全套使用意愿及其预防行为的逻辑。随着20世纪80年代海南特区的开放，“鸡婆村”虽然经历了各种扫黄风暴，却一直吸引着大陆妹、海南本地妹不断加入。在当地人老旧的房屋空地处，一座座水泥小屋被盖起，租给“那些女人”。小小的城中村大约住着300多人，“那些女人”和打工的大陆人占了三分之二。

闲逛的路人不时投来好奇的目光，看着Jenny。村子中央，在离本地人阿玲开的小卖部不远处的一间小房子里，那个喜欢和我聊天的大姐走了出来。她四十岁左右，下岗职工，是曾经让很多人羡慕的中专生。我起身迎了过去。我介绍Jenny给她认识，她只问了一句“你是哪个国家的”，就不再和Jenny说话了。几句话之后，她突然靠近了我，悄悄地对我说：“让外国人知道这些事，好不好？会不会丢咱们中国人的脸？”她对国家形象的维护意识实在超出了我的想象。我笑着对Jenny重复了她的话。Jenny也笑了，她说：“我们美国那里也有做这种工作的，我们那里比你们这里还要开放。”大姐的心似乎一下子放松了，开始问Jenny美国的性工作情况。

和大姐聊完后，我们到了我们在村里的临时办公室。房东阿婆和几个村里的老阿婆在玩海南纸牌。我问其他几个阿婆还认得我们不，一个老阿婆用蹩脚的普通话说：“你们不就是来给那些女人搞卫生工作的嘛。”小雪来了我们的办公室，她只有20岁，十六七岁的时候被人骗出来卖淫，老板被抓后返回家乡，几个月后来到海南开始自己“做生意”。她在村里和S街的发廊里“上班”，哪里人多去哪里。她已经和我们很熟悉了，在她面前我们可以随意做记录。在两个人的合作访谈中，“提问”和“记录”这两项本来由一个人承担的工作可由两个人来分担。我们的分工原则是，一个人主导提问，一个人负责记录。访谈由主导提问的人来进行，记录的人基本不打断她们两人的交谈，只是在访谈结束后对不清楚的问题进行追问或者另提问题。这样做能够让主导提问的人的访谈节奏不被打乱，以保持访谈的流畅。最后的笔记由记录人在电脑上记录，访谈人阅读、补充，以确保笔记的准确性。显而易见，合作访谈的优势为：一是通过两人访谈、记录的分工，减轻了工作压力；二是获取的信息量更全面。在明确的分工原则下，不仅由两人共同完成的访谈和笔记所记录的信息更全面，而且由于两人的问题视角不同，对收集资料的理解也不尽相同，这些理解上的差异会成为我们讨论的重点，借着这些差异我们都提高了对问题的认识程度。由于受访者的普通话都带有口音，对于Jenny来说，两个人在一起的访谈在很大程度上解决了她的语言压力。当然，有时候她因为听不太明白，反复地追问反而会让受访者解释得更清楚，这也避免了我处在本文化环境中对一些问题想当然的理解。两个人一起访谈时，能让我们彼此了解对方对某些问题的理解，往往让彼此想到：“我怎么没有想到问这个问题？”这背后所展现的是两位不同文化背景的人类学者面对同一个问题时“局内人”和“局外人”观念的碰撞。当然这种碰撞产生促进作用的前提条件是身处局内和局外的人类学者彼此的尊重和对对方观念的理解。

离开村子，我们步行去发廊集中的S街。春花发廊的老板娘怀孕已经5个月了，以前她也在村里“做生意”，最近承包下了这个发廊，从小妹们的每笔生意中提成20元。我们和小妹们坐在发廊的沙发里，看她们吃零食、打扑克。一个30多岁的男人走了进来，打量了一番，指着Jenny说：“这个，多少钱？”老板娘笑着说：“500，玩不？”小妹们都笑了。男人说：“行。”老板娘又说：“1000，你有钱玩不？”男人一边说：“来，来”，一边就要上二楼。原来以为只是玩笑，而此刻老板娘和几个与Jenny相熟的小妹居然认真地动员起了Jenny。Jenny的脸红了，我对那个男人说：“她不是来这里‘做生意’的。”他讪讪地下了楼，在老板娘和小妹们的哄笑声中走了。

很多时候，当我们俩在场所里被认为是“做生意”的时候，如果是我，老板娘会直接告诉客人，我不是“做生意”的，而当这种情况发生在Jenny身上时，此前的一幕就很常见了。为什么我们两个人都是人类学者，却因为肤色的不同，有着如此不同的待遇？Jenny性格随和，偶尔抽烟。和她们一样抽烟的外国女人，又爱和她们说“做生意”的事儿，她们大概认为外国人在性的方面更开放，Jenny更能认可她们的工作，或者觉得Jenny本身也会兼职“做生意”，和她聊天更像是和“自己人”聊天，所以老板娘和小妹们往往会真心地鼓动Jenny“做生意”。这些关于外国人“性开放”的想象也体现在她们对艾滋病的想象上。很多出租屋的性服务妇女认为艾滋病是外国人得的病，只有“那些（高档）酒店里和外国人有那个的女人才会得艾滋病”。

666发廊的阿丽看见Jenny来了，连忙招呼她坐下。阿丽递了一支烟给Jenny，还帮她点上了。她们边抽边聊。对于不抽烟的我来说，似乎那短暂的共享时光是她们建立关系特别好的润滑剂。进门前 Jenny 担心老板娘又会给她脸色看，因为上一次她给了一个接受了访谈的妇女一把雨伞作为礼物，而没有接受访谈的老板娘也问她要雨伞，当时她解释说只有做访谈时才能给礼物，老板娘很不高兴。老板娘倒是喜欢我，因为我俩都喜欢打太极拳，她知道我是北京来的博士，对我总是高看一眼。这一次因为我的到来，老板娘对 Jenny 的态度有了一些改变。

很多次这样的时刻，我和 Jenny 在一起。这显然与传统意义上的人类学者如“独行侠”般孤身一人在遥远的他乡从事田野工作不同。虽然人类学者以团队合作的方式工作由来已久，但是直到 1998 年，Erikson 和 Stull 两个人才首先明确提出“团队民族志”（team ethnography）这一说法。

对于“独行侠”式的人类学者来说，进入田野中的各种不适、文化震撼和被接纳完全要由人类学者一人承担。相对而言，人类学者以团队的面目出现在社区时，初入田野时的不适由团队成员集体分担，这在一定程度上缓解了人类学者在田野中的压力。很多次当我们惴惴不安地出现在我们尚不熟悉的场所时，陌生的环境、上下打量的目光、自身尴尬的身份让我们的内心充满惶惑和担忧，两个人结伴同行，无疑是最好的出行方案。

2012 年田野调查结束后，我从国家疾控中心获得奖学金，并前往美国社区研究所学习。那时，Jenny 已经返回美国。当我们在她的办公室相见时，她没有像美国人那样给我一个大大的拥抱，我们只是相对而坐，像是有许多话要说，却又不知道从哪里说起。那一刻，我体会到了她在中国做田野调查的不易，我也知道由于两个人的田野，我们理解了彼此。

两个人的田野（二）

Jennifer Dunn（邓珍妮）（美国社区研究所）

胡天杨　译

“老板，我看你这儿有个老外。”一个蹲在地上、40岁左右的男子在我身后说道。他意味深长地吸了一口红山牌香烟，仔细地审视着我。那香烟的烟雾在他的鼻子里翻滚着，在水泥地板上四散开来。他的指甲缝和灰色外套上都沾满了油污，我猜想他应该是个外来务工人员，而非一个农民。

“啊，不是的，她不是的！她不是‘做生意’的！”老板站在她桌子后面说道。

男子轻轻地转了一下头，但眼睛仍然一动不动地盯着我，质疑地问道：“那，她为什么在这儿？”

我并没有说话。大概是因为我今天独自一人外出做调查，没有了庆宁和在当地的医疗工作者们，没有了那些往常总是陪伴我、帮助我机智地应对这些突如其来的变化的团队伙伴，所以，我决定保持沉默，只是等着老板回答他。我也不想说错什么话，不想影响老板已经建立的口碑和她潜在的客人。毕竟，一个以“健康研究”之名出现的人，会让客人怀疑是不是老板手下的姑娘们有病或者存在某些健康风险。但是老板今天实在是太忙了，没有时间绕圈子。她正在整理桌子上的一堆文件，看都没有看我，便直言不讳地说道：“她来这里是为了做一个国际女性健康的研究。”

“她是法国人吗？”男子靠近我问道。

“不，她是美国人。”老板回答道。

他皱起了眉头，又审视了我一遍，弹了弹香烟的烟灰说道：“没有吧，美国人个子更高。”这时，他身后的门边，有三个男人看过来。很难说他们是常客，还是这个男人的朋友，抑或是仅仅因为对我这个“老外”好奇而凑在一起的陌生人。

外国人对于这个小镇而言稀奇少见。更何况，在小镇最便宜的发廊店里，一个这么明显的外国女人挤在满是“小姐”的沙发上。但是，在这个小镇已经待了几个月，做田野调查将近两年之后，我早已习惯了这些日常生活中让人紧张的审视和猜疑。我有黄色的头发、绿色的眼睛，还说着生涩的普通话，很容易让人看出我是一个老外。所以，与其像个笑话一样来假装隐藏和淡化我的这些不同之处，我更愿意直面他们。通过直面人们的好奇，开始和他们对话、建立关系、取得信任、开玩笑，并且为我最终要问他们的那些侵犯隐私的问题打下基础。

对于这个民族志的田野调查，我已经处于一个深入阶段。每当我外出做田野调查，去那些坐落在中国南方偏远的红灯区的时候，我总会被聚焦于即兴的观察和讨论中。我的出现总会激起那些我所观察的人们的窃窃私语、谣言、质疑，以及对我彻头彻尾的分析和讨论。比起我对他们的观察，他们对我的观察往往更有力。我已经习惯了人们远远地凝视着我，然后挤过来围着我，大声地猜测着我的家乡、年龄以及我为什么出现在这里。我也习惯了每天回答无数的我能够想象到的相同问题和那些按部就班的相同对话，诸如“是的，我们不仅吃面包，也吃米饭”“不，我们的经济现在也不怎么样”“不，我不喜欢小布什，但我对奥巴马抱有希望”“哦不，大多数美国人并不富有，实际上很多人在贫困线上挣扎着”“不，我认为美国在很多方面并不厉害（也并不强大或者说卓越），但是感谢你的礼貌……”我也习惯了人们对我容貌的审视，习惯了他们毫不避讳地说我比上周更胖了、更老了，或者更黑了。我也习惯了男人们在我面前讨论我的身体值多少钱，习惯了老板们变本加厉地怂恿我去试一试，让我就只做这一次交易。我也习惯了毫无准备地回复那些关于“我们这些西方女人”的问题，去面对那些所谓的来自西方的“我们”更开放的含沙射影。我知道，开放只不过是“荡妇”的一种委婉说法罢了。可是，我不仅对此习惯了，还欢迎这些充满了挑衅意味的评价，因为它们是通往我们那个微妙的研究核心领域的桥梁。

庆宁和我的当地团队伙伴也都习惯了和我在这样一个世界里旅行。他们习惯了我的幼稚，习惯了我对使用昂贵的中药作为预防方法背后的原因的那些喋喋不休的疑问。庆宁甚至琢磨出一种在拥挤的街道上护送一个尴尬外国人的特殊技能，以便在那些不确定的互动中指引我，帮我解释并且为我那些尴尬的或者不经意间有些冒犯性的错误开脱。在我支支吾吾的腔调下，她努力地帮我去向老板们、女人们以及当地人解释我那蹩脚的中文。事实上，正是因为我们西方那些激进的异类文化和历史，以及我们从小养成的对健康的不同价值观，我们才能通过这些不同之处来质问和怀疑我们文化中最根本的观念假设。我习惯了这一套支持我的体系，以及对一个陌生外国人的指导，它们能帮助我更好地在这块土地和这个敏感的研究领域上定位自己。

我很感谢那些从事性工作的女性们的耐心和好客，感谢她们愿意从工作中抽出时间，和一个她们根本不怎么认识的陌生外国人进行深入访谈。她们邀请我坐在她们整洁的床上，在那仅用一道轻薄的门来隔开墙外那喧嚣生意的房间，我们畅谈她们的家庭、她们的母亲、她们假期的计划以及那些介绍她们来这里工作的“姐妹们”。围绕着她们的生活、她们的经历和她们的工作，我们最终碰触到她们的内心深处：她们的子宫、堕胎的经历、血检，以及她们在每个月的月经后从私人诊所购买的抗生素溶液，并坚信这些毫无标签的清洁溶液能够冲走她们血管里的风险和疾病。她们用力拉开有些变形的木制抽屉，给我看保护她们的供应品：冲洗乳液、棉球、卫生抽纸、口服的抗菌胶囊、放入阴道的胶囊、药茶以及捣碎的植物根茎。

我习惯了被她们观察和碰触。她们用手指搓揉我的金发，触摸我的皮肤，并且在我告诉她们西方女人会花钱买产品，让自己变得更黑而不是更白的时候惊讶地大笑。她们也会卷起袖子给我看她们之前在工厂工作时留在胳膊上的被化学灼伤的痕迹。我们讨论、对比着工厂和性工作所带来的潜在收入以及体力消耗。她们告诉我那 14 个小时的流水生产线工作、那些工厂的烟雾、她们莫名其妙的头疼、发痒的手指以及拥挤的床铺和被克扣的工资。我们常常在最后达成共识，那就是，性工作更好一点。因为她们可以想休息就休息，而且有的时候能赚到不少钱，有些男人也很慷慨。我急切地想要给她们传递我对她们的尊重，传递我那些对女性赋权的西方观念；传递我对她们能够支配自己身体和时间的敬佩，传递我尊重她们敢于反抗那来自社会的无情的污名和她们敢于直面每天工作所带来的疾病风险以及羞耻；传递我对她们想要实现个人目标，想要自己攒钱创业，想要赚钱给孩子付学费、给丈夫治疗癌症的决心和勇气的钦佩。为了交换她们的故事，我也会送她们一些礼品：一件涤纶的女士睡衣、一个小电风扇、一个丝绸的零钱包，或者一把雨伞。在把她们的抽屉塞满避孕套，在那些记录着她们生活秘密的笔记本被我们带走后，她们总是非常感激我们，总说“感谢你们关心我们”。而那些生活的秘密，都被特殊的身份识别和杂乱潦草的笔记藏起来了。

但是，让我一直难以习惯的也是我还没有想要习惯的事情是，一种不安的恐惧：我对于这些珍贵互动的满足感可能会让她们付出我无法知道的高昂代价。每一个给予我信任和慷慨接待的女人的身后，总是有一些其他女人在我敲门时零散地躲在阴暗处，远离她们的生意。有数不清的女人们根本不理解或者不接受我的出现。然而，我仍然不清楚我的出现会让那些拒绝我的女人们损失什么。是那些她们想要花在孩子身上的钱？是她们的未来？还是她们家的土地？

我们这些西方人，裹挟着我们那令人厌恶的、丑陋不堪的殖民历史，多少个世纪，践踏着他人的土地，坚信着我们那自以为是的高尚意图，而在我们看似坚决的步伐后面留下了毁灭和废墟。我是否像我们历史上征服土地一样在对待那些女人？我从她们身上得到的东西是否比我自以为能交换给她们的东西更多？我，这样一个过客，是否抢劫了那些总是躲在阴暗处的女人们的最珍贵的资源：她们的隐私、安全感以及她们宝贵的时间？从她们的眼泪中学到的宝贵课程是谨慎、谦逊和合作的重要性。我们需要知道如何去分开我们的意图和影响力，因为仅仅只有好的意图是不够的。如果我们去诚实地指出这些挑战，如果我们能够完全诚恳地和这些来自我们所探索的地方的人合作，如果我们可以增加感知、沟通和自知的技巧，我们会有更多的机会去芜存菁。

我并不习惯久久不散的怀疑：尽管有着真诚的善意和高尚的研究动机，我也许仍然表现得像我文化里的那些先辈们一样，表现得像一个贪婪的殖民者一样，在毫无邀请之下入侵了这片土地和空间，只是为了去寻找对我有用的事物、话语和信息。在送给这些女人们一把避孕套后，我享受着这肤浅的来自她们对我的感谢的满足感，然而我也知道她们或许永远都不会使用那些避孕套。我们这些人类学者、非政府组织或者救助工作者怎么才能诚实地分析这个等式呢？我们怎么才能让自己接受足够的教育和有着足够的自知以便准确地去衡量我们这些鲁莽的高尚行程中的利与弊呢？对于这些问题，这里并没有一个简单的答案。但是，这是所有我们这些爱冒险的人类学者在涉险前往那些神圣而又神秘的土地之前需要不断扪心自问的问题。

啤酒、菜刀与银饰：田野中的给礼、还礼与失礼

马腾岳（云南大学）

有一则关于人类学家无所不在、无孔不入的老笑话，学过人类学的人都听过：

“每一个纳瓦荷印第安人家庭都至少有三个人，一个爸爸、一个妈妈和一个人类学家。”

好吧，我承认，住过纳瓦荷印第安人家庭的人类学家中，包括了我。

礼物、田野与人类学家

马塞尔莫斯（Marcel Mauss）的《礼物》（*The Gift*）一书，是近代人类学重要的原创性著作，它直白地说明了一件事，没有白白从天上掉下的礼物，所有的礼物都带着送礼者对于回礼的期待，而回礼则是义务性的，礼物的往来交换成为人类社会得以建立的重要基础。莫斯书中的资料也指出，礼物的给予若是有去无回，受礼者不仅有道德上的亏欠，“礼物之灵”更会对不回礼者施加报复，给礼与受礼者双方的关系将难以维持。这个道理成为该书导论的篇名《赠礼，特别是回礼的义务》。

自莫斯的《礼物》之后，人类学者对田野中人群之间的礼物、给礼、回礼的研究，成为民族志中不可缺少的套路。把简单

的事说得复杂，把复杂的事情说得神奇，是人类学者的一大本事。许多民族志对于特定人群礼物的流动与给礼、还礼的描述，其复杂程度基本可以用来考验一个人的智商是否正常。这些复杂的田野分析，至少说明一件事，“写文化”真的是人类学者必要的生存技能。

人类学者喜爱分析田野中的礼物现象，但有趣的是，很少有人类学者谈自己在田野中，如何周旋于给礼者与还礼者这两种角色。事实上，相较于田野中研究的对象，作为外来者的人类学家在田野中的给礼与还礼经验，可能更具有戏剧性。一方面，礼物具有普遍性，人类社会普遍存在礼物交换；但是另一方面，礼物是社会的建构物，不同社会对于什么才是“合适的礼物”，存在不同的文化界定。礼物、给礼、回礼之间，稍有不慎，就可能变成了“失礼”。这篇文章，便是根据我在美国“纳瓦荷印第安保留区”（Navajo Indian Reservation）的田野经验，说说自己是如何涉入田野中的给礼、还礼，乃至失礼的礼物经历。

电影中的印第安人

全世界大概没有其他区域的原住民 / 少数民族，比美国境内的印第安人，受到更多的来自商业媒体的影响。因为从小受到美国影星约翰 · 韦恩（John Wayne）西部电影的影响，所以我觉得美洲印第安人的马上功夫虽然了得，但基本上都是约翰 · 韦恩这些白人神枪手英雄练习的活靶。直到受到 1990 年凯文科斯纳（Kevin Costner）主演的《与狼共舞》（*Dances with Wolves*），以及 1992 年丹尼尔 · 戴 - 刘易斯（Daniel Day-Lewis）的《大地英豪》(*The Last of the Mohicans*) 两部电影的影响，我对美洲印第安人的印象才有了极大的改变。说得学术一些，这些电影的主题，从 20 世纪早期美国白人垦荒者击杀前来劫夺拓荒车队的印第安人的西部英雄传奇故事，到 20 世纪末期开始呈现印第安人受美国西扩影响的灭族失根之痛，故事的主轴与立场有了一百八十度的反转，而这个变化也正是西方社会与社会科学从“殖民主义”向“后殖民主义”转变的过程。西方社会从殖民者的英雄角度走出来，转向开始对被殖民者历史情境投注关怀与道德反思。2016 年莱昂纳多（Leonardo DiCaprio）拿到奥斯卡金像奖最佳男主角所凭借的《荒野猎人》(*The Revenant*)，更是后殖民主义反思型印第安电影的经典。

从电影得到启发，2003 年我前往美国西部几个州的印第安部落探访，主要关注的问题就是当地印第安部落的文化复振，希望在美国两百多个印第安保留区内，建立合适的田野地。这是一个初步探查（pilot study），除了文献回顾的资料，行前我拜访了旧识华盛顿大学郝瑞教授（Stevan Harrell），他在大学博物馆办公室提供给我许多有用的信息。在这个基础上，我拜访了郝瑞教授所推荐的位于华盛顿州与奥勒岗州的高原印第安（Plateau Indian）Yakama、Wala Wala，与美洲西北海岸印第安 Squaxin Island、Makah 等四个印第安保留区。

沙漠中的 Yei be chi 仪式

除了华盛顿州与奥勒岗州，2004 年 11 月，我从洛杉矶开了二十多个小时的车，前往位于亚利桑那州的美国境内最大的印第安保留区纳瓦荷印第安保留区内的图巴城（Tuba city，Arizona）。晚上十点，在著名的大峡谷国家公园（The Grand Canyon National Park）峡谷北侧 89 号公路旁的加油站休息时，超市的店员随口问我是不是受邀参加仪式。“什么仪式！？”尽管 20 多个小时的驾驶早已让我体力透支、疲惫不堪，但“仪式”二字一如所有的人类学者的鸡血，顿时让我亢奋，独自驾车的疲劳瞬间消失。通过店员的介绍，我知道沙漠中的某个家屋正在举行一个医疗仪式，有数百人参加，仪式从每天夜里进行到天亮，持续 9 天。

“你顺着 89 号公路再往北开，会看到‘341 号里程碑’（mile stone 341），再往前 250 米的路边有个缺口，沿着土路向东开半小时就可以看到了，人很多，有营火，不会错过的。”

这店员说得轻松，可这是美国西部最大的沙漠区，相当于中国的大戈壁。当时已接近午夜，沙漠中完全没有灯光，一片漆黑。所谓的土路事实上不是路，而是若有若无的车胎痕迹。要在这种无法分辨东南西北方位、连 GPS 导航都无法引导的大沙漠中开上半小时车，若是迷路或是遇上流沙，肯定只有死路一条。心中虽有恐惧，但是目睹纳瓦荷印第安人仪式的急切心情更胜，我立即出发。

最终，约莫一个小时后，我看到了远方的火光和人影。

一百多辆汽车停在营火的四周，一旁是一幢独立家屋和一所小泥屋，这是一户散居在沙漠里的纳瓦荷人家。没有人关注我的到来，大家的目光都集中在营火旁仪式中的那些正在高声吟唱与舞蹈的人们身上。我有多年的田野调查与访谈经验，在正常情况下，我有自信通过沟通，让访谈对象至少不会立马轰我出门。但是眼下情况太过特殊，没有任何的熟人，完全是加油站超市店员随意一句话引导我来到这沙漠的深处。此刻正值午夜，一场不知缘由的仪式正在进行。作为一个外来的打扰者，我完全不知道这群纳瓦荷印第安人会如何看待与回应我的出现。除了忐忑不安，伴随恐惧感而来的是营火下人影晃动的幻想镜头，那些电影中印第安战士割白人头皮的画面，隐隐出现在我的心头。

深夜时分，沙漠中的温度在零度以下，我哆哆嗦嗦地站在人群之后。许久，才有一位老妇人发现了我，走到我身边询问我的来意。所幸，我遇到的是一位非常友善的老妇人，她的名字是 Jane。Jane 是主人家的朋友，为仪式中的杂务炊食来帮忙。知道我的来意后，她将我拉到一旁，告诉我这个仪式是为了给一位生病的姑娘举行的。这个姑娘的家人曾把她送到医院去检查，医生说费用大概需要 5000 美金。而部落的“治疗者”（healer）说能用传统的仪式为姑娘把病治好，整个仪式的费用，包括 9 天中所有参与者的饮食，大概需要 7000 美金。姑娘的家族经过开会，决定用传统的 Yei be chi 仪式来为姑娘洁净灵魂，医治疾病。

“欢迎你来参加仪式，但是你一定要记住，绝对不可以在仪式中拍照、录像和录音，这是完全不允许的，千万不要做这些事情，否则后果会很严重。”

老妇人 Jane 告诉我，不准摄影倒不是出于什么宗教上的原因，而是过去有太多白人在仪式中摄影，不仅干扰了仪式的进行，而且之后在各种媒体上贩卖这些影像，让他们觉得特别不被尊重，此后就禁止了仪式中的一切摄影录像活动，连族人也不准。

Jane 所说的不准摄影记录，对于许多积极进行文化复振的美国印第安部落而言，是常有的事情。从人类学的角度来看，部落精英在通过排除对仪式活动的干扰，重建仪式空间与时间中的圣俗区隔，恢复仪式的神圣性。禁止摄影记录是许多原住民部落进行文化复振、重新建立仪式神圣性的要求。但对于我，一个极其依赖影像，并且对影像工作十分狂热的人而言，却真是一个很让人抑郁的规定。纳瓦荷人的医病仪式包括在小泥屋中制作祈福沙画、长老吟唱，以及彻夜在营火旁为病人祈福而歌舞等多个项目。这些活动，都极具视觉张力。纳瓦荷的沙画十分讲究，使用的是用各种颜色的沙漠矿石磨成的粉末，数人同时在泥屋中的地板上进行绘画，十分精细。历经数小时才完成的沙画，在长老的吟唱祈福后，众人立刻用手抹去，完全不留痕迹。而纳瓦荷人的医病仪式中的乐舞主要是为了禳除病人身上的不洁，驱离病魔，旋律感极强，舞步以模仿各种动物为主，无论影、音，都给人十分强烈的感受。不能为这些过程做记录，我一直觉得很可惜。

不能摄影，就用眼用心记下一切。

羊肉与啤酒的礼物交换

晚上的仪式不准拍摄，所幸白天的非仪式活动不被禁止。在 Yei be chi 仪式中，主人家每日三餐都要杀羊煮食给宾客吃。纳瓦荷印第安人保留区位于美国西部，是美国境内最大的印第安保留区之一，包括了亚利桑那州、新墨西哥州、内华达州与犹他州四个州，总面积达 27096 平方公里，人口则有 30 余万人。纳瓦荷印第安人保留区面积虽大，但是深处内陆，大都是极为贫瘠的沙漠区，农业活动有限，畜牧也只能以耐渴与能食用贫瘠草料的羊为主，因此羊肉是当地极为重要的肉食来源，也是仪式节庆的主要食物。在这次 Yei be chi 仪式中，主人买来百来只羊，白天男人们的工作就是杀羊剥皮，女人们则是烹煮羊肉。主要的烹煮方式只有两种，一是烤羊排，二是马铃薯炖羊肉。仪式没有拍到，却拍了不少宰食羊的照片。

为了不打扰主人，同时也便于观察，我住在自己的面包车内。虽然没有住在主人家和族人临时搭建的帐篷内，但是吃了主人的不少羊肉，内心十分感激。心想来此多日，主人办仪式所费不赀，而纳瓦荷印第安人仪式中没有收现金礼包的习惯，拿着现金塞到主人手里，恐怕会被视为不敬。最好的方式，似乎是送些礼物。送礼之心油然而生，可是这荒凉的沙漠中有什么礼好送？哪里又能买得到礼物呢？

突然我想到来时的加油站。一日找了个空当，开了一个多小时的车，回到公路旁的加油站，买了四大箱的“密尔瓦基啤酒”（Milwaukee Beer），又急急开了一个小时的车回到营地。用啤酒作为薄礼，我的想法是，天天这么不睡觉搞仪式，白天肯定很累，大家喝些啤酒，配着羊肉，应该是件愉快的事。美国人有啤酒文化，原住民一般也都好饮，送酒肯定是受欢迎的。

当我往返两小时回到仪式现场，从车上搬下啤酒，高高兴兴地放到主人面前，准备表达谢意时，立马发现情况不对了。绷着脸的主人直接问我：“买酒来是干吗！？”我本以为主人是客气，直说是一点心意，谢谢他的接待。没想到主人几乎动了气，让我立刻把酒放回车上，同时要我保证不在他的土地上喝这些酒。

我只得摸摸鼻子，在众目睽睽下又把酒搬回车上。

这是我第一次在原住民的土地上，因为送酒而被当地人批评，完全不符合过去的经验，甚至在华盛顿州与奥勒岗州印第安保留区都没有见过这种“反酒”的文化。例如在华盛顿州的Squaxin Island印第安保留区，我到访的隔日刚好是一年一度的“鲑鱼祭”（Salmon Ceremony and Festival），Squaxin族人在海边烤鲑鱼办鲑鱼宴，由部落头目带领彻日地狂饮啤酒庆贺。原本送礼是好事，此刻却成为一件非常“失礼”的蠢事。酒，这个在一般社会无往不利的礼物，在纳瓦荷印第安人保留区显然不是受到所有人的欢迎，甚至特别被排斥。虽然不知其故，但酒显然不在当地纳瓦荷印第安人合适的礼物的范畴之内。

后来老妇人Jane告诉我，过去白人利用酒，让许多纳瓦荷印第安人变成酒鬼，依赖酒精的结果是常被欺骗，甚至丧失独立生活的能力。对于酒的痛苦经验使得许多纳瓦荷部落完全禁酒，酒是当地最不受欢迎的东西。当天我拿出酒来送给主人，许多人都吓了一跳，这是对主人的大不敬。还好我不是当地人，不知者不罪。

不仅是酒，后来我才知道赌博在当地也是被禁止的。历经了18世纪以来的大迁徙，特别是1830年美国国会通过《迁移法案》（Removal Bill）之后，美国境内的印第安人大都从密西西比河东部平原原住地，迁徙到西部不适合农业与人居的沙漠地带，生活极为艰辛。为了照顾印第安人的生计，1988年美国国会通过《印第安人博彩管理法案》（Indian Gaming Regulatory Act, IGRA），为了给印第安人一条可以自谋财源的活路，美国政府同意印第安保留区政府拥有开赌权，可以设置赌场，一则赚赌客的钱，二则创造就业机会。这项政策立意虽好，号称是让白人提早向印第安人缴税，但是落实起来的结果却是，许多印第安人在赌场工作赚的钱远不如在赌场赌博输的多。纳瓦荷印第安保留区政府虽然与拉斯维加斯（Las Vegas）等国际性大赌城接壤，但是深感赌场对于族人的影响弊大于利，所以宁愿放弃赌场的庞大收益，也不同意开赌场。

不酒不赌的民族，知道缘由之后，深感敬佩。

马铃薯与中国菜刀

9 天的仪式很快结束了，Jane 和她的孩子们邀请我去他们在沙漠另一头的家住几天。Jane 的家在大峡谷国家公园的峡谷北缘，同样是在沙漠之中，以养羊为主要生计。由于没有水源，每天清晨得在接近零下十摄氏度的大冷天中起床，花三个小时把羊赶到十公里外的水源地喝水，再走十公里把羊赶回来。我陪着他们赶了两天羊，想起了埃文思－普里查德在《努尔人》（*The Nuer*）一书中说的，“牛是努尔人生活中的一切”。对于沙漠纳瓦荷人而言，羊似乎也是他们生活中最重要的部分。一天花六个小时赶羊去喝水，我和 Jane 开了一个玩笑：“你们的羊喝完水走回家，发现自己又渴了。”

传统纳瓦荷社会是典型的狩猎采集社会，现在狩猎不再是食物的主要来源，但是采集活动依然十分普遍，被纳瓦荷人泡水饮用的“纳瓦荷茶”，事实上不是茶，而是沙漠中野生的草本植物，据说有养生保健、降血糖的功效。人喝的水，是每周开水车从数十公里外的 Tuba City 买回来的。我在 Jane 家待了七天，除了白天牧羊与晚上参加她儿子们的狩猎之外，大部分时间都待在家里的小泥屋中烤火喝茶，分享故事。我好奇他们的生活以及他们如何在这片沙漠中复振自己的文化。他们一家人最好奇的是，为何我打猎的枪法神准，特别是有一晚我和五位纳瓦荷兄弟去打猎，猎到的 18 只沙漠杰克兔中，竟有 12 只是我一个人打到的。

杰克兔在沙漠中瞬间的移动速度可以达到时速 100 公里，被公认为最难狩猎的猎物。纳瓦荷兄弟们不相信我这小眼睛、单眼皮又戴着深度近视眼镜的中国人，枪法竟比他们还好，老觉得我有什么事瞒着他们。

在数天的相处中，Jane 和她的家人逐渐和我熟络。有一天晚上和 Jane 一家人烤着火，她问我的名字，我把我的中文名字直译成英文给她："Ma, Teng-Yue, literally means Horse jump over big mountains"（马腾岳，字面直译就是马跳过大山）。Jane 问我为什么是 Horse，我说这是中文的马，我的姓直译就是 Horse。没想到话一出口，Jane 高兴地大笑说："我们家的纳瓦荷姓就是 Bighorse（大马），难怪造物者会安排我们认识，你就是我们家的儿子啊。"中国马和纳瓦荷马都是马，拜共同氏族图腾之赐，我被纳入了 Bighorse 家族，成为"拟亲属"家人。

一直到我离开之前，送礼这件事都一直困扰着我。吃了主人这么多羊肉，又受到 Jane 一家如亲人般的接待，这些恩惠都是礼，这些礼不还，礼物的灵会一直跟着。可是送什么给住在沙漠里的印第安人好呢？他们不喝酒，抽的是自制的土烟，最常饮用的茶是沙漠里自己采集的草药，衣物毛毯是自己用羊毛织的。衣食不缺，基本自给自足。送什么礼物好呢？

最终，我想到一个我认为再合适不过的礼物：中国菜刀。

是的，切菜用的菜刀。

马铃薯是纳瓦荷人的主餐，每日三餐都有此菜，很快我发现妇女们切马铃薯的方式十分特殊。纳瓦荷妇女切马铃薯的方式是左手拿着马铃薯，右手以短刀，由外向身体一侧切马铃薯。在切断马铃薯的同时，左手拇指挡住刀面，左手拇指的另一个功能是挡住已被切成丁状的马铃薯丁，使其掉落进菜盆。这种切马铃薯的方式，基本上和很多人切苹果类似，只是马铃薯的硬度更大，用刀时更需要力气。这导致了一个问题，由于刀面向内，又需要更用力气，一不小心，很容易切伤左手挡刀的拇指。仪式中的某一天，我亲眼见过一位纳瓦荷大妈切伤了指头，也观察到一般纳瓦荷妇女的左手大拇指，或多或少都有些刀伤。

在我离开的那天早上的最后一餐，我向 Jane 一家人道谢，同时也为自己没有准备礼物的事道歉。我把中国菜刀的神奇之处说了多遍，答应 Jane 下次再来看她时，一定带把好的中国菜刀给她，让她切马铃薯更容易。

菜刀换银饰，不对等的礼物交换与礼物之灵

两年后的 2006 年 5 月，我依约再次来到 Tuba City。行囊中带着我在洛杉矶最大的华人连锁超市“大华超市”买的六把各式中国菜刀。如孔老夫子说的“吾少也贱，故多能鄙事”。我年少时做的众多鄙事中，包括兼职厨师助理，所以我的刀工还是可以的。在 Jane 的小泥屋中，我表演了使用中国菜刀切马铃薯，刀起刀落之间，一盆马铃薯漂亮地被切完。Jane 和她的家人没有见过刀面宽扁的中国菜刀，更不敢相信我可以用如此快的刀法来切马铃薯，直呼不可思议。我传授了中国菜刀的刀法，纳瓦荷人无不称奇，纷纷跃跃欲试。

美国应用人类学会（Society for Applied Anthropology）创

建者之一的 Lauriston Sharp 教授曾于 1952 年发表了《给石器时代澳洲土著的钢斧》（*Steel Axes for Stone-Age Australians*）一文，指出早期白人传教士送给澳洲土著钢斧，取代了以往的石斧，澳洲土著生产工具从旧石器时代一跃进入铁器时代，后来却意想不到地成为造成当地土著传统社会文化发生巨大改变的“钢斧效应”。我带来的中国菜刀，若干年后或许也会改变纳瓦荷社会的切菜方式，姑且先称之为“菜刀效应”。

在枪法之外，我的刀法恐怕也是日后被他们记住的我的另一项事迹。

再次拜访 Jane 一家人，我只在沙漠中待了五天。走的时候 Jane 紧紧地抱着我，眼里闪着泪光。离开 Jane 的小泥屋，我在沙漠里缓慢地朝公路方向开着，半小时后从照后镜中发现后方地平线上另一辆车快速地追向我，掀起漫天的风沙。是 Jane 的女儿，我的纳瓦荷姐妹 Lala 拦下了我。Lala 从口袋里拿出四只纳瓦荷工匠做的镶嵌着绿松石的银手镯递给我，说这是 Bighorse 家族传家的银器，是妈妈送给我的礼物，希望我平安回到东方，送给家人。

Lala 说，银器和绿松石（turkois）在纳瓦荷具有特殊的象征意义，纳瓦荷人相信银器和绿松石可以保护人的灵魂，特别是远游异乡的家人。给我的礼物是早就准备好的，但我的离开让妈妈 Jane 太悲伤，以致她无法当面亲自将手镯交给我。

菜刀换回银镯子，这显然是不等价的礼物交换。虽然情义无价，但是物品有价，银与铁不是一个概念上的礼物。回程的路上，我仿佛见到礼物之灵又跟在车后，一路伴随我回到太平洋彼岸的东方。

白族家人、银饰回礼与祝福

不知道是不是 Bighorse 家族银镯子的祝福之故，2012 年我开始在云南省寻找新的田野调查地，最终选定了大理白族自治州的白族鹤庆新华村——中国境内最大的银器手工艺村作为田野调查地，一待就是四年。在这里，我幸运地遇到了另一个爱护我的白族妈妈寸燕琴女士。鹤庆白族有着十分普遍的“干亲文化”，几乎每个人都有干爹干妈等干亲，拟亲属文化盛行。通过认亲仪式，我认了干妈，并和寸家的四位兄弟和一位妹妹结拜了干亲，成为寸氏家族里的“二哥”。

我从白族兄弟亲手打制的银手镯中，选好了送给纳瓦荷家人的银饰礼物，得找个时间再回去 Jane 的小泥屋去还礼，把来自中国白族家人的银器礼物和祝福回赠给 Bighorse 家族。另一个目的是，十多年没有再回到纳瓦荷印第安保留区了，也真想看看中国菜刀是不是已经开始在纳瓦荷印第安人中流行了起来。

视学生为“他者”*

李 飞（北京协和医学院）

时间回溯至7年前，我初为人师，开始站在北京协和医学院的讲台上。一度震撼于自己拥有的公共课大课堂，每上一次课，都是有200多位听众的超大规模讲座。两个阶梯教室，其中一间里有我，能够面对学生；另外一间，只闻教师其声，不见教师其人。

从第一次步入这个大课堂开始，作为“打入”医学院内部的人类学专业第一人，我就没有放弃过思考：如何激发学生听课的兴趣？还是默认他们在下面干“私活”？这些医学研究生（临床医学、基础医学、药学、公卫、护理等专业），他们的生活是怎样的？业余时间是如何安排的？每天的生活模式以及所思所想都是什么？我该怎样向他们渗透人类学知识？

我展开了调查。

这条调查之路自从教之初开始，至今没有停歇。问题得到了部分的解答，新的问题又出现了，追寻到了新的答案，又开始了另一轮调查……好似文化的环程。人类学家背起行囊远赴他方，去体验异域的文化震撼，实现内心的浪漫情怀，这样的经历令

---

* 这篇文章得益于七年来与翟晓梅教授、何仲教授，各位同人及众多医学专业的学生一起学习的过程，受惠于医学教育的大课堂。构思过程中，往事如烟，思绪飘扬，却涤荡着自己的心灵。权当一篇杂感，与诸君共勉。

“外人”艳羡不已。此时，基于教学，我展开了别样的田野调查，尝试去触摸医学生的内心，将其视为可以透过人类学方法去理解的“他者”，去感受他们带给我的“文化震撼”。

令我失眠的一堂课

前几年冬日里的一次课堂，主题是“公共卫生与人类学”，课堂上播放了我的博士生导师庄孔韶教授的禁毒仪式纪录片(《虎日》)，并围绕着这部片子展开了讨论。《虎日》从人类学角度来理解，在学术上的立意为：“其考察与研究运用了人类学的整体性原则，在寻找地方族群毒品依赖行为的社会文化原因的同时，考虑建立不同于科学的方法论的另一种方法论，即以文化的力量战胜人类的生物成瘾性。”[①]

就是这样一堂课，让我在当天难以入眠。同学们的发言像放电影一样，在我的脑海中一遍一遍地重现。

19 分钟的纪录片看完了，请同学们提问并讨论。前面的问题，都在意料之中，包括：“我们为什么不用先进的方法，比如手术来戒毒？”“这样的做法是封建迷信吧？”“能够推广到其他地区应用吗？”“片中戒毒的成功率非常高，样本是怎样选择的？”

这些问题，典型地展现了大家的西医训练背景及受“科学主义”思维的指导，也因此大家会去质疑这部片子或者说这种禁毒方式的“科学性”。从科学的角度出发，这些问题都是合理的，

---

① 庄孔韶、杨洪林、富晓星：《小凉山彝族“虎日”民间戒毒行动和人类学的应用实践》，《广西民族学院学报》2005 年第 27 卷第 2 期，第 38 ～ 42 页。

且符合医学或公共卫生的关怀。

接着，同学们提的问题，出现了一个小高潮。

一位同学站起来，说："老师，那片子里的人，他们根本不是完整的人！他们甚至要靠这种仪式去管理自己。"

听到这里，我心里咯噔一下。还没等我做出反应，紧接着有学生站起来，立即反驳刚才那位学生："你不了解这种情况吗？我家是农村的，在农村，大家天天这样生活，杀鸡杀猪，有时做仪式。"

这时，有部分同学的表情已经发生了明显的变化。

接着，又有一个女生站起来说："这片子有点血腥，里面杀戮的镜头太多了！"

刚才反驳的那位男生接着说："难道你不吃肉吗？你是不是一顿不吃也不行啊？！"

同学中有轻微的嘘声。

后排又有一位男生站了起来，有点激动地说："我们这个时代太缺乏信仰了。这部片子成功了，因为里面的人有信仰！"

这几分钟里，同学们此起彼伏，争论得几近面红耳赤。

我知道，这时的讨论，其实是渐入佳境了，因为，重要的观点和问题皆有所暴露。[①]

我应该怎么帮助大家？

经过无眠，我顿悟，这就是医学生需要学人类学知识的原因。我发现了人类学知识的用武之地！对于生物文化整体性这一人类学基本原理的认识，就是很好的切入点。

---

① 参见李飞：《好医生是怎样炼成的——一位医学院教师的调查笔记》，湖北教育出版社，2014年，第178～180页。

正如，美洲印第安人的箴言：“一开始，上帝就给了每个民族一个陶杯，他们从各自的陶杯中饮入了自己的生活。”

这是有特殊性的医学教育。我着力要做整体观的引导，也希望这能成为我课堂主阵地的尚方宝剑。屡试不爽啊！充分说明生物医学教育在对“人”的关注上是有偏颇的，医学人类学承担着这个重要的使命，并要与其他医学人文学科来共同校正。

且行且珍惜的行医之路[①]

作为一名研究者，我视医学研究生为“他者”，经历了文化震撼，并逐渐去了解他们，这是一个“变生为熟”的过程。近年来，我针对住院医生以“危机事件”为主题进行的叙事医学研究，则是相对应的“变熟为生”的研究过程。

最低层级的医生——住院医生，在其职业进程和人生发展中，除了待遇低、机会少这样的抱怨以外，我发现，遭遇医学临床上的挫折给他们带来的影响十分深刻。

难以忘怀这样一个故事，是一位主治医师讲给我的，故事发生时，他初为人医，尚值青春岁月。

一次夜间，他跟着上级医生出诊 120，是一起车祸，现场比较惨烈，伤者伤得非常重，因撞击造成全身多处骨折，还有左脚缺如（跟身体分离）。

他在离伤者身体约 20 米处，发现了分离的左脚，马上跑去给拾了起来。

---

① 参见李飞：《直面医事危机——住院医师的人生“大考”》，中国协和医科大学出版社，2017 年，第 44 ～ 46、121 ～ 123 页。

通过现场即可以判断，伤者出血量多，伤势非常严重。

在救护车上，伤者的脉搏是 100 次，虽在正常范围内，但已经偏快，处于代偿状态；血压开始时是 100/60 毫米汞柱，转运过程中，开始下降。但总的生命体征还算稳定。接回医院，进一步压迫止血，并立即建立静脉通道，进行补液。

因为所在医院的急诊是没有病房的，病人往往由年资高的医生看过之后，按照路径便利，会被先送去放射科拍片，之后再送入骨科病房。

结局：送入骨科病房之后一个小时左右，传来这位车祸病人死亡的消息。死亡原因是失血性休克。

前面的场景已经令非医学人士心惊不已，然而，初为人医的他，紧接着直面了这位患者的死亡。他告诉我：多次回想此事，总结起来，前期的处理基本是准确的；然而，在转运途中有个细节值得考虑，那就是因为病房设备齐全一些，药物全一些，抢救设施完备一些，所以，如果先不送病人去放射科拍片，而是先将病人送到病房，是不是结局可能会改写？但是，无论如何，病人的伤势挺重，在发生车祸后最终出现不可逆转的死亡并非超出预料。

不管这位年轻医生当时的处理有没有失误，病人离世的结局是令他非常难受的，也对他产生了不小的影响，因此他会经常反思，反思时总是回顾此事。

另一则故事：玉梅是麻醉科的第一年住院医师。初入临床，玉梅要熟悉手术室、接触外科医生、访视病人等。这一切都让她心怀欣喜，每一天的工作都让她感受到新鲜、有趣、紧张、忙碌，各种情况都在不断适应中。

有一天，手术间安排了四台手术，第二台是一位胃癌患者，男性，55岁。在第一台手术结束之后，这个病人被推进手术间。病人做好了准备，躺在那里，等待“发落”。

一般而言，在手术过程中，手术医生会根据标本的病理情况决定术式（即具体的手术方式，例如切掉哪些组织，保留哪些组织，是否清理临近淋巴结等），在术中采用病理冰冻处理标本并诊断良性或恶性，从而进一步决定手术切除范围的大小等。也就是说，手术过程中会根据实际情况的不同采取不同的方式往下进行。

作为麻醉医生，此时的玉梅头脑中尚有些问题，包括病人癌症的分型、病情是哪个阶段等，因为这些内容涉及手术切除的可能范围，也就要求术后采取不同的镇痛措施。

为了做好准备工作，当着病人的面（当时病人是清醒状态），玉梅向外科医生发问：“这位病人是什么型癌症，有转移吗？”外科医生没有看病人，回答：“印戒细胞癌，已经转移了，手术可能要大做。”

玉梅想：如果大做的话，病人术后可能疼痛得厉害，需要跟病人谈关于镇痛的问题。当她转向病人时，突然发现，病人的两只眼睛充满了泪水，说话声音明显在颤抖。很显然，他之前并不知道自己得了癌症，因为手术之前玉梅没有见到病人的主刀医生，作为小大夫，玉梅当时还不了解病情，只是因为希望缓解病人的术后痛苦，去减缓疼痛，以及选择术后镇痛方式，才有了上面问外科医生的那些话。而当时的外科医生以为病人已经被麻醉睡着了，才有了下面的回答。

在麻醉工作中，有些镇痛方式需要患者在清醒状态下予以配合，硬膜外穿刺置管，可通过持续在硬膜外给予镇痛药，进行神经阻滞，以缓解疼痛。然而这种方式会影响患者的术后活动，一般会根据手术创伤的大小选择使用。

当玉梅给这位患者做麻醉时，患者两眼的泪水，以及绝望的神情，深深地触动了她。

这位病人在手术台上，在即将开始手术的刹那得知了自己的病情！事实就是，他的家人为了他努力保守了多天的秘密，瞬间瓦解。对这位病人来说，以这样的方式得知“坏”消息，有些悲怆。

玉梅是多么后悔，多么后悔，此时的手术病人，除了身患顽疾，还需要忍受手术及后续治疗带来的各种不适。他的身心都是极其需要安抚的。

这种事当然可以避免啊！玉梅事后想：真希望前一天给主刀医生打个电话，或者在办公室等，或者当天早早地去病房，与主刀医生核对清楚手术的方式，改变术式概率的大小等。多种可能都没能变成现实。病人在麻醉状态下平稳地完成了手术。玉梅做的术后镇痛足够好，能够让病人在肉体上感觉不到痛。然而，她深知病人对生命的挽留，对死神的恐惧，足以让病人心力交悴。

事情过去了。那位病人迷茫的眼神久久地印在她的脑海里。玉梅内心的忧伤、后悔、自责……都还在继续。她希望病人术后能有较好的预后，还可以重拾人间的乐趣。读者诸君，如果也曾见过病人的无助、忧伤、无奈，见过病人面临死亡时的恐惧以及对生命的不舍的眼神，就会知道此事对玉梅的影响有多大了。

年轻医生本意善良，但是经验不足。刚刚成为医生的新手医生，往往容易这样认为：一切都应该以医疗为中心，也曾单纯地认为医疗是可以改变一切的，并坚信手术、药物可以改变一切。可以说，对医学科学的那份执着与忠诚是无以复加的。然而，此一时彼一时，成为医生一段时间以后再想想，除了医学，还有亲情、意志都能够改变疾病、影响寿命。而不再是以前那样的唯医学独尊。

行医路漫漫，且行且珍惜。

中国的医生在接受以西医为主流模式的医学训练时，极度缺乏对疾病以外的关注。类似上面的故事，还有很多很多，它们深深触动着我，也帮助我找到了与凯博文先生的共鸣："住院医生所受的夹道鞭打式的严格训练，甚至可能使医生的人性退化，当然不可能促使他们致力于社会心理上的治疗的训练…… 要改变（住院医师培训）这种环境，就必须从根本上改变医院的训练课程。这些课程设置往往较多地受廉价医疗人手需要的驱使，而较少考虑患者的要求。年轻的实习医生往往可能在无意中剥夺患者的人性，如果我们要阻止这种现象，就必须停止剥夺年轻医生的人性。"①

在科学中成长的"人文"

置身于协和强大的自然科学领地里，人类学专业的我常常受到学科差异带来的冲击。比如，学生在课堂上做展示：标准的临床医生模式，大量数据图表，逻辑清楚，表达准确，不容置疑。在报告结束之后，这位发言的同学说："我再举个例子，昨天有

① 〔美〕阿瑟·克莱曼著，方筱丽译：《疾痛的故事：苦难、治愈与人的境况》，上海译文出版社，2010 年，第 308 页。

个病人……”我在之后的点评中说，超时之后讲的内容才是我感兴趣的。经历了一个下午十几、二十个报告之后，我猛然意识到，在座的所有学生约两百人清一色地有着自然科学背景，站在讲台上的我，略显孤单——有着人文学科背景。在无比强大的自然科学面前，我所强调的“人文”瞬间变得渺小无比。

不，并非如此。我们还不必如此悲观，但也确实让我常常有种无力感，以这种方式获得的一点“人文印象”又能当何用？我自从到协和以来，在数次正式报告包括答辩中得到的自然科学领域评委们的质疑声的比例占绝对优势。记得多年前的一次报告被中途制止，并要求我回放刚才有图表的那页 PPT，只因那页上有数字。几乎每次这样的报告，都会给我带来不大不小的“打击”，还好，也顺便强化了我的抗打击能力。

不讲代表性。在多种场合，如课堂、报告或是研讨会，被师生提问“代表性”问题，令我心生惆怅。这种“格格不入”的原因是我个人做得不够好，自己的想法没能让不同学科背景的学者领会。

回溯从教的七年，在思想的碰撞上，用“举步维艰”来形容并不过分。学科差异，是巨大的魅力，亦是难以逾越的阻力，就像一座大山横亘在彼此的交流之间。以我的个人经历来说，虽然屡遭“打击”，在那种独特的科学与人文的对抗中顽强成长；但是，对每位协和人尤其是严苛几近不谙世事的老专家、老教授们的那种敬佩与尊敬是丝毫不用怀疑的。同时，反观人文学科，真的需要借鉴这种严谨求真、一丝不苟的精神。

谁是谁的遥远

林　红（中国社会科学院）

肃南裕固族自治县，位于张掖北部，祁连山北麓。自明洪武年间裕固族先民东迁至此，以牧为生已然六百多年。满脸沧桑的老人用浑浊的嗓音唱“我们来自西至哈至”，目光穿透被尘埃填满的时空，遥远而深情。“西至哈至”，传说中那个位于今天新疆西部某处的古址，已成为裕固族人集体记忆中最鲜明却也是最模糊的一个符号。

是谁？

我们称他们为“裕固族”，而他们称自己为“尧熬尔”。这种称谓上的差异就好像乳名、经名和学名三者之间所蕴含的相互区别的情感意义。尧熬尔人出生十天或满月时，要由祖父、父亲或者舅父取乳名，乳名多含吉祥之意，也有反其意而取贱名的，寄予着家人美好的期望。孩子长大后取经名，要选择吉日，请喇嘛念经，多选用佛经上的名字，显得正式且庄重。而学名则是20世纪50年代后才出现的，孩子适龄上学报名需报上大名，即符合汉语规范的名字，这个名字被称为学名。现在的尧熬尔人多没有经名了，学名在某种程度上已经代替了经名，成为对外的、正式的名字。与学名并行使用的是裕固语名字，即乳名。当你问一位尧熬尔人的名字时，他/她首先会告诉你一个汉语名字，即学名；然后会说“我的裕固语名字叫……”。

初到肃南，与一位西部裕固族女孩子很快熟络起来。平素她的家人、亲友甚至同事均以“卓玛”称呼她。后来我在其单位的告示栏中看到她所在办公室的成员表，都是一些汉语名字，我问为什么不见你的名字，她指着表中的“安东霞”这个名字说这就是她。她说，“安东霞”是她的大名，即我们通常所说的学名；“卓玛”是她爷爷取的名字，来自藏语，其字面意思为一种草药，用作人名时没有实在含义。她很喜欢别人叫她卓玛，而“安东霞”听起来感觉有些生疏。

在挨家挨户做家谱的过程中，很多人会问我需要写哪一个名字，是汉名还是尧熬尔名字。中华人民共和国成立初出生的那一代人，在往上追溯父辈、祖辈时，告诉我的大多是裕固语名字，还有不少藏语名字。因为 1949 年以前裕固族人都没有汉名，且与青藏高原的藏人多有往来，有不少藏人来到肃南山区定居，逐渐融入了裕固族。

对于裕固族人而言，“裕固”就如学名，“尧熬尔”就如乳名。两者的所指相同，但却存在很微妙的情感上的差异，也正是这种差异维系着某种特定的地域认同，并在某种程度上构建起现今裕固族人的心理归属感。“谁是谁？”的问题，并非简单意义上的学理问题，更多的是情感的意味。

上面人和下面人

“下面的人和我们不一样……”每当说起自己的风俗、生活习惯时，山里的尧熬尔人大多会这样开始，或者在讲述过程中总会有意无意地将自己与山下农区的人做这样的比较，他们称山下农区从事农业生产的人为“下面人”，即住在山下面的人，多为汉族，还有其他一些事农民族；反之，他们就是“上面人”，即住在山上面的人，多为裕固族，还有一些藏族、蒙古族等。

我在东部裕固族牧区时，常住在一户牧民家中。有一天，家中大人都要上山找牛，只留他们十七岁的女儿在家。大人们临出门时交代女儿说：“你小婶婶中午可能要过来，你煮点饭，让她吃了饭再走。”姑娘一听，不乐意地噘起了嘴说：“我可招呼不了她，要不我去找牛吧。”我觉得有些奇怪，在家做点饭比起漫山遍野地跑腿找牛应该是轻松多了。男主人无奈地笑笑告诉我，他弟弟的媳妇是下面农区的汉族，“和我们不一样，完全吃不到一块儿”，不吃牛、羊肉，不喝酥油炒面茶。而裕固族人逢饭必有肉，没有肉就不能算饭，而牧民家里多的便是牛、羊肉，偶尔吃猪肉都需要下山去买。家里来人，裕固族人首先端上来的便是一碗暖暖的炒面茶，奶茶上面漂着厚厚一层澄黄的酥油，炒面中密密地撒着曲拉粒。酥油和曲拉对牧民而言是珍品，平日里自家人喝茶都是很珍惜地调用，只有给客人奉茶时才会舍得抠一大坨，并抓一大把曲拉撒在炒面里。而这些在牧民们看来是待客珍品的东西，却没有一样对上他那位从农区嫁来的弟媳的口味，所以听说要招待婶婶，小姑娘倒是宁愿上山去找牛了。午饭过后，姑娘的婶婶并没有来，她高兴得一蹦三尺，双手合掌连说“谢谢佛祖”，可是给她解决了一个难题了。

五月，正值牧区各家接羔忙。一天中午，我所住牧户的女主人忙里偷闲，搬出缝纫机，找出撕好的羊毛和碎花棉布来，与男主人的姐姐一道商量着怎么做一套小孩子的冬衣。原来他们的

驴磨炒面 （林红 摄）

弟媳（即上面提到的那个农区媳妇）四月时产下一女，快要满月了，姑嫂两人准备给新生儿做一套暖和的羊毛衣裤。男主人的姐姐面露愁态，手中一边飞针走线，一边告诉我，弟媳妇在婆婆面前抱怨，说孩子快满月了，兄弟姐妹都没个人去看看，是不是嫌弃她生了个女孩儿。其实，生男生女在裕固族人看来都没有什么区别，裕固族人并非重男轻女。而是一则正值接羔时节，每家每户都忙得不可开交，分身乏术；二则不知该带什么东西去看望，牧业人能拿得出手的东西无非是肉、酥油、曲拉，可这些东西都不称弟媳的心，如果另买东西，必须下山，也是分身乏术。孩子快满月了，弟媳的娘家人打算摆满月席，但这不合裕固族习俗，裕固族人没有给孩子过满月的习惯，按照传统，孩子三岁时必须行“剃头礼”，在这之前孩子的头发是不能剪的，否则是不吉祥的，对孩子将来不好，弟媳既然已经嫁给了裕固族人，就应该按照裕固族人的风俗来行事，怎么能过满月呢？再者，如果给孩子过了满月，那三岁时的剃头礼还办吗？如果满月的时候收了乡邻们的礼，那剃头的时候怎么还好意思再收呢？问题总有其解决之道，后来我听说亲戚们陆续去看望了产妇和新生儿，都是直接送红包，免去了买礼物的头痛。关于孩子过满月，大伙儿商定了一个折中的办法：孩子的满月酒照旧摆，由女方家操办，所请客人也是女方家的亲友，不给孩子剃头，孩子的头发留着行三岁剃头礼；三岁时孩子的剃头礼则由男方家操办，摆酒席招待男方家的亲朋乡邻，为孩子举行剃头仪式并祈福。

裕固族有着游牧民族特有的豪放开朗的气质，热情而包容，对于差异有着强大的包容之心，对于新事物有着很开放的接受力。由于牧区男女比例失调，同时不少裕固族少女外嫁他族，不少裕固族男子会娶汉族、藏族、蒙古族等女子为妻，也有入赘到牧区的他族男子。裕固族人虽然对不同于己的人们有着很明晰的区分，但这种区分多属于客观差异上的区分，而在心理上却是包容的，在情感上则是理解并接受的。

关于洗脸

肃南的平均海拔在三千米左右，有相对平坦的半荒漠草原，也有挺拔峻耸的高山草甸，它们有一个共同点：缺水。

牧民们年复一年地在春、夏、秋、冬四季牧场转场游牧。大多数人家的冬、春草场相隔很近，一年中有七个多月的时间（当年 10 月底至来年 5 月底）是在冬、春草场上放牧，于是人们便在冬、春场附近修建起砖瓦房或是土坯房、石头屋，成为定居点。而今，位于地势较为平坦、相对集中的牧民定居点都已安装了自来水和供电系统，水、电不愁。但很多散落在崇山峻岭之间的牧户就没有那么幸福了。由于交通极为不便，修建砖瓦房无疑是一种奢望，他们只能就地取材，利用山中的石头修筑房屋。没有水，人们在山泉口搭起一米高、几米长的土窝棚，防冻挡污，将几米长的树干中间挖槽，从泉眼口引水成流。泉眼距离住屋近的也有几百米，远则两三公里，人们用大大小小的白色塑料壶从泉眼处接满水，或肩背手提，或马拉驴驮，运回住处。多则一天一趟背水驮水，少则两天一趟；一个来回多则两三个小时，少则四五十分钟。另一方面是牲畜饮水，冬天有雪水，省了不少人力；但夏秋时节，人们需每隔三四天将牛群或羊群赶往有水的地方饮水，近的也有几百米，远则两三公里；若遇天旱时节，每隔一两天便需要把牲畜赶去饮水，人渴能忍，牲畜可是忍不得的。没有电，人们用小小的太阳板白天充电，晚上照明。昏黄的太阳能灯光下，人们结束了一天的劳作奔波，开始了属于自己的娱乐生活，或喝酒，或喝茶，或聊天，或吃肉，或唱歌。

一个人有一个人的习惯，一个地方也有一个地方的习惯。由于水资源贫乏，牧区的人们形成了一套自己的生产、生活习惯，让我印象最为深刻的应该算是洗脸了。

初到肃南便前往大河乡踩点。大河乡位于肃南县西北部，以西部裕固族为主，讲西部裕固语，与现代维吾尔语属同语系语支语族，保留有很多古代维吾尔语言的成分。从县城坐一个小时的中巴穿过大片的戈壁荒山，而后爬坡越沟两小时到达最近一户牧民的冬、春场。土坯房，太阳板取电，毛驴驮水。夜晚昏黄的灯光下，大家吃肉喝酒，然后便陆续上炕睡觉。没有人刷牙洗脸，我犹豫了一阵，忍了忍，便也爬上了被羊粪烧得暖烘烘的土炕。习惯是一种无法遏制的惯性，一旦打破，总会带来一系列的连锁反应。是梦魇，身下的炕烫得背部灼热，半梦半醒间，牙缝中似有异物在生长，一点一点地膨胀，我似乎看到自己的两腮在慢慢肿大，丝丝胀痛通过牙龈渗入神经直达脚尖；于是我又看见自己端着水杯在用力地刷牙，双手捧水在洗脸，一遍一遍地刷着洗着。突然间，我睁开了双眼，被塑料布隔着的窗外已见朦胧的亮了，身边的阿姨正起床准备打早茶了。我居然在梦里刷牙洗脸忙活了一晚上！

一周后，我从大河乡转战到县城以北的康乐乡。康乐乡以东部裕固族为主，讲东部裕固语，是 13 世纪左右的蒙古语，与现代蒙古语在词汇上存在很大差异，是蒙古语穿越了 700 年的前世今生的相遇。我常想：今世的我可否也穿越 700 年的时空回去看看前世的我。暂住在某位村主任家里，绰号“大炮”的村主任去了张掖，只有村主任夫人在家。村主任夫人实龄不满三十，面相年龄不满四十，很内秀的样子，话不多，静静地用双眼追随着我的一举一动。我的目的是观察，而同时也不可避免地成了当地人的观察对象。第一天晚上，我洗脸刷牙，村主任夫人则静静地站在我的右前方看着我完成每一道程序；睡觉时，她躺在炕上的被窝里，仰头看我在她的正前方脱鞋袜，然后又侧过头来看着我一件一件从外到里地脱衣服，待我钻进被窝，她很羞涩地对我笑了笑。第二天晚上，我刷牙洗脸，发现她在我之前也在动作迅速地刷牙洗脸！

山里的人们很珍惜水，一勺水可以重复使用多次，然后才倒去。为了保持自己的生活习惯，同时节约用水，我逐渐摸索出一套节水洗脸法。曾经谨遵美容大师们的教导：洗脸至少换用三盆水才能彻底清洁皮肤，而在山里，三盆水完成的工程只能在一小半盆水里完成，而洗完脸后那小半盆水仍不能倒，继续留作洗手用。且看我是怎样利用那珍贵的小半盆水的：先捧水将面部打湿，将适量洗面奶（不能过多，否则洗不干净）在掌心揉开，抹在脸上，揉搓半分钟后，用湿毛巾擦尽；然后用水清洁面部，再将擦拭了洗面奶的湿毛巾放入水中搓洗、拧干、搭起，洗脸完毕。

山里的人们让我真正理解了人类在面对各种各样的生存环境所表现出的那种顽强和韧性。为适应差异化的自然环境，人类掌握了各种生存本领，并在不断成长、成熟的过程中形成特有的地域文化。文化只存在差异而不存在等级。

你觉得吃生肉是不是很野蛮？

调查伊始，在一户牧民家，男主人酒过三巡后醉眼蒙眬地问我："我们喜欢吃肉，生的熟的都吃，你觉得吃生肉是不是很野蛮？"他那种略带挑衅的试探让我多少感觉有些尴尬，我答："每个地方的人都有自己的生活习俗，环境不同，人也不同。"他看了我良久，没有再言语。

一天一天地在山里奔走，见惯了牧民们大块吃肉、仰头豪饮的爽气。他们每一个人，无论男女老少，对肉都有一种无法割舍的贪恋。每顿饭必须有肉，否则在他们看来就不是真正的饭。没有肉，女人们不会做饭；饭菜里没有肉，男人们不会拿筷子。

每年十一月，牧区各家各户便开始杀牛宰羊储存冬肉了。经济条件好一些的人家会宰一头牛或者三五只羊，稍困难的人家也会杀一两只羊。随后在院子里支起一只大锅，架起旺火，将一些宰好的鲜肉切块放入锅中，做成血肠、肉肠的羊下水、牛下水与肉块一并入锅，倒入清水，盖上锅盖，水一开便揭盖捞肉吃，称吃“开锅肉”。一边吃肉一边喝茶或是喝酒，是裕固族人的最爱，也是最高规格的待客之道。剩下的鲜肉，人们或是切成大块藏于冰窖中，或是切成一缕一缕的，在屋中高高地拉一根铁丝或绳子，把肉条一排排地挂开来，等过些时日，鲜肉条晾成了肉干，便将其收入布袋子。这些肉干或直接入口干嚼，或炒菜，或做汤饭，或在炉盖上烤，便可慢慢吃过整个冬天，甚至可以吃到春、夏。而冷藏起来的鲜肉，在天寒地冻的冰雪中很方便储存；天气转暖时，人们会将冻肉带下山，藏于冰柜中。没有冰柜的人家会将肉解冻后再晾成肉干。

时日久了，我也学会了使刀削肉吃，习惯了吃开锅肉，喜欢上一点一点地嚼干肉条（生肉）。那，我是不是也变得“很野蛮”了呢?

一碗不过冈

在肃南牧区生活，对我而言最大的考验就是喝茶。

每天早晨六点多钟的样子女人们便起床了，升起炉火打早茶。锅中水烧开后，丢入掰碎的茯茶，放适量盐，熬煮出茶色后端开锅，倒入两勺新鲜的牦牛奶，用汤勺忽上忽下地一下下调匀，奶茶便熬好了。在茶碗中放入几勺子炒面，撒上曲拉，调入橙黄的酥油，再扔几块酥软的奶皮子，倒入之前熬好的奶茶，便是裕固族人最爱的酥油炒面茶了。看着酥油在茶水面上一点一点地漂散开来，一个个气泡从碗底蹿上来在水面破开，一阵温润的暖意不由地从心底泛了上来。

打奶茶　　（林红 摄）

早晨七点左右喝第一顿茶，新的一天便从暖香的奶茶开始了。早茶过后，全家人便四散忙开了。挤奶，赶羊进草场，上山看牛，背水……十点多的样子，人们又回到屋里，女人们再打第二锅茶。第二顿茶喝得比第一顿茶悠闲多了，邻居们也会过来一起喝茶。女人们端出前一天煮好的肉，或是上一顿剩下的饺子在炉盖上排开来烤热，或是用碟子装些油炸馃子摆上桌子。大家一边喝茶，一边聊着家长里短、时事村务。女人们坐在炉边，时不时地给人茶碗里添茶水。茶毕，人们又各自忙开去了。下午一点钟的样子，女人们再次回来烧水打茶，准备喝第三顿茶。下午五点钟左右，女人们开始忙活着做饭，拉面和汤面片是裕固族人的最爱。晚上八点钟的样子，一天的劳作终于结束，邻居朋友聚在一起喝第四顿茶，也是最后一顿茶。谁家有好吃的都会拿出来大家一起分享，男人们高兴时会喝些青稞酒，尽兴处，男女老少举杯欢歌。

七月，各家各户剪羊毛忙得不亦乐乎。在一户年轻的牧民家中，我遇见了户主从县城赶来帮忙的姨妈，她见我后问得最多的便是酥油炒面茶。女人四十多岁，从小在牧区生活，近几年因丈夫工作调动随去了县城。县城里没有磨推炒面，买不到酥油、曲拉，更见不到奶皮子。每年她都会托人从牧区买这些东西带去县城，即使“斤斤计较”地省着吃，也会很快告罄。没有酥油、曲拉的日子，她百般思念，说有时候想得心惶惶然，如千万只蚂蚁在心口爬。牧区不少年轻人已经不习惯喝酥油炒面茶了，比如她这个生活在牧区的姨侄子，不挤奶，不打奶子，没有酥油、曲拉、奶皮子，可让她想苦了。她一遍一遍地让我讲我喝的茶里都调了些什么，问我酥油是否好吃，曲拉嚼起来是什么味道，奶皮子香不香，茶水进了胃是不是很舒服。她问得很细致，我也细细地描述着，只见她双眼溢满渴望，口生津液，似乎是在从我一点一滴的描述中体味着酥油奶茶的醇香温润。后来她的姨侄子骑着摩托车跑了几小时的山路特意去给她从别家人那里买了酥油、曲拉。她一边用嘴轻轻吹开漂浮在茶面的酥油，一边啜饮着奶茶，迫不及待地咽下几口，而后抬起头来，长长地舒了一口气，满脸洋溢着一种如愿以偿后的畅快淋漓。从她的神情中，我似乎才真正明白了酥油炒面茶对裕固族人的意义。

裕固族人对茶的嗜好，如热恋中的人一般单纯而痴迷。他们可以茶代饭，却不可以饭代茶。渴了喝茶，饿了也喝茶，家中来人首先是打茶。很多裕固族老人一天中可以不吃饭，只喝茶；一顿茶可以喝两三个小时，一遍一遍地添茶水，一碗一碗地喝，干硬的曲拉在茶水中慢慢松软，一点一点地咀嚼，奶香溢口，回味无穷。

我在牧区喝茶，只能喝一碗，在曲拉还没有泡松软的时候，一碗稠稠的酥油炒面茶便囫囵进了我的肠胃，迅速膨胀起来的饱腹感让我再也喝不下第二碗。而每每这时，身边的牧民们仍旧一只手端着茶碗，一边左右轻摆着脑袋吹开茶面的酥油，一边啜饮着茶水。喝着聊着，不断地添茶水、加炒面、调酥油、撒曲拉，一晃就是一两个小时，七八碗甚至十来碗的茶水便进了肚。老人们总说：喝，多多地喝，喝饱了才能走山路，才能翻山梁。似乎从某种意义上来说，像我这样只能喝一碗茶的人注定成不了真正的山里人。

原来我不会唱歌

闲暇时，或逢年过节有客来访时，裕固族人都会在家中摆酒煮肉，招呼亲朋近邻一起欢娱，他们称“玩”。男女老少都喜欢聚在一起玩，除却我。因为将每一次玩推向高潮的都是歌声，在牧区玩，无歌不欢。

开始，总是以茶开道。女人们烧水打茶，端上一盘盘油炸馃子、烧壳子、蒸花卷、烤大饼，最后要给每一个人双手奉上酥油茶。上茶是有规矩的：先端给在座客人中的长者，接着是自家的长者，先男后女；然后再从其余人中的男性开始，由客及主，由长及幼；而后是女性，同样是从女性客人开始，然后是主家人，长幼有序；最后是掌勺的主妇自己。茶毕，女人们再陆续端上饭菜来，多是羊肉揪片汤和一些凉拌菜。饭后，收去碗筷，大盘的手抓羊肉便上来了。主人起身，将盘中的羊肋巴双手献给客人和长者，然后再招呼大家。吃肉的过程中，男主人会用一只小碟子端两只小酒杯盛满青稞酒给在座的人敬酒。从长者客人始，由长及幼，先男后女。男主人敬酒一圈后，将盛酒的碟子转给女主人，由女主人再依次敬酒一圈。主人敬酒完毕后，家中晚辈会再接过碟子。最后，在座的每一个人都会端一次碟子敬一圈酒。敬酒完毕后，众人围桌而坐，每人面前会摆上一只酒杯，开始“过庄”“打通关”，即由一人坐庄，从右开始或是从左开始依次与每一个人划拳喝酒，每一个人都要坐一次庄，过一个通关。“过庄”完毕后，众人开始自由喝酒、敬酒、划拳。估摸着大家喝得差不多时，主人会再次端起碟子，一边唱歌一边敬酒，仍旧是从长辈客人开始，由长及幼，为每人唱一首歌，敬一次酒，歌声落杯酒尽。而后碟子传到谁的手中便由谁唱歌敬酒，依次轮开来。玩到此时，众人的兴致被歌声推向高潮。草原人当然唱的都是草原歌曲。高亢的声调，热情的词汇，借着昏黄的灯光，划开黑色的草原之夜。

我之所以不喜欢这样玩，是因为我不善酒，更不善歌，确切地说是不善唱草原歌曲。唱歌，唱什么样的歌，是需要情境的。在草原上，面对着黝黑粗犷的牧民，那些曾经很上口的流行歌曲在一刹那的犹豫后便哽咽在喉中，难以出声。玩了很多次，一遍一遍地敬酒唱歌，我只唱一首蔡琴的《你的眼神》。也只有在唱到最后一句“友情天地，我满心欢喜”时，我才会高声地唱出来。似乎在这首我认为是唯一一首可以在草原上唱出来的自己会唱的歌里，唯有这句才是最适合的。因为不会唱草原歌曲，每一次我只能以这首歌挡箭，每一次在唱到结束的时候都会特意提高声调重复那句“友情天地，我满心欢喜”。久了，一次次地重复着这首歌，唱得越发娴熟，心里却越发自卑起来。我不得不承认：原来自己并不会唱歌。

你我的世界：性少数群体田野漫笔

陈 昭（清华大学）

全班同学都是gay（男同性恋）是一种怎样的体验？在北京做性与性别研究的时候，我认识了很多80后、90后性少数群体[①]的朋友，其中最多的就是gay了。他们有趣，有才，有特点。我对于这一群体最直观的认识，便是从2015年年初的一次集体同吃同住的艺术创作培训营开始的。

你我的世界 （文文 绘）

① 性少数群体，即非异性恋者，包括男同性恋（gay）、女同性恋（拉拉）、双性恋、跨性别、酷儿、间性人、无性恋以及以上未提及的其他非规范性的性取向和性别认同的人的总称。

从生理到意识：性别认同[①]

第一次仔细审视“性别认同”这个词，是在我为准备田野调研而参加的一次主要针对性少数群体的艺术培训的时候。报名表上有几个很简明的必填项：姓名、性别认同、性倾向、联系方式等。反应了一下，明白了此处是用“性别认同”代替了性别。不问看得到的生理性别，只问主观的性别认同，挺酷的。

后来有 30 人入选，因为培训是由一本知名的男同杂志和北京多家同志机构合办的，所以意料之中，和我一起入选的同学，都是 gay。我也就此开始了我的田野调研。培训的日子里，大家每天白天接受摄影摄像、访谈、写作、艺术创作等培训，晚上一起回酒店休息，朝夕相处，很快就很熟了。有时候闲聊，大伙儿会跟《甄嬛传》里似的开着玩笑叫对方一声“XX 娘娘”，招呼一声“你们过来看看本宫刚买的衣服”……我上课时常常很困，课间也会被他们调侃，“哎呀你这个‘瞌睡婢’！我看见你上课又睡过去啦！”“你是不是昨晚又熬夜来着，黑眼圈都有啦，中午休息敷个面膜吧。”……这种时候真觉得自己是跟一群姐妹们在一起。

说到面膜、护肤，每回更新微博、朋友圈，各位“姐妹们”都会随手晒出自家化妆镜前瓶瓶罐罐的各色护肤品和化妆品，大家的美颜自拍，和男朋友一起做面膜、染头发的美照，这常让我这个“真女人”汗颜。难怪如今流行 gay 密（类似于闺密，只是

① 性别认同是指每个人对性别的内心感觉和个人体验，可能与出生时被认定的性别一致或不一致。性别认同是指个体对自身性别的认定，也就是自己觉得自己是什么性别（将自己视为男性、女性或某些非传统观点的性别）。

身份是男同性恋），说实话他们有时候还真比女人更懂女人。

其实，即便大家身为性少数群体成员，很多人也并不太了解“性别认同”的深意。后来聊天，也有人说不知道填表时候的那一栏是什么意思。“性别认同”一词的提出，是由对生理性别的判断，转向自我对性别的认知意识。对于性别角色，我们不仅可以被动接受、适应，也有权主动选择或修正。有时候我会想，我们是属于什么性别，还是在建构什么性别呢？

从行为到身份：身份认同

大家常常要一起外出创作实践。有一天完成作业后，我和几个 gay 密走在街上，有人提议说咱们一起手拉手逛街吧，于是大家并成一排，挽着胳膊，拉着手，边聊边溜达，东拉西扯了一晚上。一路和我牵着手的小男生文文忽然说：“诶，一会儿回酒店，我能不能去你房间？你脱了鞋，让我，嗯……穿穿你的高跟鞋好不好？”……文文喜欢画漫画，后来他给我们都画了漫画头像，每个人的画像里都有各自的特点，我那一张，自然少不了高跟鞋。后来和文文成了很好的朋友，就像我会关注闺密的裙子、耳环一样，文文常会点评一下我新换的高跟鞋。

论摄影、摄像，虽然大家都是业余爱好，但我的水平比大家差了好多，所幸作业可以分组分工完成。去 798 艺术区做摄影练习的时候，小懿叫上我做他的街拍模特。一路上碰上其他同学也会聊聊打算拍什么来交作业，几次碰上峰峰，他说我们拍的景不错，也一起和小懿拍我。当时我还很得意地说：“哇！这就是双机位拍摄待遇哈，我这个模特很紧张哇。”心想：看来自己还挺有人缘的。后来听到几个同学闲聊："你猜咱班有几对儿？""估计峰峰跟小懿有戏，我看到他们好几次啦。"……这才恍然明白，原来"双机位"那次不是我有魅力，是他俩"有情况"。

中国自古对同性恋的描述多是针对同性性行为的，而非其同性恋身份。哀帝断袖、弥子瑕分桃，动作之含蓄暗喻感情之隐晦。古来至今，"同性恋"概念在经历了行为化、医学化之后，已被正视为一种身份。我一直自诩身在人类学专业，尊重多元文化、深谙世故，然而时至今日，说到 gay，即使熟知他们的性倾向，也不诧异他们男男之间的"重口味"，但还是会意外于他们对女生的闺密式的关注，意外他们的恋爱也和异性恋一样有着相同的试探与暧昧。原来，他者和我者之间终究是不同的。

从自在到自为：群体文化

"我是小鹿，我今天的才艺展示是……我知道你们想看什么，你们不就是想要刺激的么……"话语间，小鹿眼神一挑，脱下外套，项圈、皮鞭、配合音乐的身体展示，眼神的挑逗，姿态的轻巧，身体的柔韧……伴随着全场的惊呼与喝彩，小鹿带来的是单人 SM[①] 表演。小鹿被北京 gay 圈中的很多人称作"SM 女王"，是因为此前他拍摄过 SM 主题的视频作品，男同杂志、同志电台为小鹿拍过写真、做过专访。

说到舞技，和小鹿同屋住的默默跳的一曲"黛玉葬花"在表

① SM，sadomasochism 的简写，S 指施虐方，M 指受虐方。SM 的中文译为性虐、虐恋。鞭打和捆绑是 SM 的最常见形式。

演当天也是技惊四座。默默平时喜欢看《红楼梦》，也喜欢跳舞。到餐厅聚餐，来个即兴表演，默默都能将外衣一脱，把餐桌上的大长勺子当作扇子，身姿曼妙地跳上一段。有一天晚上，大家一起去三里屯 Destination（目的地酒吧，北京著名的同志酒吧）。我还在炫动的灯光效果、高分贝的音乐舞曲中迷迷糊糊，刚才还在身边的同伴们已大多在舞池里如鱼得水地贴面热舞了。默默索性跳上了聚光灯下的钢管，在一阵阵欢呼口哨里翩翩摇摆，上下腾挪。回想起那一刻，我还真有点小得意，感叹人生有几个下得了舞池、上得了钢管的 gay 密，真是一大乐事！

看过小鹿的现场秀和默默的即兴舞，闲聊时我问他们怎么表演得那么好，小鹿随口说："你知道的，我们受[①]的身体柔韧性都很好啊。"他们给我推荐 Lady Gaga 的单曲《Alejandro》的 MV，或者他们看过的很精彩的男性穿高跟鞋跳钢管舞之类的视频，并说："其实你们女孩子也应该多学学这样的舞蹈，很有帮助的。"

谈及性少数群体，尤其是大城市里的男同性恋群体，人们想到的大多与过度修饰的外表和肢体动作、较为开放的性行为、自成一套的各种暗语等有关。在异性恋的世界，是否能以色相出众、性技能高超博得成功，我们讳莫如深；单纯利用身体优势，获得生存中的便利，似乎更是难以启齿。而在同性恋群体中，对于身体的肢体展示、身体技能的表演并不罕见。他们何以秉持了与我们不同的身体观与群体文化？是追求肉体的痛与快感，抑或表达内心的挣扎与释放？这是我们的忌讳，却是他们的精彩。

---

① 攻受（或 1/0）是对男同性恋关系中两个男性身份区分的表达，攻（或 1）为主动方，受（或 0）为被动方。

人有被认同、被承认的需要。处于社会中，似乎不身在一个有标签的群体之中，我们就会慌张无措。“非我族类，其心必异。”群体间的冲突和对立在很大程度上构成了人类社会的常态。于是，性少数群体也在与异性恋群体的博弈中建构着自身的群体认同和群体文化。

从建构到解构：性少数群体标签

2017年年初，培训营的下一期新学员报到。我和几个gay密作为往期学员去参加活动，一起观看纪录片。放映室没暖气，看了两三个小时越来越冷。坐在一起的我们的对话是这样的：“嘿嘿……小昭啊，你快把衣服脱了，拿给我披一会儿……”我也不含糊地说：“我看还是你脱了吧，快把衣服给我暖和一会儿……咳咳，一听咱们这前半句后半句的连接方式，就不是正经直男直女！”一伙人笑成一团。“哎！我发现小鹿挺暖和啊！”“哈哈！因为我穿了件质量不大好的秋裤，不透气但特别保暖，我的手可热了，给你们捂捂吧！”于是小鹿成了我们几个的人肉暖手宝，我哆哆嗦嗦地边让小鹿握着手边接着看电影……

其实，在性少数群体田野中，通常我才是在场人中的性少数者，经常是一桌人聚餐而我是唯一的异性恋。有时候gay密们闹着玩，就学着平常别人歧视同性恋的口气逗我：“嘿，你这个死异性恋，快坐过来！”……转念想来，所谓他者、我者，身边不少异性恋朋友挂在嘴边的是“如果我是同性恋……”其实，也许所谓的换位，是忽然一天醒来，我还是那个异性恋的我，而社会主流的性倾向是同性恋，周围的人也普遍是同性恋，那时我们又该如何自处。

后来，又遇到了不少性少数群体的朋友。比如圈儿姐，一个在一次打破性别刻板印象的摄影活动中认识的朋友，一个跨性别[①]（男跨女）“姐姐”。男性的面孔和身材，复古的旗袍和首饰，优雅，自信。网上有不少圈姐的介绍，诠释着那一句“所有的存在都不是例外”。再比如七白，一个挺酷的拉拉。和她在微信中私聊的第一句是她问我的“你是弯的还是直的？我是弯的”。七白是一个小众乐队主唱，曾为同志群体创作单曲“Girls love girls”（女生爱女生）。我一直特别喜欢她写过的这样一句话：“说到爱，盖住‘她/他’字左边的那个偏旁，大家‘也’都一样。”

世事变迁，虽然更多的反常与叛逆早已容于这个时代，然而作为性少数群体的内心世界，他们那些不被外界轻易认同的认同，终是冷暖自知。夸张，乖戾，潮流……开放，纵情，迷茫……其实，哪一个都不是性少数群体的标签。同志酒吧里，躁动的节奏，变幻的音效，是奔放，是暧昧，如人饮水。城市角落中，隐秘的心事，尴尬的身份，苦乐在心。其实，在同一个世界，摘下标签，他们与我们一样，可能迷惑，可能彷徨不知进退；与我们一样，可以优雅，可以明艳不可方物。

---

① 跨性别，指人在心理上无法认同自身的生理性别，相信自己属于另一性别。本文中的跨性别姐姐，指跨性别女性，指生理性别为男性，性别认同为女性的人。

“他们”的世界

李继群（云南大学）

2014年，为了调查一个丧葬仪式的具体过程，我们去了滇西北的一个纳西族小村落，想在这里专门拜访一位东巴，请他给我们就早先拍摄的纳西族葬礼的影像讲解具体的仪式细节。

由于早前就与东巴熟知，所以对我们的到来，东巴和家人都表现出了极大的热情。我们谈及此行的目的，东巴稍有犹豫。我们也考虑到这里的纳西人有着不在家里谈及任何有关丧葬仪式的禁忌，于是主动提出：可以到家庭以外的区域里找一个合适的地方。当时东巴家还保留了木楞房式的母屋，在母屋旁侧已经建了两层的楼房，家里的火塘和祭祀台都还安置在母屋内，除了到楼房里睡觉，其他日常的家庭生活都在母屋内进行。最后，大家协商调查整理可以在母屋和楼房间的院子里进行。这样就解决了不能在家屋内谈论丧葬话题的禁忌，也能避风遮阳，还能连接电源以便随时查看存储在电脑上的记录影像。

接下来的两天，调查整理工作进行得还算顺利。纳西族传统的丧葬仪式是由东巴主持的，经文的吟诵声、板铃的叮当声、吊唁者的哭诉声一直穿插在仪式的过程中，于是繁杂的声音随着记录影像的播放，不时在东巴家的小院里响起。

第三天早晨，正常的工作还未开始，我们就感受到了来自东巴家人的一些不同以往的气氛。原来，家里有人生病了。东巴的小孙女出现了拉肚子，而东巴的大儿媳妇则因牙龈肿痛彻夜难眠，大家都在焦急地商量着看病吃药的问题。奶奶背着小孙女去村上的卫生院打针，儿媳妇则因有孕在身采取了保守治疗，即先在家里休养而不用药。东巴为难地对我们提出要暂停工作一天。我们同意了。虽然同为纳西族，但因为方言的差异我们并不能完全听懂他们的语言。但从表情和对话中，我们感受到了大家的一种担心。

为了不给忙乱的一家人带来麻烦，我们一天都在村子里闲逛。等到下午回到东巴家时，猛然发现东巴的小孙女打针回来躺在母屋的火塘边，东巴正在低声吟诵着什么。我们沉默地坐在一旁。东巴的老婆进来了，她一手拿着一枝青松，一手拿着一个装了一些大麦的水瓢。她走到火塘边，将青松架在水瓢上，然后用火钳夹起两块火塘里的木炭，放置在青松上。青松被点燃了，升起一股浓烟。她拿着火瓢在孙女身上绕了一圈，然后出门去了。似乎东巴在交代她说还要去儿媳妇的病床前。

很显然，这是一个“驱鬼”的小仪式。东巴看我们进来了，问了问我们今天的收获，并没有提及刚刚的仪式。我们也小心地避开了这个话题。隐隐地，我们感觉是我们调查丧葬仪式的行为触犯了他们的禁忌，并给东巴的家人带来了不好的事情。我们不知所措了。

第二天早晨，东巴小孙女咯咯的笑声又回荡在火塘边，东巴的儿媳妇也回到母屋里给我们准备了早餐。我们担忧的心情也稍稍平复了些。而东巴则直接对我们提出是不是另选个地方进行余下的工作。我们欣然同意了。

最后，我们的工作场所挪到了东巴家背后的田地里。当时已临近新年，田地里的庄稼早已经收割完毕。我们每天将一张小方桌和几把凳子搬过去，由于日照强烈，电脑屏幕反光严重，还要专人撑起一把大伞来遮光，伞又时常被大风刮得东倒西歪。我们时而被太阳晒花了眼，时而在大风中寻找撑伞的方向。虽然感觉条件恶劣了些，但与东巴的交流却进行得很顺利。东巴指着远处的神山给我们讲了“九兄弟故事”，还望着飞来的鸟儿给我们解释东巴经里关于飞禽走兽的记载。我们的田野最终在真正的田野上完成了。很庆幸后来没有给东巴和他的家人带去更多的麻烦。

他们的世界 （李继群 摄）

我们总是以研究他们的文化而自居，但真正认同他们理解的世界其实很难。我们总是小心翼翼地处理和他们之间的关系，希望我们的到来不要打乱他们的世界，但难免还是侵扰了他们的生活。尊重、理解、认同，其间需要多少的田野和修为，才能让我们学会进入他们的世界。

最好的身份

高一飞（南方医科大学）

进入田野是民族志工作（ethnography work）真正的开端，它决定了之后的研究能否顺利开展。进入田野的关键在于获得一个合理、合法、合适的身份，让田野真正接纳你。这里的“接纳”，不仅仅是接受你在场，还需要报导人能够在信任和理解的基础上，在你在场时畅所欲言、行动如常。

2005 年到 2008 年，我为了博士论文的研究曾经在多个滇西村落开展田野调查工作，进入田野总是最难也是最耗时的阶段。就此，和大家分享一件趣事，好笑之余也望能共勉。

当时，我在一个汉族村落做田野调查，得知村里的小学一直没有开设英语课，孩子们对英语又非常感兴趣。为了能尽快和村民们“打成一片”，我凭着有几年国外留学和访学的经历，向村主任毛遂自荐，当了小学里的课外英语辅导老师。进村两周了，大部分村民都知道来了一个“做研究的、大学里的人”，可是实质的田野工作还没有完全展开。我的研究主题是社会文化因素在疾病传播与预防中的作用，于是了解当地与健康观念有关的民间信仰是必不可少的内容。有一天的研究行程是计划去看看村里几个主要姓氏的祖庙，我事前请村主任帮忙绘制了一张地图，粗略标记了各家祖庙的大致方位。无奈，我的空间感和方向感与地方性空间认识有差异，地图上看似简单明了的路线在现实中成了错综复杂的乡间小路。行至一处小山坡，我彻底迷路了，见山坡上下来一位背着箩筐的村妇，身旁随行一名十岁左右的女童，看上去是母女关系，应该刚在山上干完农活准备回家。我赶忙上前问路："请问，番家祖庙怎么走？"这位妇女眼神中充满警惕和困惑地看了看我，摇了摇头。我正纳闷，摇头到底表示听不懂呢，还是不知道呢。为了避免前一种可能，我打算用正在学习中的当地方言再问一遍。还未来得及开口，她身旁的小女孩儿对我一鞠躬，脆声道："高老师好！"我回应以微笑。她妈妈见状，像刚想起我的问题一样，忙答道："在那儿！"并举起手热情地指出番家祖庙的方位，脸上换上了乐于帮忙的笑容。

这一突如其来的转折太戏剧化了，当时我脸上的表情一定很精彩，因为那一刻我心里的感受确实有些哭笑不得。前一秒还在感叹，村民对于研究者的戒备与困惑，看来进入田野之路"路漫漫，其修远兮"；后一秒就由衷地感到"瞎猫碰上死耗子"一般的幸运，原来，一个不经意获得的地方身份竟能有如此之大的益处。后来，我借助乡村教师这一身份，成功走进了许多学生和同事的家门，开展访谈和观察，也快速获得了大量有价值的田野资料，大大加速了我进入田野的进程。人们介绍我的身份时也形成了一种有趣的陈述次序："她是（村里）学校新来的英文老师，是个广州来的博士，来这里体验生活、做些研究。"我想这一顺序正准确表征了村民们对我多重身份的认可次序，即先接受我为乡村教师，然后才是博士、研究者，一定程度上也显示了他们对这些身份的理解程度的排序。从那之后，我就开始琢磨，什么才是进入田野的最佳身份？

探索和总结下来，我认为最好的身份应该至少有几个特点。首先，应该是一个当地人能够理解的身份。某某大学的教授、博士研究生，对于村民而言实在太遥远，是个字面上能读懂（也许字面上也不完全懂）但是实际上用地方知识无法注解的身份，他们很难理解一个研究者的生活日常和目的所在，迎接这个身份的注定是有几分疏远与防备的客套。其次，应该是一个让村民喜欢的身份。在建立身份的过程中行动胜于语言，除了让村民感觉“无害”，如果还能对他们“有益”，如做些帮助村民们干活、抄录家谱、撰写书信等力所能及的“好事”，至少能让研究者获得“好人”的身份，提高与村民互动的频率和质量，也更容易获得信任。再次，应该保持与田野的适当距离。田野工作者其实是矛盾和分裂的，我们既想像村民一样行动、思考、感受，又需要经常抽离出来进行理论思考和分析，这就要求要与田野保持一个合适的距离。太近，容易被同化，变成田野的“皈依者”；太远，容易变成走马观花、不明就里的“火星人”和“外来者”。如果有一个能够经常融入但又能随时抽离的身份就再理想不过了。最后，最好的身份应该合法、安全，不会陷研究者于危险境地或者研究伦理的泥沼。

乡村教师这一身份无意中在不同程度上满足了以上几个条件，后来我在这一身份的“掩护”下顺利进入过不少田野，叩开过不少报导人的屋门和心门。

每一位田野工作者都梦寐以求能真正通往田野的神秘入口，一个最佳身份就像是开启入口的咒语，每一次田野工作都需要摸索一个适合自己的最佳身份。在那次田野中，当我踏上乡村小学的讲台、转过身来的一刹那，那个入口已经开启……

纠结的“卧底”

方静文（中国社会科学院）

田野调查中，选定田野点后，如何进入田野是一个十分重要的问题，它在很大程度上决定了人类学家与报导人的关系以及调查的成败。我们可能受政府之邀，以“专家”的身份进入田野，不费吹灰之力便能拿到各种数据和资料；我们可能带着单位介绍信以“研究者”的身份进入田野，得到或热情或冷淡的接待；我们可能通过熟人关系以“某某人的朋友”的身份进入田野，逐渐获得“自己人”的标签……不同的进入方式往往导致截然不同的调查效果，各有利弊，但无论何种身份，往往都是人类学家权衡之后主动选择的结果，而我今天要讲的却是一个迫不得已的“卧底”故事。

2009年，我参加了一个关于女性性工作者的调查，田野点是所谓的“场所”。经过当地疾病预防与控制中心的牵线搭桥，我来到了一个集宾馆、桑拿、酒吧为一体的中档场所，见到了女老板韦姐。韦姐非常能干，也很配合，愿意接受我进驻场所进行参与观察以及对场所里的“小姐”进行访谈。不过，韦姐提议让我以假装学习足浴为由混进去，这个主意最初让我和同行的研究者很是兴奋，感觉即将化身“卧底”，开始一段冒险之旅。

然而最初的兴奋过后，我便开始纠结：以这样的身份进入是否有违伦理？

带着这种纠结，第二天下午，我如约来到该场所。我提出还是用真实身份进入，但是韦姐认为这样“小姐”们不会跟我说实话，所以坚持让我隐瞒身份以学习足浴为由打入“内部”。于是，在她雷厉风行的安排下我很快从中国人民大学的研究生变成了“野鸡大学”毕业找不到工作的落魄大学生，来此学习足浴以便日后自己开足浴店。尽管个人觉得这不是接近报导人的最佳方式，但是当时的情境之下我似乎没有选择的余地。

这个下午，被安排的“卧底”身份让我战战兢兢。这种不安首先源于前述的伦理困境。虽然我并非有意隐瞒，而是被场所的老板赋予了一个虚假身份；虽然只是隐瞒了部分事实，我现在的身份仍是大学生，是从北京来的，姓名、籍贯也是真的，但是毕业院校和最重要的此行的目的是假的；虽然我想要接近“小姐”们的出发点是好的，即想要了解这个群体的组织文化，进而有助于相关部门提升对这一群体的疾病防控干预质量，但被迫也好，部分真实也好，出发点是善意的也罢，都无法减轻我的心虚和负疚之感。除了心理折磨，还有很多需要担心的事情。众所周知，在进入田野后，要访问报导人必然先要被访。在正常情况下，只需如实作答即可，但在“卧底”的身份下，我必须时时提防，以防露了马脚。所谓说了一个谎，就需要更多的谎言来遮掩。比如我住在哪里、我与老板韦姐之间是什么关系等都是很可能被问及的问题。更重要的是，日后我是否要公开身份？如何公开？她们还会信任和接受我吗？

这一天结束后，我将心中的焦虑和疑惑与同行的研究者交流，最后的决定是第二天去摊牌。我怀着忐忑的心情和韦姐交涉，果然不出所料，她仍然不愿意将我的身份公开。她的理由有二：其一，“小姐”会因觉得跟我不是一个阶层的，而不愿和我讲真话；其二，会影响场所的生意。这第一点，也是我最为担心的，倒不是因为阶层之类的，而是最初的隐瞒可能已经让我失去了她们的信任。所以，即便我的研究不算太敏感，也不能排除她们从此将我拒之门外的可能。关于第二点，我却一直心存疑惑："小姐"们怎么可能觉得老板会引狼入室呢？难道通过老板来公开我的身份不是更能让她们心无芥蒂吗？但疑惑归疑惑，这一点我不能与韦姐理论，毕竟不能影响生意是底线。最终，交涉的结果是由我自己在日后的交往中慢慢把真相告知场所的人。

道别韦姐，不堪心理压力的我很快找到昨天负责教我足浴的小吴师傅并向他坦白了一切。结果有些出人意料，昨天还对我冷眼相对的师傅态度大变。询问之下，吴师傅说昨天把我当作"学坏的人"了，觉得好歹是大学生，竟然要跟他学足浴，让人失望。所以，得知我的真实身份后，吴师傅反而很开心，尤其在了解到我的研究目的之后，不仅主动给我介绍场所的信息，还为我引荐可能的访谈对象。而此后，我的访谈也异常顺利，"小姐"们似乎并不在意我研究者的身份。

很幸运，这次"卧底"事件没有影响到我的研究，但是却让当时还是人类学菜鸟的我深思：我们究竟应该以什么样的身份进入田野？一般而言，虚假或者部分虚假的身份自然是不可取的，但如果这个虚假身份是你的报导人安排的呢？而且为了保护其利益、维持双方关系和后续调查的开展，你对这种安排很难拒绝时，又应该如何看待和应对？这一系列问题的背后是人类学田野工作如影随形的伦理问题，就我个人而言，并不美好的一天"卧底"经历给我的感悟是：与人打交道的人类学田野工作是复杂的，权力、利益与情感交织其间，初入田野的我们可能常常遭遇各种伦理困境，而困境的摆脱既仰赖于学科建设层面的不断规范，来为我们提供更多的外部指导和约束，更有赖于人类学家自身的信仰与坚守。

不再受欢迎的我

黄镇邦（贵州省博物馆）

六年中，我已经第五次踏进乌蒙县了。

每每到县份出差，总会得到县文化部门和民族宗教部门的热情接待，那种地主之谊让我感到惭愧，因为他们到省城办事，我们从来没有给予过同样的待遇。

这次到达乌蒙县，虽说热情不减，却已不再是两家单位合作做东了。文化部门和我们是“同祖同宗”——都是省文化厅的下属单位，有道是：“天下文博是一家”，大家抬头不见低头见，因此，觥筹交错之后，哪怕有再尴尬的事，也一笑了之。席间，我才知道，我前次得罪了民宗局的朋友们。说是在新馆的人像视频资料里没有乌蒙县的彝族代表。

我们大黔省博物馆新馆的展陈设计是通过招标的形式来完成的。“金太阳公司”和“大尚公司”中标，前者承担民族展厅的展陈设计，为力求新颖，各种视频都需要到民族地区实地采集。我是人类学出身，到省博工作五年一直都在省内进行文物征集以及田野调查，对各民族习俗比较熟悉，对语言有一些研究，馆领导安排我当向导，带“摄影组”到各市、州、县进行人像和语言采集，行程由我安排。2014 年 9 月到 2015 年年底，我带“摄影组”在全省各地拍录各民族节日和各项“非遗”，他们都是 90 后的小伙子，一个个身怀绝技，干劲十足。第一次和比我小十五岁的年轻小伙一起工作，无论是工作方式，还是与拍录对象的人际交往，我们彼此都存在很大差异，他们的举手投足就是我的“田野”。职业造成的思维定式，使得我每天都会写下我的“参与观察”成果。有时候，我还念给“当事人”听，我擅长人物形象描写，把他们刻画得栩栩如生，弄得大伙儿开怀大笑。

序厅有一个大屏幕，拟向全世界展示全省十八个世居民族的语言和服饰，具体办法是让各民族模特身着本民族服饰，操本民族语言，向观众打招呼。招呼语的内容是：“您好！大黔欢迎您，XX 民族欢迎您！”根据各民族的语言习惯，也可以适当变换一些词汇。大屏幕人像视频的采集工作也落到了我的肩上。

关于人像视频的采集标准，我的原则是：颜值过得去就行，语言一定要代表本民族的标准音，即一定要符合国家公认的标准音点。关于颜值，我不得不插一句，在拍录侗族视频当天，文化局一位副局长跟我提意见，他说：“拍录工作要谨慎，不能只注重脸蛋，长得漂亮的，说不定哪天就是一个风尘女子。我们拍的人要像当年人民币上面的那位老乡，到现在什么绯闻都没有。”虽然我没有这个想法，但是，“语言要标准”这把尺子我是不会放的。

从大学时代开始，我就对语言十分感兴趣，我还有两年在语言文化研究所工作的经历，在中央民族大学攻读硕士期间，我跟少数民族语言文学系的一位良师益友几次回到本省各地开展语言调查，对于省内各民族的具体分布，我是胸有成竹的。五年时间，由于工作需要，我几乎跑遍了全省的 88 个县。尽管如此，我还要查阅文献，确认每一个民族的标准音点所在地。经过一个多星期的文字资料阅读，我基本上找准了总人口居全省前六位的民族的标准音点，对于有方言之分的苗族，我既要考虑国家公认的标准音点，也要从博物馆自身的需要出发进行多点采集，兼顾东部、中部、西部几大方言，选取各方言人口分布最为集中的村寨作为采集点。对于濒危语言，年青一代都不会讲的，我就尽量结合前辈的研究，从文献中选取相关词语，拼凑成句，按照国际音标朗读出来，让七八十岁的老人感受，如果他们能听懂，而且觉得语感也到位，就现场教会模特。

经过一个多月的奔波，黔东南苗、侗地区的人像视频采集工作结束了。按照计划，下一站就是我的家乡，那里是布依语的标准音点。在前去拍录的路上，我先完成了仡佬族的拍录工作，在与当地镇政府交涉的过程中，我发现摄影组的成员们闷闷不乐，我冥思苦想：问题出在哪个环节？结果还是百思不得其解。当晚，途经一个县城，我们就在那里住下来了。小伙子们是北方人，长期吃火锅，受不住，他们自己去小吃摊吃面，我和司机就到另外一个地方吃饭去了。几杯米酒下肚，司机问我："明天的行程如何安排？"我说："我们县的民宗局已经安排好模特，十一点钟到达县里，两个小时结束拍录，吃一个中午饭就赶往下一个县。"司机大吃一惊，说："你没有回家的打算吗？"我说："我上个月刚刚回过家，这次就不用回去了。"他长叹一声说："我还以为你真如樊司机所说，是要回家里办事，才安排大家到你们县搞拍录。樊司机跟伍老师说是你肯定有急事才做出这个决定。"我恍然大悟，原来，中午他们不高兴就是这个原因。发现问题之后，我也没有跟他们解释，第二天中午，饭席上，摄影组的小章问我："人像视频拍录工作结束之后怎么安排？"我说："下午三点准时出发，赶往下一个县。"县民宗局分别从布依族、苗族两个民族中抽了两个姑娘当模特，拍录的时候，导演小郝发现，两个姑娘都有表演潜质，如果不抓住机会拍录纪录片，将会造成遗憾。在他们的主动要求之下，我答应利用白天剩下的时间拍录一个专题片。

第三天，我们到达西北的水西县，拍录西部苗族的人像视频。按照我原来的计划，彝族是要在乌蒙县拍录的，但是，摄影组一直反感我“舍近求远”的做法，不时以伍专家的话作为盾牌和我争论，说是既然水西县有彝族，就在水西县拍。我将就听他们一次，就答应在水西县拍了彝族的人像视频。但是，拍录之后，接到馆里的通知，要补拍乌蒙县的一项国家级非物质文化遗产项目——变人戏。第四天下午，我们赶到乌蒙县，变人戏的点在几十千米开外的一个山村。去年彝族火把节的时候，我们本想拍录变人戏，结果没拍成。经验告诉我，只有民宗局才能摆平这件事——只有他们才有能力组织剧组人员，文化局是帮不了我们这个忙的，因为民宗部门长期关心他们，对他们有恩。我心想：既然来到乌蒙县，何不把彝族的人像视频也给补上？如果不说这件事，我将永远留下遗憾。临阵磨枪，民宗局给变人戏之乡的文化站站长打了一个电话，叫他安排模特。第二天早上到达点上，先拍变人戏。在与模特的对话中，我发现她们只会说彝语，不是彝族人。当晚，副局长如实跟我说：“两个姑娘确实不是彝族人，而且我们也为自己的仓促感到可惜。能否再给我们一个机会，到省城民族大学找一个彝族模特给补上？”后来，副局长确实找了一个颜值高且是一个地地道道的乌蒙县彝族姑娘，让我们第三天去拍录。第三天正好是省布依学会的换届选举，我脱不开身，我也不可能让拍摄小组单独与那个女孩儿接触，不是我怀疑小伙子们的人品，而是我很担心出现一些安全事故——几个月前拍录一个天坑，导演小郝为了在微信朋友圈亮一下自己，他坐到一个半悬空的岩石上，两腿活甩吊下，让另外一个同事拍下了那个足以让人头晕目眩的镜头。事后，我跟导演说："刚才如果你坠下去，我也只好跟着跳下去了，因为我没办法回馆里交代。"网上报道，意外的事常有发生，一些时候往往让我毛骨悚然。于是，我放弃了这个机会。后来，"金太阳公司"在编辑视频的时候，权衡颜值高低，没有选中乌蒙县的人像视频，于是，才有开头提到的我得罪乌蒙民宗局故友的一幕。

回想这件事，我之所以得罪故友，就是因为在水西县自己未能坚持当初的决定。彝族的标准音点虽然不在大黔省，但乌蒙县却是全省彝族人口最为集中的县份。形式上，大家都觉得那里的彝语正宗，他们更是坚信不疑。另一方面，如果我在乌蒙当天不提要在该县拍录人像视频的事，即使事后他们发现人像视频是水西县的，也不会怪罪于我，而是怪罪馆方，但是，这又不是我的风格。事到如今，唯一能够安慰我的是，我们拍录的变人戏视频已被选为精品视频，将在二层展厅滚动播放。

痛定思痛，我明白了一个道理：人类学田野绝不是一件单纯的事，其影响来自方方面面，人类学者如何处理单位内部矛盾、如何与基层领导周旋、如何与外单位协作，每个环节都至关重要，任何一个环节处理不好，都会适得其反。

田野移情：在现实与现实之间

马建福（北方民族大学）

那一年，我还没有摆脱舍本逐末的习性，没有领悟到现实生活就是生命历程的目标，而在为了一张纸的使命深入我曾阔别已久的家乡，奔命于现实与现实之间，却也冷冰冰地在参与实践中难以触摸到自己内心应该有的那份疼痛感，像一个被重新换了机油、擦洗了部件的机器一样运转在唯一的目标里——完成论文。现在回想，不寒而栗，的确人类学研究者应有的那份道义、真诚和移情却被那个自以为能够拯救自我的目的所覆灭，我就这样不痛不痒地行走在自己的确经历的、与自己的生命历程也紧密相关的人群中，明明是一种失去的痛，我却在所谓的客观性和客体化的伦理中把自己扔到某个孤寂的丛林里或山头上冷酷地“欣赏”着一个人的入土仪式。

那一天我一大早起来，给仍在襁褓中的儿子冲了一瓶奶，吃了母亲亲手做的热馍馍、肉米汤和洋芋丝，拿上相机和笔记本，骑上摩托车准备去看看各个乡镇在县域美化的政绩要求下如何在外围墙和屋顶上涂色以显得整齐划一。突然父亲回来说了一个有人去世要送葬的信息，我便改变了主意，准备参加这场葬礼。

亡故的人不到四十岁，在计划那次出去跑一趟车赚点钱回来给儿子娶媳妇，了却自己责任，被喻为“卸担子”的目标下，因为瞬间的疲劳驾驶出了车祸，生命时钟戛然而止，他就这么撒手人寰，他再也不需要为了为人父的责任不分昼夜地奔波劳累了……在我们这片土地上，按照失去子女的父母所说，娃娃从生下来就没有享过几天福。的确，这片土地上的人，就像一生下来就知道自己的责任和义务一样，做人做事、人伦道德都有个条条框框，见了长辈有对长辈的问候，见了晚辈有对晚辈的疼顾，性格就像春天沙尘暴吹过聚集在某个角落的细土（老家称之为绵绵土）一样，有用却也无用地奔命于生活的混沌中，直到咽了最后一口气。

一家子人的希望在一个青壮劳动力生命枯竭时临时、始料未及和阶段性地破灭了，难以舍弃的疼痛还是在必然的要求中慢慢被现实冲淡了，该走的都要走，一家人在不必明说的责任和义务面前完成了家庭层面的分工。老人失去了一个儿子，妻子失去了丈夫，子女没有了爸爸。父辈曾像耕种土地一样广种薄收地生育着子女，也在无奈中承受了几次丧失之痛，木然地掩埋，愤然地再耕播。

行走在被喻为黄泉的路上，我为了留下一些可以提醒的记忆，拿起相机拍着照片，却未曾顾及丧失亲人之痛者的悲戚，明明感觉到自己的心也被揪了一把，却把自己移情于旁观者的冷漠中，的确这是现实，我却又在自己编织的现实中谋划着远去香港答辩的事情，以为这个现实是为那个现实目标而服务。现在回想，那段经历被瞬间咔嚓声的记忆标注了难以言说的尴尬，原来自己在那一瞬间却有着灵与肉分离了的冷酷。

走的就那样不按顺序地走了，活着的继续编织存在的意义之网，在某个目标的动力下继续在义务的履行中谋划着新的目标，直到突然有一天扔下被自己折磨的不像样子的躯体，不再眷顾地离去。

握谈老猎人

王　平（厦门大学）

2011 年 9 月，我带领厦门大学人类学与民族学系的师生，参加了由中国人与生物圈国家委员会《人与生物圈》杂志社组织的“陕西牛背梁自然生态保护区”加入联合国“人与生物圈计划”的考察项目，其间准备访谈一位生态保护区内的老护林员。在准备访谈之前，听牛背梁自然保护区的同志们说，这位老护林员人生经历坎坷，经验丰富，是保护区内颇有名气的护林员。但保护区的几位工作人员都异口同声地对我说，从这个老护林员的口中访谈不出什么东西，因为他们曾经几次上门访谈，都被婉言拒绝。有一位曾经多次拜访并请求访谈老护林员的牛背梁保护区同人告诉我，老护林员原来是一位老猎手，曾经捕猎过好多国家珍稀野生保护动物，其中也包括牛背梁自然保护区中最为珍贵的国家一级保护动物羚牛，老人现在是远近闻名的老护林员，他不愿意讲述他这段不光彩的历史。

听这么一说，我心里有点忐忑，但这位老护林员又是这次田野考察中的关键访谈对象，于是我提前做好了硬着头皮上阵的准备。在一个天色晴朗的傍晚时分，我们一起驱车到达位于保护区老林村林区的老护林员家中——一座处在大山脚下公路旁的农家院落。当我们走进颇为简陋的院落时，一位精神矍铄的老人伸出双手迎面而来，他饱经沧桑的脸上露着灿烂的微笑，顿时感觉到仿佛这片广袤山林的历史变迁和现实情境都包含在他的面容和微笑中。握住他那双粗糙而温暖的双手，仿佛体会到山的蜿蜒和水的淳朴，他就是我们要访谈的老护林员石邦安（村民们称之为石老汉）。看到这位慈祥而和蔼的老人，我悬着的心一下子放下来了。

我热情地迎上去，亲切地叫了一声"石大爷"，紧紧握住老人的手，望着他笑开了花的面庞，我感到一股暖流直抵心中。经过一阵寒暄之后，我和石大爷手拉手坐在院中的一个长条木凳上，拉起了家常。我自然真诚地握着老人的双手，热情端详着他充满慈爱的笑脸，从拉家常到谈身世，从家长里短到山野趣事，老人侃侃而谈，畅所欲言，讲述了自己几十年的打猎生涯和惊奇遇险经历，我仔细聆听着石大爷的讲述，不时地赞叹他丰富的人生经历。石大爷对我说，他这辈子曾经打过十三只狗熊、十六头野猪以及无数只野鸡，还有斑羚、麻麂子、獐子、竹鸡、呱啦鸡、娃娃鸡等许多种山中动物。在几十年的打猎生涯中，他遇到过许多险境，还付出了失去一根手指的代价。谈到打羚牛的经历，石大爷说由于羚牛身子大，力量强，打起来很困难，所以他一生打过一次羚牛，并向我们敞开心扉，讲述了他打羚牛的经过：

> 我真正打羚牛就一次，记得是在农业学大寨的时候，那时全乡大会战修河坝地，保护区还远没有成立。人家武装部给我发了四支枪，天还下着大雨，让我领着两个人上石窑沟去打羚牛，给修地的人们改善生活。哎哟，那个羚牛劲大得很，像水桶这么粗的桦树一下子就被它踏翻了。最后我们打了两头羚牛，是白色的，我们这儿都管它叫"白羊"。犄角向后盘着长，像盘头羊一样。羚牛个头太大，一头就有七八百斤，人手不够

抬不下来。后来我就打发人回来，叫了十来个人，把牛腿、牛头都分开扛回来。我扛的腿子都有80斤。羚牛喜欢待在崖下，在冬天它就住在大偏崖下，就在那儿过冬。后来我就没再见过羚牛了，动物保护站上山普查时，专门去找羚牛。我给他们当向导，在山上转了四天歇了三晚上，光看到牛脚窝子、牛粪，就是没看见羚牛。羚牛胆子小得很，见了人它也害怕，一听见响动就跑到山沟沟里去了，你见不到它。

讲完打羚牛的故事，石大爷又向我们讲述了他从一位老猎手变成一位保护区护林员的经过：

牛背梁自然保护区刚开始筹建时，我是生产队队长，老林场的领导就找我当护林员。我虽然没有什么文化，但政治觉悟还是比较高的。比如说，每年到冬天护林防火时，适当地给林场提供帮助，给群众做宣传；春节给祖先祭坟时，以前要烧纸钱，我就跟人们说，不要烧纸了，不要把山给点着了，就给坟头上压上几张纸，表示这家有后辈就好了，移风易俗嘛；我也主动把猎枪给交了，干脆戒了打猎。我在做护林员时，不光自己没有动过烂子（闯祸），还经常给别人宣传护林防火的法规和措施呐。到秦岭林区划界，正式设立保护区的时候，我就带工作人员上山，给他们指界碑位置：哪些是林场上的，哪些是集体生产队上的，哪些是私人的。保护区是接管林场的嘛。动物研究所的人来普查动物的时候，我帮他们背行李，还在山上住了三晚上，当时天下着大雨，我们搭了帐篷，在甘沟普调查了好几个晚上。后来在北沟，我也带他们去搞羚牛冬季栖息地的调查，了解羚牛在冬季的活动，看它们怎么越冬。两次都只看到脚印、粪便，有一次还看到热腾腾的牛粪，说明羚牛离我们特别近，不过愣是没见到。记得有一次，发生了一个大案子：木料贩子组织了一帮外地人，到咱们这边偷伐木料。保护区和公安都不能轻易上去，怕打草惊蛇嘛。他们穿制服，对地形又不熟。为了破这个案子，我就假装是挖药材的，带着人上山偷偷去侦察，把基本情况都摸清了以后，他们组织了三个县的力量，两边一围堵，就把那帮子家伙给逮住了。在当时这个工作还是很危险的。

老人谈着谈着，颇有感慨地说："现在我老了，也上不了山，给保护区办不了什么事，但我也不会给他们丢人，带头不上山，连门窗料我都没砍过。贡献不了大的，咱就贡献个小的。"他经常跟村民们说："你们不保护这个树林，今年砍，明年砍，年年如此，林子就会被砍光，山就会成为光头山。"以前砍伐树木以后，从沟槽里溜下来的那个道，一下雨，水就直接下来，河里就涨大水，经常出现滑坡和泥石流。自从成立保护区后，林子被保护起来了，树木都长起来以后，就没有出现滑坡，河洼里的水也小了。当问到村民与这山林之间的关系时，石大爷略有所思地说："要说我们村民跟这周围的森林是个啥关系呢？简单来说，就是靠山吃山、吃山养山，你把树给砍了，你还要栽树种树。咱得为后辈儿孙着想，我死了，还有娃儿们在，要给儿女留点后路，不能把事情做绝了。"

在娓娓道来的惊险离奇故事和满怀深情的叙述中，我深深体会到石大爷由一位老猎人变成一位护林员的传奇经历，体会到他的人生经历中包含着的这片山林的时代变迁，他的叙说中饱含着对这片山林的敬畏之情，从他的山林生活中，透视出民间山林社会"靠山吃山，敬山养山"之开发自然与保护自然相结合、人与自然相互依存的朴素的生态养护之道。

在整个访谈过程中，除了几次短暂的松手，我和石大爷的手始终握在一起，我自始至终认真仔细地聆听并不时赞叹着老人的深切讲述。访谈中我也自始至终地亲切称呼着“石大爷”，正是这种温暖的握手和亲切的称谓，增进了我和石大爷之间的亲近感，化陌生为熟悉，整个访谈就如同一位老爷爷在给自己的儿孙们讲述自己的人生经历和故事。我们从夕阳西下的傍晚开始，一直访谈到夜幕深沉，而此时石大爷的讲述还意犹未尽，由于时间已晚，为了不打扰老人的正常休息，我们便起身告辞，并约定第二天继续访谈，石大爷很高兴地接受了我们的约定。

当第二天早上我们如约来到石大爷家中时，石大爷已经在自己的堂屋中等待着我们的到来。令我感到意外的是，访谈开始不久，石大爷便主动伸手拉起我的手，我们又开始了一段手握手的聊天，直到访谈结束，我们的手还握在一起。访谈结束后，我和石大爷拥抱了一下，并再一次握手道别，此时我深深感受到老人历经沧桑岁月、充满老茧的双手中饱含着的温暖和信任，还有几分依恋和不舍。

访谈结束后，《人与生物圈》和牛背梁保护区的同人们都为这次访谈如此顺利而圆满地完成感到有些意外，但我的心中深深体会到这是一次心心相印的交谈。热情的握手和亲切的称呼看似是再简单不过的日常生活行为，但就是这种普通而简单的日常行为增进了我和石大爷之间的感情和信任。在整个访谈中，握手成了我与石大爷沟通的桥梁，亲切地握手消除了我和石大爷之间素不相识的距离，传递着自然而然的亲切和温暖。通过手握手的聊谈，达到了心与心的交流，这才是我体会到的访谈之所以顺利圆满的原因。

我做了一回“道人先生”

张　博（浙江师范大学）

其实“道人”这个称呼并不怎么准确，因为我家乡湖南益阳农村的丧葬道场行的是佛事，但是当地老老小小都是这样叫。同时，为了表示对这一职业的尊重，又在后面加了个“先生”。在我小的时候，村里有人去世，我就喜欢去丧家看道场。虽然听不懂先生们念的经（主要是听不清，村民们打趣地说先生的嘴里是塞了抹布的，吐词不清楚），但是他们敲锣打鼓、吹拉弹唱，我还是乐意去凑这份热闹。一来二去，和那些经常在村里做道场的先生也就都认识了。

因为选题的缘故，2017 年寒假在家的时候，周边一有道场我准保出现，有时还比那些先生要到得早。一开始是家里人不理解，后来左邻右舍也开始说：“咦！这样一个读书人还喜欢搞这些迷信。”我说：“不是啊，道场融合了孝道思想、民间宗教信仰、民间曲艺、书法绘画、人情往来、邻里关系等东西，是民间文化的集合呀，怎么能用迷信一棒子打死呢？你看看村里现在有哪个活动像道场一样能把这么多人集合起来？哪个活动有道场这样多的形式？”他们觉得这个说法有点道理，也就不再说什么了。邻居们就是这么可爱，在了解了我的动机后，他们转而热衷于给我提供情报。“哪哪明天要打道场，你晓得不？”“怎么在哪哪的道场没看见你？”最后变成我要缺席倒成了不正常现象。

看完道场独自赶夜路回家

一次，我刚从市里大姑家吃完晚饭回来，邻居刘阿姨就过来给我报告消息：隔壁村走了一个娭毑，道场已经开始了。尽管已有几分疲倦，但为了对得起刘阿姨的这份热心，一看天还没黑，我还是决定去看看。背上相机，骑着自行车，直奔隔壁村。一进门我就熟练地跟先生们打招呼，散了一圈香烟后他们就给我让座，还要我坐近点烤火。我刚坐下，在丧家帮忙的师傅就端了一杯盐姜茶过来（家乡的喝茶风俗是白姜浸盐后跟茶叶一起冲泡），我刚把水杯送到嘴边，理事先生又递来了香烟。亡者是个九十多岁的老太太，已是四代同堂，从遗像上看慈眉善目，是个“喜丧”。我环视一周，发现有个新来的先生，年纪不大，一交谈才发现还是跟我初中同一届的同学，只是不同班而已。

因为道场已经开始了，我这没头没尾的记录也没什么意义。抬手一看表已经十点多了，我辞别了先生们就要回家。回家的路上没有路灯，一脱离了丧家通明的灯火，我就陷入了无边的黑暗中。尽管在来之前就带了头灯，做好了赶夜路的准备，但是刚从这样的一个环境中出来还是有点怵的。在晚上，越是熟悉的地方越会使人感到害怕，因为都知道有哪些鬼灵精怪，而这些又是从小所熟知的。反而是在陌生的环境里胆子会更大一点，因为没有这一志怪熏陶的前提。

我打开头灯，鼓起勇气骑上自行车就往前蹬，这时小时候在晒谷坪上纳凉时听大人们讲的鬼故事一个个地开始在脑海里浮现。刚才见到的那个遗像也变成了狰狞的白骨，我好后悔自己多看了那么一眼。头灯扫过的路面也不似白天那般平整，这里一个洞，那里一个坑，飘飘乎出现了很多和鬼故事里一样的黑影，我只好关了头灯捏着闸让自行车一点一点地往前溜。这时一阵风吹过，树叶沙沙作响，感觉旁边有千军万马在虎视眈眈地望着我。我只有紧紧地握着车把，死死盯住看得并不大清楚的路面，希望这风快点停下来。走到一个岔路口时我停了停，知道前面路边的菜园里有一座坟。人就是这样，越是暗示自己越是会按捺不住自己的好奇心，在经过那时我竟鬼使神差地往那瞥了一眼！这时只觉得风更大了，吹得更响了。也管不了那么多，我打开头灯，一路狂飙回到了家里，好半天才让怦怦乱跳的心安静下来。

留道人先生在自家过夜

过年前后，家里人说什么也不让我去看道场，只让我在家里老老实实待着。年后一个星期左右，村里一对年轻的夫妻出车祸双双离世了，这在当地引起了不小的轰动。这次除了看道场外，去灵堂坐坐，也算表达一下自己对这不幸的小两口的哀思。因为离家近，也因为那次夜骑的经历还让我心有余悸，这次我并没有骑自行车，而是打算散场的时候坐顺风车回去。做道场的还是原班人马，简单地寒暄之后，我就在灵堂边坐了下来。夜里下起了大雨，用塑料布遮盖的灵堂不时飘进阵阵雨滴，我一连换了几个地方才找到一块干燥点的落脚地。

男孩儿的母亲一直守在灵柩旁边，她已哭得没了力气，人也憔悴不堪。在这个出殡前的夜晚，她向道人先生表达了自己的担忧："我自己平时都不去这种死了人的场合，你们确定把我崽的魂魄都请出去了吧？到时晚上到处响可要不得，虽然是我崽，但我还是会怕的。”接着她又表达了一些疑惑：“其实你们也一样是凡人，人死了到另一个世界谁也说不清，你们说怎样就是怎样了。你说我崽他们还能生活在一起吗？能在那个世界生儿育女吗？”道人先生并不知道如何安慰这位失独的母亲，只是劝她要节哀。

当天的最后一场法事在零点结束，远道而来的几位先生都在为自己找寻过夜的地方。我那同学的师傅今天没来，他不可能这么晚了还去敲师傅家的门。他要回家的话，晚上只能休息三四个小时，而主事先生的家里已安排满了。见他正在为难，我说：“去我家睡吧。”回到家我就开始为自己的这一决定不安起来，现在还没过正月十五，家人要是知道我邀请做道场的到家里来过夜肯定会说的。前几日在外婆家，舅舅提议要给外公修墓，外婆就为舅舅在正月提起这个话题而不高兴。躺床上我就开始胡思乱想起来，想这可能带来的后果，越想越怕，翻来覆去睡不着。后来心想：“哎呀，他是我同学呀，叫同学到自己家里过夜有什么不可以的，真是自寻烦恼，同学，同学。”因为回家的时候已是深夜，家人都已入睡，第二天又早早地出门了，家人并不知道这件事。我提醒自己下次遇事一定要先过脑子再做决定，虽说自己无所谓，可是家里人还是会有想法的。

你明天一定要来啊！

在晚上大家安排如何过夜的时候，一位先生提出明天不来了，要主事的先生临时去请个人来帮忙送葬。一则道远难行，二则送葬也没啥技术难度，找个人打一副镲（钹）就行。这可让主事先生犯了难，这大晚上的上哪找个明天一大早就要用到的人去。主事先生一脸为难地望着我，问我能否帮这个忙。在得知这样做不会坏了他们的规矩后我答应了。见到我同意了，主事先生很高兴，然后补充道："这大雨你也看到了，这路上的泥巴你也看到了，明天可不能嫌困难不来呀。"我说："你放心，既然答应了，就算是明天下枪子儿我也会来的。"临了他还不忘嘱咐我："你明天一定要来啊！"

第二天一大早，我跟我同学准时出现了，我也拿着一副镲加入了道人送葬的队伍。主事先生告诉我要跟打锣的配合着，另一个执镲的先生拍一下，我就跟着拍一下，也因为见得多了，两下就上了手。由于道路太滑，在上山的最后一段，道人先生也顾不得履行自己的职责，都放下了手中的响器去帮抬柩的师傅出力。有在前拉的，有在后推的，在众人的努力下终于把两副灵柩都抬到了山上。下得山来，主事先生给了我一条手巾、一盒香烟作为酬劳，也作为辟邪趋吉的象征，最后还塞了一个红包到我手里，笑眯眯地说："这能保佑你发财的。"

后　记

经过几次观察，我对道场有了跟小时候凑热闹完全不同的体会。在盖棺现场，人们表现出的那种生离死别时的撕心裂肺、对离去亲人的不舍、对长辈抚育的感恩、亲情的自然流露，无不让人动容。丧葬道场，作为人生在世的最后一次重大礼仪，一直为人们所重视。慎终追远，视死如生，一直就是中华民族的传统。然而，近年来当地道场出现了一些不太和谐的现象。道人班子的

"市场化"运作倾向，让人们感叹今天的先生只知道要钱了，这一点也一直为当地人所诟病。盲目的攀比、地方戏剧团和管弦乐队的加入，使原本一天一夜就可以完成的仪式能持续三到四天，不仅惊扰亡者，更让生者也感觉像脱了一层皮。连续的仪式能让整个丧事的开销高达数万元，很多老年人都惊呼"自己要死不起了"。道人队伍本身也出现了青黄不接的趋势，越来越多的年轻人选择外出打工，没有几个人愿意去接触这门外表"晦气"的手艺。现在当地道人班子能出去做业务的不到十人，而正儿八经的"奏职"先生只有两个。如此种种，丧葬观念与丧事习俗的根深蒂固，使殡葬改革在当地还有很长的路要走。

被“放鸽子”，焉知非福

余　珍（西南民族大学）

荔波的冬天潮湿、冰冷，冷到似乎要把人冻僵硬了才甘心。但，冬天是个“做仪式”的季节，单就这一个原因就足以让我爱上荔波的冬天。由于没看过“补粮”仪式，听说寨子里的先生吴志才次日要到别处做这个仪式，渴盼能随之前往。可喜的是，先生答应了我的请求，约定让我次日凌晨5点随行。仪式当天凌晨4点我便起了床，裹上厚重的棉衣，迅速把事先准备好的摄像机、电池、移动电源放进背包里，再三检查需带物品后，坐在房间里等先生的电话。窗外的雨不知从何时开始下起，本就严寒的天气又因此多了几分寒意。坐在房间里，那种刺骨的冰冷让我瑟瑟发抖。好在，这冰冷的天气并没有掩盖我内心的激动与兴奋。

眼看和先生约定的时间一点点逼近，却迟迟不见先生打电话来。内心矛盾，又怕搅了先生的美梦。毕竟，约定的是凌晨5点，心想再等等又何妨呢。只是，到了5点20仍未见先生来电话，我便小心翼翼地打电话过去询问。接到电话，先生说：“我这边已经开始了，见雨大我怕你起不来，没有打电话，天太冷了，等到天亮了要吃饭的时候我再找人来接你。”原来，先生以为我是要去吃“祭品”。我究竟应该感谢先生的善解人意，还是该嘲笑自己的愚钝和被动呢。

天亮了，我下楼去吃早饭。我住的主人家惊讶不已，他们以为我早已随先生去了别的寨子看仪式。我将事情原委告知后，一家人笑不可抑。出乎意料的是，我被“放鸽子”的事件很快传到了家家户户，成了那几天寨子里热议的话题。我也因此成为他们口中“能吃苦”“勤快”的学生，她们因此更加明晰了我的来意。或许是因为“内疚”，自此之后，先生吴志才无论做什么仪式，都会提前告知我，并乐意我随行。村民若提前知道哪家要做仪式，也会悄悄地告诉我。意外之喜，也许正是田野的有趣之处。

我被“愚”了！

万华颖（中国社会科学院）

初入田野不久，恰逢4月1日，一个特殊的日子——愚人节。怎料想这西方传统的节日居然无声无息地飘来，融入中国山西省五台山常青学校这个乡村小学的生活中，我也经历了一次疯狂的集体欢腾，让熊孩子们给“愚”了一回。

在中国传统文化中，“尊师重道”的理念让学生与老师之间界限分明，平日里学生不敢追着老师，更别说是戏弄老师了。然而，孩子们清楚地知道自己在愚人节的“反日常化”的行为是被认可的，是合乎规则的，不会受到惩罚，这是此节日特有的文化意义。其实，我们可以运用人类学家维克多·特纳（Victor Turner）“地位颠倒仪式的阈限”的概念来阐述和理解此现象，即“社会结构中身份、地位较低的群体可对身份、地位较高的群体行使仪式权威”，原有的社会结构法则被打破，参与仪式的老师和学生属于平等的个体，所有的区分暂时消失。因此，愚人节这天，学生们抓住机会，充分行使其“弱者的权力”，尽情狂欢，“在情感上，没有什么比过激行为或暂时允许的禁止行为更能使人得到满足了”。

节日前一天，就有孩子告诉我：“老师，明天是愚人节，当心被骗哦。”听罢，心中一阵窃喜：熊孩子们，咱也是过来人，你们那些小伎俩怎能瞒得过我，看我怎么接招，谁怕谁啊。一边想，一边嘴上附和道：“好的，明天见。”

第二天一大早，刚到教室，孩子们就围在我身旁，眉飞色舞地描述他们被骗的经历。丽平说："早上有人对我说地上有一元钱，我就低头去捡，结果才发现被骗了。"婧泽说："去年愚人节，五年级的同学告诉我，我头上有只蜂，身上有蜘蛛，就信以为真，被吓到了；今年，又有人告诉我，天上有飞碟，地上有彩蛋，我找了找却发现啥也没有，才知道是被骗了。"……我的天啊，他们居然如此天真，这么幼稚的玩笑话也会当真。看着他们的表情，愤愤不平却又喜从心来，我不禁放肆地"哈哈"大笑起来。还有孩子，利用自己学习委员的职权来哄骗大家，上课铃一响，白羽大喊"老师来了"，全班顿时安静下来，后来才发现是一场骗局……

这一天，孩子们之间、师生之间、老师们之间互相哄骗，各显神通，以各种稀奇古怪、奇葩的方式来开周围人的玩笑，学校俨然成为一个大剧场、大舞台，大家纷纷登台表演。在学校的公共空间之中，孩子们互为演员和观众，体验被骗后的尴尬和骗人后的成就感。孩子们希望用语言和对老师玩笑似的嘲弄来控制、主导学校——社会大舞台，当一回"小大人"。他们奔走、追逐于办公室、操场，对老师围追堵截，耍出各种花招，老师中招后，即刻兴奋地献上"老师，愚人节快乐"，便呼啦一下跑开了。"校长，您的鞋带松了"，郑校长低头一看，才缓过神，"校长，愚人节快乐"，却不想熊孩子们早已笑作一团。此时此刻，教师的身份被暂时"悬置"，原有的师生结构被暂时"消解"，他们尽量配合孩子，平等参与、分享快乐，在轻松的嬉笑中，孩子的心灵和精神得到放松。

我当然也未能幸免，被一群孩子围着，叽叽喳喳，他们使出浑身解数，展示十八般武艺，想让我跳进圈套，我宁死不从。“老师，你鞋带松了”“老师，你头上有蜘蛛”……我都未中招，心想：你们的小把戏想把我骗了，还得修炼几年呢！当然还出现了点小意外，因为警惕性太高，导致真真假假，难以分辨，“假作真时真亦假，无为有处还有无”，一片伤心泪。英儒说：“老师，快看，校长在你后面。”我没有经过大脑思考就蹦出一句话：“又想骗我哦。”后来一看，发现校长真的在后面，太聪明看来也不是啥好事啊。

孩子们见我久久未上钩，有些许沮丧，发出誓言：“老师，我一定会‘愚’到你的。”在防不胜防的“战役”中，我屡次获胜，不禁喜上眉梢，得意起来。突然，一个念头闪过：我不是在做儿童的田野吗？导师曾说过，研究者在田野中，“不是一个君临他者的圣明的君王，更不是自以为是的智者”。对啊，要想融入儿童群体被其接纳，获得参与观察的资格和机会，若将自己定位在成人的视角，是无法平等与之对话的。我为何要和孩子们较真，何不将计就计，放下身段，顺着他们，被愚一次，那又何妨呢？

于是，当宇鑫再一次炮轰我：“老师，你反过头，后面有人。”我及时配合：“啊？真的吗？谁啊？”一边说着，一边故意夸张地向后拼命看，随后沮丧道：“原来我中计了。”孩子们被我滑稽的动作逗笑了。“老师，被骗了！哈哈，老师终于被骗了！”宇鑫得意地向全班同学宣布我中招的消息，其他孩子都跟着喊了起来：“老师，你被愚了，哈哈。”看着一张张充满童真的笑脸，我并不忍心揭秘，虽然我的一世英名就这样毁了，但赢得了熊孩子们的信任和亲昵，何乐而不为呢！

处于儿童的世界中，要想真正了解儿童社会的生活和文化，人类学者就必须亲自参与他们的游戏，不管衣服被弄脏，不顾自己大人的形象，和他们打成一片，倾听他们，理解他们。和其他莫名其妙被“愚”的经历不同，愚人节的我，心甘情愿地被“愚”了！

监守自盗

王　娜（首都师范大学）

夏天的早晨，天亮得很早，我像往常一样走进小学二年级的教室。自从他们升入二年级，我就每周都过去，已经和班里的孩子接触了两个学期，彼此之间也算有了一定的了解。

班主任坐在教室前面，手里似乎永远有批不完的作业和干不完的活，我上前打招呼，老师抬头看看我，点点头。孩子们正坐在座位上，准备今天早晨的语文百词竞赛，A4 纸大小的卷子，上面是“看拼音写词语”的题。班主任叫住我耳语道：“你坐在小涵旁边，一会儿考百词，她肯定不会写，她哪个不会你就告她，但是不要出声，周围还有其他同学。”说完递给我一把蓝色的小板凳，我放下包，坐在了小涵的旁边。监考老师进来发下了卷子，然后嘱咐：“拿到卷子的同学就赶紧开始写，时间紧。”我拿着一支铅笔，在一旁看着小涵，她以一副什么也不会的样子看着我。我内心非常纠结和矛盾。作为一个老师，怎么能在测验考试的时候帮助学生作弊呢，可是班主任又专门打过招呼让我帮助这个学生。一开始我只是提醒她某个字的偏旁是什么，可是她写了偏旁之后就等着我继续告诉她后面怎么写，我只好拿起笔在我的本子上写下完整的词。短短的一个晨检，我感觉自己像做贼一样心虚，门口还有转着圈进行考试检查的老师，如果监考老师看到我帮助学生作弊，那该有多尴尬，而我又该怎么解释自己的行为呢？我明明知道这样做无论出于常识还是出于职业道德都是说不过去的，虽然作为一个实习老师大家或许不会在意我，但这些都不是最重要的，我担心这个孩子以后会把自己底子差当作理所应当获得他人帮助的借口，我担心她会把作弊当成自己日后考试的常态，我担心她从此以后不再把规则放在眼里。可是，我如果对她置之不理又相当于让班主任很难看。在北京这样一个压力与竞争并存的地方，学生的考试成绩是教学成果评估的重要指标，对于一个来自外地的年轻教师来说尤为重要。因此，即便是这样一个小测验式的竞赛，老师也不允许有一个孩子成为最差的典范。在收卷以后，我特意对小涵说："今天这样不行，你回家后必须把这些词自己写会，用心记住，下次考试的时候才能写出来。"她虽然点头答应了，但最终是否会按照我说的做却是另一回事儿了。我只是想用这个看似真诚的叮嘱稍微减轻自己心里的惭愧而已。

并非一个人的田野

李　立（云南师范大学）

像马林诺夫斯基那样的人类学家往往把自己想象成孤独的英雄，认为到异文化中进行田野调查无异于一次冒险。然而，并非所有的“田野”都是孤独的“作业”。

我调查过的村落有两个给我留下的印象最深刻。一个在四川阿坝，是藏族村；另一个在贵州安顺，是汉族村。藏族村是我妻子的家乡，作为藏族女婿的我在那里做田野，别有一番情愫。同时，我是迄今为止第一个调查那个藏族村的人类学研究者，可谓一个孤独的田野作业者。

那个汉族村就截然不同了，第一次造访就让我震撼。村落中心的广场拉着醒目的横幅，横幅上书“欢迎民族学、人类学专家、学者来考察”。经询问得知，我来之前有国内著名学者在此开群英会。当地学者将我介绍给一个村民，由他安排我在村中的食宿。由于此前有数位调查者借住他家，且其中不乏博士，所以这户人家被戏称为“博士楼”。刚好我也是博士，就在“博士楼”下榻。

“博士楼主”——我的房东让我这个博士长了见识。他向我展示了人类学界数位大家与他在“博士楼”的合影，以及这些大家的签名、留言，并告诉我某人与自己称兄道弟，情同手足。我注意到有一则工作笔记上写着“欢迎中国学术泰斗大规模考察团动员会”，那是组织村民迎接学者到来而留下的记录。显然，他对田野调查这件事并不陌生，而且还询问我做何课题，准备如何做，有无调查提纲，并说等看了调查提纲后为我安排访谈人员。这一切均是我在那个藏族村调查时不可想象的。

最后，他请我在那个签名簿上签名、留言。我有些勉为其难地留下了自己的名字，并说尽管我是博士，但与签名簿上的人相比只是无名小辈，如何能跻身其中。“博士楼主”淡淡地说：“没什么，只要你努力，就对得起他们。”

躺在“博士楼”床上，我想象着前任们到来时的情形，试图找到他们留下的痕迹。我知道他们的存在，而且这种存在将变得越来越清晰。但是他们不知道我的存在，我在他们曾经存在过的地方存在着。他们更不会知道，给我这个后来人带来了一种潜在的压力，就像布鲁姆说的“影响的焦虑”。也许，我想得太多了。我应该进入一个没有他们存在的梦乡。

后来，我发现与我同在的不仅是上述前任们的痕迹，还有那些在邻村的调查者以及即将来到我所在的这个村调查的学者、博士生、硕士生。对于他们，我就是前任。

就这样，我开始了一次并不孤独的田野作业。

我与缅甸商人吴毛毛

贾超芝杉（云南大学）

第一次见到缅甸的翡翠商人吴毛毛是在昆明李大哥的店里，当时我正在跟李大哥聊天，忽然听到一句“大哥，你好！”转头一看，一位缅甸商人走了进来，头发锃光瓦亮，身穿略微发旧的衬衣和西裤，斜背一个电脑包大小的黑色挎包，他就是吴毛毛。当时的我还是个学生，为了调查商人群体，每次都尽量让自己的穿着稍显成熟。吴毛毛刚见到我，就很有礼貌地说了句“你好”。他边说边打量了我一番，似乎是在探寻我能否成为他的潜在客户。很“遗憾”的是，当天我背了一个手工布包，拿着的手机并非 iPhone，吴毛毛扫了一眼，也就没跟我提起“想不想买翡翠”的事情。

李大哥顺势向他介绍了我的研究者身份，吴毛毛对我说：“哦，你还是学生啊。”我点头笑了笑，便继续听这两个很久没见的朋友聊天。李大哥问他：“最近怎么样？”吴毛毛用夹杂了各种口音的普通话说：“生意好难做啊，自从中国的反腐政策出来以后，我们的行情就不太好。以前一早上打个电话，20 万、30 万就有了，现在一天都没有生意。”他指着自己的 iPhone 手机说：“以前我基本上两个月就换一个手机，用旧了就卖掉，重新买新的，现在都好长时间没有换了。我的这个手机号是 5 年前拿护照买的，花了 2000 多块钱，手机号里连着有 4 个 3。”

正说着，手机响了，他接到一个电话，听起来信号不是很好，跟对方说了几句缅语之后就挂掉了电话，他告诉我："这是我弟弟从监狱那边打来的。"我迅速捕捉到了这个敏感信息，想进一步把话题深入下去，于是赶紧问了一句："您弟弟是在里面工作吗？"问完的当下，我就后悔了。一旁的李大哥说："他弟弟坐牢了，当初贩毒、打架，判了15年，现在快要出来了，刚才是监狱里允许他们打电话的时间。他虽然是缅甸人，但是在中国犯了法，也要被抓。"一旁的我听呆了，刚才的猜想瞬间被引到了另一个方向，我感到很不好意思，但是吴毛毛看起来很平淡，自顾自地聊起了其他事情。

隔了几日，我再次去李大哥店里，看到三四个缅甸商人围坐在柜台前聊着天，而吴毛毛的手机几乎不曾离手，他总是不停地跟手机微信里的各种客户打招呼、聊天、谈生意。他看到我来了，抬眼打了个招呼，又继续埋头玩手机。一位来自云南腾冲的老板用微信语音跟吴毛毛问了声好，说欢迎他到腾冲去玩，吴毛毛也开玩笑地说："那你得帮我介绍一个漂亮的中国媳妇啊。"不一会儿，他又收到一条微信语音，是一位来自北京的女同行说希望他带着货（翡翠）去北京一趟。李大哥听到语音后，马上帮吴毛毛出主意："你就这样跟她说，如果给你来回机票和住宿的钱，你哪怕自己花钱买吃的东西，来回一趟也是可以的。但是如果没有这些，你来回跑，被放空炮就不好了。"鉴于李大哥之前给吴毛毛介绍过几单生意，他觉得李大哥说得很对，高兴地与他握了握手。

吴毛毛开心地笑着，环顾四周，注意到我这样一个"闲人"坐在旁边，除了看着他们，貌似也无事可做，就跟我说："Jorly，你听我的，做这个生意，赚大钱，你跟我们聊聊，多听其他人聊聊，慢慢就学会了。平时读书归读书，但是要多做做生意。读书最后出来去个单位，一个月 4000 多，就为最后退休政府给的钱，没意思。”我一时语塞，竟不知如何回答是好。吴毛毛又拿起手机对我说：“你来你来，我给你看看。”他秀出了自己与中国朋友的合影，其中包括三位在昆明开珠宝店的中国大妈，吴毛毛曾经在缅甸带她们看货买货，并收取了一定的佣金。看了照片之后，他又很自信地开始向我展示手机上新装的几个软件，他指着“滴滴打车”（“滴滴出行”的前身）说：“直接摁这个键，两分钟车就来了。”说完又指着银行客户端告诉我：“这是我在中国一个银行的朋友帮我装的，现在谁要买货就不用给现金了，直接转账就行了。”更让我吃惊的是，那几天微信小视频功能刚刚出现，吴毛毛就开始在朋友圈里发布展示自己翡翠的小视频。由于翡翠的种、水、头（评判标准）都需要在动态的情况下才能得到更好的呈现，因此对于利用手机微信进行商品展示的翡翠商人来说，小视频的优势大于静态图片，而这个功能已经迅速被吴毛毛发挥得淋漓尽致。

再过几日，我去药店买了一盒治胃病的中药丸，想着拿给前几天胃疼的吴毛毛，递给他的时候，他赶忙说：“谢谢啊，但是我只吃医生开的药，我这里带了，都是泰国那边的，我一般不吃中国的药。”我默默地把药收起来，放到包里。吴毛毛看到我从包里拿出手机，又对我说：“Jorly，你用什么手机？”我说：“华为的。”一旁的缅甸小哥说：“中国产的华为不错。在我们缅甸，华为和小米都卖得不错。”吴毛毛继续说：“在缅甸，我们买的都是泰国版或者越南版的 iPhone，我买的这个是美国版。中国的东西在我们那里卖得很贵，6500 块的中国版 iPhone，在我们缅甸要卖到 7000 块。”正当大家聊着尽兴，我也高兴地搜集了很多鲜活的资料时，吴毛毛半开玩笑地说：“你怎么不拿出来笔和本子记？”他看到我突然愣住的表情，忙跟我解释：“以前也有一个人来，说要写论文做调查，他也像你一样，就坐在这里听我们聊天，他拿着笔和本记，偷偷拿手机录音，没告诉我们，后来我们发现了，就不太好。”我连忙表明自己并没有带录音笔或者拿手机录音，又说：“如果我跟你聊着天，又拿着笔和本在这里记着，你可能会觉得不舒服吧？”吴毛毛笑着点了点头。我着实捏了一把汗，心里默默想着：跟这些高智商的人打交道，自己简直是弱爆了。以前的调查方法好像失效了，在这里并不能随意照相和录音，更不能自以为是地引导着调查对象说出自己想要的答案。在调查对象眼里，我不是一个学识渊博的高级知识分子，而是一个没有什么购买力的“穷学生”。可即便是这样，我依然得学会与吴毛毛这样的商人相处，发现他们的有趣之处。

聊着聊着，时间已经过去了两个多小时，吴毛毛收起手机，起身准备离开。临别时，他告诉我：“像我们做生意的就要人脉广，我没有时间多跟他们聊天，我还有事情要做。以前忙生意根本没时间聊天，现在生意不忙了，才能这样坐着跟你聊天。”说完，他拿上东西转身离开，看着他匆匆忙忙的背影，我想起了那句“天下熙熙，皆为利来，天下攘攘，皆为利往”。

动迁风波

祝何彦（辽宁大学）

变迁中的家乡，让我既熟悉又陌生，我也看到了家乡被城镇化浪潮冲击后的“人去村近空，人心不再稳”之景。但时隔多年，我又感受到了仍处于城镇化余温中的家乡重新建立起来的记忆秩序。我在惊叹时空的力量时，更感受到了民众在村落秩序重建中对集体记忆的重构过程。

我的家乡位于朝阳市周边的郊区，从乡村坐车到市区大约一个小时。村里有两千多户人口，但现今大约有四分之一的村民搬去市区居住，搬离的原因主要是年轻人因结婚而进城买房。大部分村民原本主要以务农和打零工为生，现今由于占地，村民在耕地上建房、种树、挖井，土地被严重破坏，村民基本放弃了耕种，多以打工为生，一年的劳作基本能够维持家庭收支。

家乡的生活原本安宁、平静，随着城郊开发力度的加大，处于城郊的家乡在八年前也卷入了城镇化的浪潮之中，政府开始了在村子里征用耕地建设工业区、修建高速公路，占用住房实行乡村改造等活动，随之而来的是村落空间样貌、村民的生活方式以及民众对乡村生活记忆的巨大改变。

缘由

八年前，村落传来占地的消息，在靠地吃饭的村民们心中，土地就是一家人生存的根基，即使年轻人不再愿意耕地，但老一辈人也不愿意放弃一直赖以生存的土地。村里的领导给各家各户做工作，说每亩地可以分到一万多元，这笔补偿金在当年已经是一笔非常可观的收入了。随着楼房被吵得火热，楼价不断攀高，村里逐渐流行结婚要在市里买楼房的风习，于是人们便开始盼望用土地补偿款给家里的孩子在市里买房娶媳妇。村里迅速掀起了改造土地的热潮，村民们放弃了田里的劳作以及临时的零工，甚至雇人帮忙在地里挖井、栽树、盖大棚、盖房子，都盼着占地测评时可以多评估出一些地上物，多分得些补偿款。

但是后来只有一部分土地被占用了，村干部解释说没被占用的土地暂时不在规划范围内。由于之前对土地的破坏太严重，已经不能再拆掉大棚、房子去耕作。占地事过半年左右，村里的一位中年妇女王某意外掉进了耕地中没有保护措施的机械井里被摔成了重伤，大家对漫山遍野多如地鼠洞的井更加恐慌，非必经谁也不会去地里了，土地也荒废起来。

在占地事情过去一年多之后，村子里又下发了占用住房的通知，这一消息在村子里炸开了锅，村民看到盖着公章的征地通知都不再去辨别动迁的真假，而是开始筹划怎样能多分些拆迁补偿款。即使村里下发通知不允许私自建设，但是村民们仍然紧锣密鼓地在自家院里盖房子、挖井。在禁止建设管理较严时，一些村民还在晚上动工。于是大约过了一个月的时间，村子完全换了一个样貌，家家户户的房顶上都盖起了蓝色顶、白色瓦的二层彩钢房，将下面的房子都罩在里面。大家的生活就像回到了原始时期的窑洞中，各家都点起了长明灯。村民也像在耕地里打井一样，每家几乎都在院子里或者院子外能挖井的地方多挖了一口井，挖井跟盖房子是村民能想到的多获得补偿的唯一方式，也是他们最后又最单薄的后半生的保障。

房顶上的二层彩钢房　　（祝何彦 摄）

大约三个月过后，测量工作结束了，但谈完价格之后却因为补偿款问题以及没有项目为由而中断了动迁事宜。一个月、一年、两年、三年过去了，期间村民们多次组成上访小组去市里上访，去省里上访，去北京上访，但都无疾而终。开始村民每天都特别关注动迁的消息，听到说这次是真的要动迁了，整个村子都有一种紧张又夹杂着喜悦的氛围，但每次都以希望落空为结果。由于长期风吹雨淋，有一些彩钢房已经腐烂了，有的村民仍然生活在黑暗之中，屋里由于长期不透阳光而弥漫着浓浓的霉味。

谣言

动迁风波过去三年了，由于院子无法进入阳光，村中很多人家都将主房上腐烂的铁瓦拆除，房顶成为晾衣的空间。这一年村里的一位中年厨师因为上房晾晒被子不慎从梯子上滑落而意外去世。由于村里办红白喜事都会在家操办，所以几乎全村村民都与这位厨师有交往。在他的葬礼上，村民在为这位同村人惋惜的同时又掀起了抱怨动迁的风波，村民将中年厨师去世归咎于搁置的动迁事件上，抱怨动迁让大家每天都生活在黑暗之中，抱怨多次上访的无果，抱怨官员的无所作为，抱怨没有土地可种，抱怨外出打工的艰辛，抱怨仍然不愿接受的事实，希望回到动迁之前的乡村生活等。

但时隔一年之后，去世的中年厨师的邻居因为突然发现的癌症去世，而邻居的女主人就是之前掉入机械井中受重伤的妇女。没过多久，两家接连遭遇的不测被人们传为“龙神动怒”的谣言。人们相传：“这两户去世的人家是触犯了龙神，龙神降罪于他们，所以收了他们的命。”据了解，村民说的触犯龙神是因为这两户人家位于村子中心的一条东西走向的路旁，而这条贯穿村子的路不知是被谁称为龙神的。村民说，触犯龙神是因为他们每家都在院子外面打了一口井，据说这口井打在了龙脊上，所以龙神降罪于他们。这个说法一时间在村子里沸沸扬扬，联想起两户人家的不幸遭遇以及动迁所打的井，人们都对此深信不疑，认为是动迁破坏了村子的风水，所以全村都开始陷入惶恐之中，怕龙神降罪于自己家，于是村子里看风水的风气又开始流行起来了。

集体记忆重建

时隔八年，占地风波逐渐归于平静，村子里像是突然少了很多人，午后或夜晚左邻右舍聚在大树下拉家常、打扑克的情景几乎没有了，动迁消息已然成了村民经常提起的重要谈资，仿佛紧张与抱怨占据了生活的重心，多年前虽不富裕但仍然充满悠然和谐氛围的乡村随之消失了。

谣言中的龙文化是人们对传统信仰中敬畏神灵的记忆再现，村落谣言的传播实质上是一种集体记忆的构建过程，是在内在的文化基础上通过事件、时间与地点的相遇唤起集体的文化记忆，又因地方的社会变迁而引发的集体对文化记忆的重构过程，是民众在自身村落秩序被破坏后重新建构村落秩序，重新建构集体记忆与找寻集体认同的过程。

村落城镇化背景下，谣言的产生、传播以及村民集体对谣言的反应揭示了乡村社会的变革问题。在占地背后，村人由不愿弃地转变到想要摆脱土地，因为土地从当初的完整到后来的千疮百孔，表面上是村民自己造成的，但真正对村落产生变革影响的却是潜移默化的社会转型。社会转型带来的不仅是金钱上的问题，而是人们逐渐在社会变革中，如何记忆过去、如何建构现实、如何在城市与乡村的张力下找到归属的问题。

第四部分 八荒

《过秦论》曰“并吞八荒之心”。所谓“八荒”指东、西、南、北、东南、东北、西南、西北八个方向，有“天下”之意，追随人类学工作者的足迹，某种意义上就是以脚步丈量“八荒”之阔。

隐秘的城堡

张　帆（四川大学）

许多田野中的事情，都是后来才明白的。

2003年，为了完成硕士论文，我以汉族的亲属制度为主题在华北高村进行田野工作。一天晚上，我到邻居家，看见邻居正坐在院子中的矮桌边吃晚饭，他老婆站在院门旁边，两人的距离有五六米。天已经擦黑，我跟他们说了几句话就离开了。后来我才知道，在我进门前的几分钟，他们老两口正在吵架，房东一生气把饭碗扔出来砸向他老婆，那只碗当时就落在我脚边不远处。碗没碎，米饭撒了满地。他老婆之所以站得离他那么远，是担心他再次发飙。

时隔十多年，这件事我还能不借助任何当时的笔记回忆起来，好像又回到那个暮色四合的夏日傍晚，回到表面上夫妻和睦、暗地里却怒涛汹涌的农家院子。之所以记忆深刻，是因为这件事在后来的田野工作和研究生涯中一直提醒着我：我们看到的很可能不是事情的全部。如果不能把握真实的事情本身，也就谈不上理解和研究。

有些事情是因为生活经验不够。特别是对一个本科毕业不久，从未离开学校，又很少做家务的人来说。

北方的冬天寒冷彻骨。在高村，我自己住过一段时间，一个人睡在一盘土炕上。睡觉的时候会用电热毯，白天不用，屋里很冷。我尝试过自己烧炕，因为小时候在家里也睡过土炕，觉得似乎没什么问题，可是实际操作起来，除了满屋浓烟，一点也没感到温暖。我站在屋里，手足无措，想不出问题出在哪儿。这时邻居的嫂子看见我屋里冒烟，以为着火了，进屋一看，提醒我说，可能是炕膛里的积灰太多，所以不着火，只冒烟。我便从炕膛里掏了一些灰出来，取暖工程还是没有起色，只好放弃。

我还炒过几次土豆丝。不过我一直搞不懂为什么土豆丝到了锅里都死死地粘在锅底，不仅炒的时候费力，洗锅的时候也非常麻烦。后来毕业工作了，经人指点才知道，是因为土豆丝没有事先泡水。

还有些事情是因为没有掌握高村的人际关系网络。

田野工作初期，我要挨家挨户做家谱，记录每家各代人的姓名、生卒年、婚姻关系和生育关系。有一段时间，房东大叔经常在晚饭后主动带我去走访不同的人家。后来我才知道，他除了热心，还有一些私心。一来是希望我早点做完早点走，二来是去串联，因为那时正在进行村委会选举，他带我去的人家都是可能和他成为盟友的亲族，要共同推举他们的候选人上位。

也有一次，我推门走进一户人家做家谱，主人提出来要看我的身份证。我解释了半天我的身份和工作，他仍然不为所动，无意聊天。后来才知道，他在故意为难我，原因是和我的房东一家关系不睦，在村委会选举的紧要关头更要立场鲜明。

对于研究者而言，身处此山而不识庐山真面目的情境常发生在对制度化行为的理解之中。有些理解往往发生在田野工作结束之后。

2009 年，我的硕士论文出版成书。在修订书稿的过程中，我突然想起了一个结婚随礼的案例。通过由本村某人决定出席外村表侄婚礼的代表人物和礼金分配等一些细节，我给出了“一家子”这个对外而言汉族最小亲属单位的边界。我在硕士毕业之前并没有意识到这个案例的重要价值。在硕士毕业 4 年之后的一个凌晨，真正从整体上思考田野的材料时，突然灵光一闪，获得了一个期盼已久的进展。

与此相关的一个现代城市中老公拿钱贴补农村弟弟的故事，也加深了我对汉族家—房结构的理解。我开始意识到，书中冷静表述的这个亲属结构，给一个作为独生女的妻子所带来的痛苦。她的故事也已经增补进我的书中。

高村流传着两句关于女性的谚语。一句是“再孬的妮儿有个准儿，再好的小伙打光棍儿”，另一句是“不吃娘家的饭，不住娘家的房”。2007 年，中国的股市下跌，房市上涨，直接受影响的就是婚恋市场。当时网络流行语说：女追男，隔层纱；男追女，隔她妈。人们都说，是丈母娘推高了房市的刚性需求。丈母娘对男方房产和经济实力的要求，正是汉族文化的传统要求，和第二句谚语是遥相呼应的。而关于剩女和剩男的讨论则提示我，在城市中，汉族的亲属制度正在发生着某种变化。第一句谚语看起来已经失效，但也给了我们理解所谓剩男剩女问题的钥匙。剩男问题主要是一个经济问题，剩女问题是一个自主性的问题。社会压力在结婚必要性和结婚年龄上的松动，突出地体现在女性身上。二者都不是简单的人口性别分布的事。

即使在经过修订的书中，我也没有写高村的房屋和居住安排，这是一个巨大的疏漏。直到 2016 年我博士毕业当了老师以后，经过学生提醒才发觉。疏漏的成因，在于我对汉族的居住格局早就没有新鲜感了，虽然田野工作的提纲和最后的论文中都列出了居住制度的条目，但并没有具体内容。事后思之，居住安排至少体现了分家与没分家的区别。高村的房子一般都是朝南的五间平房，中间是堂屋，东西两间是卧室，外侧两间是厨房和储藏室。没分家时，老人在东屋，小夫妻在西屋。分家后，老人被轮流赡养，在儿子家都是住西屋。类似如今我们熟知的主卧和次卧的概念。

我在高村独居的冬天，每天晚饭以后，我都会把土炕上的电热毯插上电，穿着厚外套，盘腿坐在毯子上，再把一床被子披在身上。面前是一个大号的塑料收纳箱，权作书桌，桌上一灯萤然。就是在那个书桌上，我通读了《战争与和平》《城堡》《不能承受的生命之轻》等文学名著。人类学家就像卡夫卡的《城堡》中的那个土地测量员 K，一直无法顺利进入城堡，好像人类学家若想走进本文化和异文化的隐秘地带也并非一路坦途。

人类学家一直在寻找埋藏在地层之下的化石标本的本来模样。

那个普通的华北村庄和更长时段的历史、更广大的世界紧密地联系在一起。离开田野之后，那个世界的秘密才开始在我的面前渐次展开，像一幅卷轴画。攻读博士学位期间，我利用高村田野的研究基础，写了一篇论文，解读南宋时一件分产案的书判。日本学者滋贺秀三的《中国家族法原理》是我在高村做田野的主要参考书，也是写作这篇论文的论辩对象。在这篇论文的写作过程中，我试图发现南宋那位法官真正的分产办法。绞尽脑汁，日思夜想，甚至在梦中见到了滋贺秀三，不过他没有说一句话。对于汉族的亲属制度来说，不同的是，我们永远无法看到那幅卷轴画末尾作者的签名，连在梦中讨教文化城堡终极秘密的机会也没有，只有依靠研究来步步推进。

当我们拜访过田野中的城堡以后，会不由自主地维护城堡的本来模样，维护人类学田野调查的核心价值。

在以我的硕士论文为参考书目的课堂上，有学生提出，书中过分强调了谚语的重要性，不如去参看相关的史籍。可是，如果历代史家果真能告诉我们一切，人类学家又何必多此一举，亲赴田野去寻找、去发现呢？

我在高村还见识了当地民政局为执行火化政策，挖坟抢尸的场面。开棺见尸的事情在悬疑类的美剧中比较多见，而在现实中估计我只有这一次机会了。硕士论文出版时，责编对挖坟一段提出疑问，说我们出版学术著作，不是媒体报道政府的负面新闻。我对编辑说："从人类学的角度来说，这是一次文化冲突。我只是忠实地记录了这种冲突的过程，这是人类学家的职责。在我眼里，这是文化变迁的节点，不是负面新闻。"编辑被我说服了，所以读者现在可以在《血浓于水：华北高村汉族的亲属制度》一书中见到挖坟这一段的惊悚描写。后来出现的河南周口"平坟事件"，也让我明白，这种文化的冲突是要撕破传统价值，使其让位于当地一时的政策。

高村人有一句话评论女性改嫁："好女不嫁二夫男，好马不配双鞍鞴"。编辑建议改成"好女不嫁二夫，好马不配双鞍"。我对编辑说，改后一来不押韵，二来原句的地方特色就没了，变成了大路货。而地方文化的特色正是人类学所珍视的。责编很不高兴，似乎如果什么也不改，就不能体现编辑的价值，但最终还是接受了我的意见。我也愿意把这个花絮看作是田野调查对一般性民俗表述的胜利。

我在高村领略过为治愈儿童无端生病而举行的送鬼仪式，在硕士论文中没有深究，但引出了我博士论文田野工作的主题。那时，我来到贵州的大山中，尝试走进另一座文化的城堡。北方人擅长做面食，那些用灶火蒸出来的大馒头，底部一层焦黄，一度是我在高村每周的精神支柱。离开高村以后，我再没吃到那样的美味。

城堡的丰富性和吸引力远不是一次不足一年的田野工作能够穷尽的。一个人要穿越多少座城堡，才能被称为人类学家？

在卡瓦格博神山下

杨福泉（云南省社会科学院）

卡瓦格博，意为“白色的雪山”，藏语又称之为“念青卡瓦格博”。[①]这个云南最大的神山，相传是藏族聚居区的八大神山之一，它也是我心中永恒的圣山，我自 1991 年以来，6 次来朝拜过它，其中 3 次是在飞来寺遥遥祭拜，有 3 次来到了神山的明永冰川下，触摸了这座圣洁的神山。卡瓦格博神山也是“茶马古道”的必经之道。

卡瓦格博神山远眺　　（杨福泉 摄）

① 从 20 世纪 50 年代开始，出现了“梅里雪山”这个译名，其意为“药山”，原指德钦县佛山乡境内从鲁瓦到溜筒江之间的一段山脉。

在这座神山脚下，我思考得最多的，是从 1991 年我首次到德钦开始，就不断地围绕着我的德钦之行的一个焦点：1991 年年初的那场震惊中外的登山山难，17 个中日登山队队员全部罹难在卡瓦格博山上，无一生还。而这场山难，引发的是不同文化观念和信仰的冲突，以及体育和文化精神的碰撞。

卡瓦格博海拔 6740 米，在横断山脉“三江并流”的腹地，是云南的最高峰。神山下的明永冰川是一座大陆性低纬度冰川，它从海拔 6000 多米的雪山穿越山腰的茫茫森林，一直延伸到 2000 多米的江边。

我 1991 年首次到德钦县进行田野调查，沿着澜沧江一路往前走，经过很多村子，和本地的藏民有过不少交流，而一路上，当地老百姓和各级干部谈论得最多的，是发生在当年（1991 年年初）卡瓦格博神山上的那场最终以大悲剧告终的中日登山队的浩劫。

这支登山队，由中国和日本联合组成，主体是日本京都大学登山队。日本京都大学登山队是日本实力最强的一支队伍，据说有着日本多家财团的资金做后盾。1990 年组成的中日联合登山队，他们称之为“学术登山队”。日方有 12 名队员，其中三分之一以上的人都有 8000 米以上的登山经验，并配备了最先进的卫星云图接收仪器，日方队长是日本京都大学防灾研究所的专家井上治郎；中方队员共 30 人，其中参加登山的 6 人，队长是中国登山家宋志义。从 1987 年至 1990 年，登山队用了两年时间对卡瓦格博进行了一系列的地质学、动植物学以及气象学的考察。

而当迪庆藏族自治州德钦县的藏民们知道了这些不断来德钦的人就是中日联合登山队，并想攀登他们的神山“卡瓦格博”

后，非常反感。我在1991年和1997年两次沿着澜沧江到德钦调研时，很多村寨的群众和僧人都告诉过我，他们都参与过反对中日登山队登卡瓦格博的行动，有的阻拦登山队的行程，登山队出钱“买路”，但群众即使给钱也不干，他们觉得攀登神山，就是亵渎了他们心中神圣不可侵犯的神灵。

在争议中，中方登山队的负责人和德钦县政府的领导不断做藏民群众的工作，日本方面又将德钦政府的官员邀请到日本去访问，其目的就是要协调好双方的关系，以便他们完成登上卡瓦格博这座处女峰的壮举。我理解这些登山壮士的一腔豪情，就如流行在他们中间的那句名言：“山在那里，所以我要攀登！”而对德钦的藏民来说，神山是他们的灵魂和生命皈依的圣地，怎么能这样亵渎。而最关键的问题就是，登山家们可能还从来没有考虑过，一座他们梦寐以求要想征服的雪山，在千百年来，却与当地民众生死相依，与他们的生命和信仰不可分割。他们在举步登山前，是否应该思考一下尊重本地民众的情感、信仰和文化传统的问题。

我记得德钦东竹林寺的活佛舍孜·丹增确佩在一次讨论卡瓦格博神山的会议上曾经这样说，根据藏传佛教的教义，卡瓦格博就像一个人坐着一样，膝盖以上是不能上去的，卡瓦格博高6740米，禁登区大概在4000米以上。多次在迪庆听高僧和老人讲起，卡瓦格博神山上所有的野兽，都是卡瓦格博山神的家畜；所有的树木，都是卡瓦格博山神的宝伞，禁忌猎杀和砍伐。但人活着就需要资源，为了解决既保护神山又满足人的生存需要的矛盾，当地的藏民在历史上早就形成了一条“日卦”（意为封山）线，即依海拔高低、距村庄远近等标准，为每一个村子的山林画出一条线，这条线以上为封山区，禁猎禁伐；这条线以下为资源利用区，既可打猎亦可伐木。

据我的同事郭净等人在卡瓦格博山脚的明永村和雨崩村的调查，这两个村的“日卦”线大体在海拔 3000 米～ 3400 米，当地居民规定：禁砍主要神山的树林，山上的一草一木也不可以动，否则山神会怪罪；其他的神山，可以去砍一些烧火和建房用的木材，但不可乱砍，而且山上的木材不允许出售到外地，否则罚款。对这座神山有如此崇敬之情的藏民们，可以想象得出，当他们听到日本人要来攀登他们的圣山，而且要登顶“征服”它，不啻是亵渎了他们心中的日月。

而可惜的是中日登山队的壮士们，没能深刻地思考一下这样的问题，就开始了他们心目中的壮举。我国政府有关方面可能也是基于中日友好和促进未来的合作等思考，同意了 1990 年的这次联合攀登。

1990 年冬天来临之时，经过两年多的准备，中日联合登山队在周密调研之下，制定了新的攀登路线。这一次，他们踌躇满志地要登顶。据说登山前，中日登山队还在卡瓦格博神山对面的飞来寺前举行了一个盛大的出发仪式，日本队员们还带上了在日本出发时当地寺庙送的护身符。

我在德钦听当地藏民讲，当登山队开始登顶那天，很多的僧人和藏民聚集在飞来寺那里，不少人诅咒着登山队，各种各样的民间传说，使这次登山充满了一种有些宿命的、神秘的色彩。

据后来的报道，1990 年 12 月 28 日上午 11 时 30 分，突击队的 5 名队员接近了主峰背后的山脊，到达了 6200 米的高度，这是卡瓦格博从未有过的攀登高度，三号营地的队友得到消息，敲盆敲碗地为即将到来的胜利而欢呼。然而，就在这个时候，天气骤变，乌云翻滚，大风呼啸，突击队不得不放弃登顶之举，在山上宿营，准备天气一好，再最后冲刺登顶。

而从29日开始，暴雪突至，天地迷茫，登山队的登顶日期不得不一再后延。直至1991年1月3日晚上，山上山下还仍然像往常一样通过对讲机聊天。据说，直到1月3日22时30分的通话中，山上的队员还在抱怨：这雪究竟要下到什么时候才停止，新雪已经有1.6米厚了，差不多超过人了；大本营的队友还提醒山上的队员要每隔两个小时就清理一次帐篷周围的雪。

1月4日一大早，大本营的队员张俊醒来后，感到四周出奇的安静，已经7点半了，居然没有听到山上的对讲机的声音。往常，山上的队员起得很早，五六点就开始吵他们。他打开了对讲机，对方没有声音。半个小时过去了，对讲机的那头还是异样的安静。起初还以为他们睡懒觉，但随着时间的流逝，大本营的工作人员开始紧张起来，所有人都拿着一部对讲机不停地向山上呼叫。三号营地的17个人，都是很有经验的登山者，而且17部对讲机不可能同时出问题。接下来便是中日方倾尽全力的营救，但最终没能挽回厄运，17个登山壮士，就这样永远地被埋葬在了卡瓦格博雪山上了，这是人类登山史上非常惨烈的一次山难。

我1991年7月到了德钦的飞来寺，从这里可以眺望面前的卡瓦格博峰，神山云遮雾罩，偶尔露出一点雪峰，随即又隐匿在厚重的云层后面。飞来寺附近，立起了一座纪念这17个登山壮士的纪念碑，上面镌刻着17位中日登山队队员的名字，他们的骸骨，无一能够收回，都被埋葬在了雪山上。

一路听到了不少藏民对攀登卡瓦格博神山非常反感的情绪和言论，我深切地感受到藏民对这座神山的崇敬之情。过去，人类常常把登上一座山的顶峰说成是“征服了山”，我觉得非常可笑。在中国，过去受“人定胜天”观念的影响很深，人类不自量力地在大自然面前所表现的狂妄自大和虚荣，常常会导致悲惨的结局。如果说人以自己的渺小之躯挑战大自然还多少表现了一种英勇悲壮的精神，还值得嘉许外，我感到像登顶卡瓦格博神山之举，它已经牵涉了一个是否尊重当地民众的信仰和民俗的问题，这座山是他们的至尊，那登山者是应该尊重世世代代与这座山相依为命的藏民的感情呢？还是要一味地由着人类的某种征服欲望和虚荣心，无视别人的感受而一意孤行呢？

我认为登山者应该尊重当地人的信仰和意愿。我的家乡也有玉龙雪山这座纳西人的神山，丽江地方政府很明智，多年来一直谢绝任何登山者企图登顶的要求，它至今依然是处女峰，我因此而感到欣慰。

据说1991年年初卡瓦格博山难后，在接下来的几年里，中国登山协会仍然接到了许多国家和地区的登山申请。对于登山者来说，雪山只是一个高度和海拔，攀登一座从未被征服过的山峰，在他们看来是足以让人热血沸腾的挑战，尤其是在这座山峰发生了登山史上著名的山难悲剧之后。据说出于对死难者的同情，云南省为京都大学登山队保留了五年的首登权。1996年是首登权期限的最后一年，京都大学登山队再次进入卡瓦格博。而这次登山使得争论再次升级。卡瓦格博山下很多村寨的村民以他们的方式捍卫着神山的庄严。有些村庄的人全部下山，有躺在路上的，也有躺在澜沧江桥上的，他们想告诉登山队，如果要攀登卡瓦格博神山，那就先从他们身上踩过去。

然而 1996 年中日联合登山队再次克服了一切藏民的阻力再次登卡瓦格博，但这次登山还是失败了。这也更刺激了登山壮士要征服这座山的激情，而围绕它的争论也越来越激烈，争论的焦点是：登山是否需要尊重当地文化？山峰除了自然属性，是否有文化属性？登山除了海拔高度，是否存在文化的尊严？

鉴于广大藏民对攀登卡瓦格博强烈的反感情绪和反对意见，德钦县和迪庆藏族自治州政府也在重新审视和思考攀登卡瓦格博这一行为，最后坚定了禁止攀登卡瓦格博的决心。

1999 年 12 月 24 日，《中国青年报》刊登了一篇短文，标题是《中国人将攀登梅里雪山》，文章称：在 1999 年与 2000 年这个世纪之交，由中国人发起、以中国最优秀的登山家为主体的梅里雪山登山队，已确定好路线，将在近日出发，对我国云南省内闻名世界的梅里雪山主峰——卡瓦格博峰，做出 20 世纪末最强有力的一次冲刺。该文还称指挥本次梅里雪山冲顶活动的是西藏最优秀的世界级登山家仁青平措。

这个消息再次惊动了云南的藏民和很多关心卡瓦格博的人士，以及云南省和迪庆藏族自治州各级政府。报载，云南省体委等有关部门提出异议，云南省政府也给西藏自治区政府致函交涉，认为梅里雪山三分之二的山体在云南，所以攀登梅里雪山有必要事先同云南方面协商，并征得当地信教群众的同意。经过激烈的争论和交涉，最后，在国家体育总局、国家民委等部门的协调下，决定暂缓梅里雪山登山活动。

接着，在 2000 年 4 月，当时正在和云南省人民政府合作进行“滇西北保护与发展行动计划”项目的美国大自然保护协会

（TNC）和迪庆藏族自治州和德钦县的政府联合，在梅里雪山下的德钦县召开了“梅里雪山保护与发展国际研讨会”，30 多名中外各种专业的知名专家以及当地干部、活佛、社区群众代表参加了这次会议。我当时是美国大自然保护协会（TNC）云南项目的文化顾问，也参加了这次会议。给我留下深刻印象的是，在参与性的讨论中，当地藏民所表现出来的对卡瓦格博雪山那种深沉的信仰和情感。而且，后来卡瓦格博等“三江并流”地区被评为“世界自然遗产”以及后来蓬勃发展的朝拜卡瓦格博神山的旅游，都证明了这座山对广大游人的吸引力主要在于它的神性、信仰的神秘性等因素，而它的外观之美不是最主要的因素。

根据与会代表的倡议，我和藏学家王晓松、民间环保组织“绿色高原”的史立红 3 个人受大会的委托，起草了一封写给当时的 ××× 副总理的信，这封信表述了这样的意思：

尊敬的 ××× 副总理，我们是参加于 10 月 11 日至 14 日在云南省德钦县召开的“梅里雪山保护与发展国际研讨会”的代表。梅里雪山因其独特的以藏文化为核心的多元文化、保存完好的自然生态、丰富的生物和景观多样性的价值而不仅成为中国的，也成为全人类的重要的文化和自然遗产。在这次会议上，保护梅里雪山成为与会者的共识，禁止攀登梅里雪山也成为所有与会者关注的焦点。梅里雪山是藏族地区著名的神山，在藏族同胞的心目中有崇高的地位。我们不断听到当地群众代表、宗教界人士、政府部门代表和学者的强烈呼声：不希望任何国内外登山者来攀登他们心中这座至高无上的神山。1999 年底，德钦县人民政府曾向云南省人民政府和国家民委递交过要求劝止梅里雪山登顶活动的请示。希望我国有关部门能按照国务院曾经做出的正确决策来执行，并敦促有关部门尽早公开宣布梅里雪山为中国境内的禁登山之一。

这封信经全体与会代表签名后，请全国政协常委、“自然之友”会长梁从诫先生转交国务院领导。我后来看到了全国政协2001年9月24日对梁从诫转交的这封信的回函，提出会议代表关于“建议宣布梅里雪山为禁登山”的重要意见，已专报国务院有关领导同志，国务院有关部门就此事进行了专门研究，并与相关省、州、县进行了协调，现在各方面已达成共识：鉴于缺少法律依据和国际先例，不将梅里雪山宣布为禁登山；但考虑到有关情况，将继续暂缓攀登梅里雪山。①

这次会议后不久的2001年，德钦县人大常委会正式立法，禁止任何登山队再攀登这座永远的神山，这可能是中国乃至全世界唯一一座因为神圣而禁止人类攀登的山，是一个创举，云南德钦县在尊重本地神山文化的举措上率先走出了具有历史意义的第一步。

2002年6月，我再次随同滇川藏三省区的“茶马古道”联合考察队，来到了卡瓦格博神山下，我们骑马而上，来到海拔3000米的明永冰川观景台。迪庆藏族自治州旅游局局长阿哇告诉我们，3年前（1998年7月18日），在卡瓦格博明永冰川下面逐渐发现了15具当年罹难的登山者的尸体，还有衣服、照相机等物件。不少遇难者的遗骸都没有了头，有的只有被风干了的半个身体，搬到山坡上见了阳光才慢慢软下去。

---

① 参见杨福泉：《怀念梁从诫先生——回忆梅里雪山下的一段往事》，杨福泉新浪博客 http://blog.sina.com.cn/s/blog_48a464120100mfcr.html，《自然之友通讯》2010年第6期（总第71期）《纪念梁从诫先生专辑》。

我后来又多次来到卡瓦格博神山下，有几次深入卡瓦格博山峰下的明永、雨崩等村落进行调研，看到了朝山者在雨崩的神瀑下虔诚地祈福、漫山遍野的经幡在风中飞扬的壮丽景象。越来越多的朝山者来朝拜卡瓦格博峰，这里大多数是藏民，但也有很多来自山南海北的游人，越来越多的人接受了本地人对这座山所保持的神圣观念和信仰，怀着敬畏敬重之心来朝拜这座神山。与此同时，在日益发展的旅游洪流之下，来朝山的和来旅游的人越来越多，这座神山也面临着垃圾污染，面临着如何保持神山的生态环境不因为过多人的进来而受到影响的诸多问题，这里的原住民和管理者，正面临着新的考验和挑战，这座神山未来的命运，也期待着更多的人来关注和呵护。

旅行的意义

唐晓春（清华大学）

“旅行是空间、时间和社会阶层结构的转变。”在2006年为期6个月的基诺族田野调查中，两段尴尬的经历，让我时时反刍克洛德·列维－斯特劳斯在人类学名著《忧郁的热带》中写下的这一名言。

第一段尴尬遭遇起源于摩托车后座。凡在交通不发达地区做田野的人类学专业的学生也许都依赖过这种交通工具。崎岖路况、骑者差强人意的车技、酗酒、飙车，都会强烈地刺激搭乘人的肾上腺。《北冥有鱼：人类学家的田野故事》的读者可能有所了解，摩托车后座的女性人类学者还面临着另一层伦理风险。在大多数乡村地区，即便是风气比较奔放的少数民族人群中，在公众面前与陌生异性近距离接触，多少会招致一点联想，如果频繁地共乘一骑，几乎可以默认为对某种亲密关系的宣告。

我的第一位田野骑士是个20岁左右的基诺族小伙子Z，他在版纳景洪市里念完职高后回乡赋闲。他的父亲V在基诺乡政府供职，是位个子不高、长相憨厚的族人；他的母亲则苗条高挑，非常年轻，脸上总带着温柔的淡淡笑容。Z有着本族典型的长相，长脸、黑皮肤、厚嘴唇，眼神干净，一口还算标准的普通话显示出较本地同龄人稍好的教育程度。农闲时期，一家人住在乡政府后山脚下一座小小的楼房里，楼前用木板搭建的简易厨房兼柴房里，同时设有灶台和基诺族传统的火塘，门口则是两扇矮矮的柴扉。

得益于朋友的介绍，V 热情地接待了我，并慷慨地为我提供了一个免费的房间，还安排 Z 用摩托载我去走村串寨。我暗自庆幸，选择本族过年的时间点进入田野，就是打算趁各寨轮流宰牛过节的机会四下出击进行预调查的，V 的提议与我的设想不谋而合。基诺族是个世居山地的小民族，两万余族人分布在基诺山区方圆 600 平方公里的数十个寨子中。寨间主要的交通工具只有村民的摩托和拖拉机。因此，这也是我唯一的选择。

第一次坐 Z 的摩托，听说我来自 P 大，Z 腼腆地说："很荣幸。"虽然我上车的时候不得动作要领，冒冒失失地差点把车弄翻，但 Z 似乎毫无不满，反而骑得十分小心翼翼，刻意避开路上的颠簸之处。我有点受宠若惊，但很快就对这种当地人莫名赋予的优越地位习以为常了。事实上，P 大研究生的身份，让我的预调查进展得相当顺利，所到之处村民都热情款待，配合我的访谈。我还会不时收到来自乡政府领导的饭局邀请，从中得以认识一些本地的"文化人"。

持续近一个月的传统节日"特懋克"将近尾声，Z 向我发出了去他的家乡 K 寨过节的邀请。这个寨子在基诺山边缘，靠近傣族聚居的平原。彼时我已基本确定了下一步亲属制度调查的田野点，但为了搜集更丰富的材料完成另一个传统节日研究课题，便欣然前往。

二月的清晨，Z 载着我出发了。一路旖旎的热带雨林风光，好不惬意。接近 K 寨，迎面驶来的摩托上，Z 的熟人用基诺语打着招呼。已经学习了一些简单用语的我听懂了，他们问的是："你女朋友啊？就是那个汉族人吧？"Z 红着脸，从后视镜里瞟了我一眼，没有回答。听到这个词，我的心里腾起一阵无名火，浑身说不出的不自在。

K 寨比基诺山腹地的村寨富裕，虽然我洗上了田野中难得的太阳能热水澡，但这种不自在感却越发明显。外出调查时，Z 始终寸步不离地陪着我，村民们好奇地打量我，脸上浮现出暧昧的微笑。这种笑容在之前我和 Z 同行时就偶尔出现过，当时并未多想。如此密集的注目礼终于令我烦躁起来。晚上宿在 Z 外婆家，与老人在火塘前梳理家谱，聊到孙辈有一对夫妻总是吵架时，老太太慈祥地看着我，又看看一旁的 Z，说："你们这样很好。"

我们？……我一下愣住了。看来 Z 的家人也已产生了误会，我隐约觉得此事不妙，为莫名卷入这种暧昧关系而暗自恼火。然而，也许因为不忍当面反驳热情善良的村民和老外婆，也许只顾着懊悔在田野初期过多地依赖 V 一家人，也许最终缘于自己的不成熟和低情商，现在回想起来，在那个尴尬的时刻，我做得比面临相似局面的师姐们要差得多。我既没有像林红一样马上质问和反驳，也没有像吴晓黎一样事后去解释和寻求理解，而是选择了沉默和逃避。

从 K 寨回来，我迅速收拾行李去了事先联系好的田野点 L 寨。数月后，我从寨里返回乡上查资料。自忖与 Z 的纠葛已时过境迁翻了篇，我带着一丝怯意和歉意去 V 家拜访。已至农忙时期，Z 不在家。刚一坐下，在略显凝滞的空气中，V 有点腼腆地开口了："家里有几斤上好的茶叶，你回家的时候带给你父母吧。"为什么突然要送礼物给与他素不相识的异乡人呢？若论回报，V 一家人对我帮助良多，应该是我表达感谢，这也正是我此行的目的。凭着对基诺族亲属制度和婚恋关系已有的了解，我马上明白，这个举动与未婚青年男女确认稳定恋爱关系的重要一步非常相似，即男方向女方家庭赠予礼物。

时至今日，我已不记得是如何从那个尴尬至极的场合中脱身的，可以肯定的是，我是以最为狼狈不堪的姿态走出了 V 的家门。只记得一向温柔的 Z 母脸色冰冷地说："以后不要来这了，人家会说闲话的。"

在乡上逗留的几日，一位本地朋友借给我一间闲置旧房暂住。房间四壁萧然，只有一张摇摇欲坠的床和一把单腿的破旧木椅。某天半夜，一只蝙蝠从破碎的窗洞误闯而入，在房间里没头没脑地上下乱飞，我无法将它赶出去，又害怕被咬，只好蒙着被子提心吊胆了一整晚。此时，昏黄路灯下那扇小小的柴房和温暖的火塘，对我而言就是天堂。而 Z 母那张冰冷的面孔不时浮现出来，像是一记响亮的耳光，提醒着我，田野并非天堂。

第二个尴尬时刻出现在田野中期。此时我在 L 村做亲属制度研究已过仨月，画完了整村的家谱，与村民日渐熟稔。有了在乡上的教训，这段时间我对于人际距离格外小心。我的房东爷爷是深悉本族文化的村寨长老，与他的儿子和儿媳妇住在一起，孙辈中两个姐姐出嫁了，唯一的弟弟刚刚成年，就已有了喝过小酒的未婚妻。按照基诺族父子连名的习惯，我起了基诺族名字，成为这个家庭的"一分子"。日常的访谈我尽量选择与老人、女人单聊或选择合适的集体场合。外出我只坐干弟弟的摩托，或者搭村民的顺风车拖拉机。渐渐地，我似乎找到了田野中合宜的位置。

山中岁月不知老。雨季来临，一个令人振奋的传言搅动了小村的宁静：某中央领导要来基诺族考察，本村被幸运选中成为领导此行视察的一站。众人一开始还将信将疑：本族对外展示的窗口，一向是另一个靠近乡政府并已开发为旅游景点的村，各级领导视察通常都安排在那里。后来听说，这次大领导亲自考察，特意提出要深入基层了解民情，作为边穷村寨且在当时几乎还未被开发过的 Z 村故而中了头彩。

传言逐渐被证实，从乡治到省府，村里走马灯般地来了若干拨人。勘察地形，整治村容，设计路线。我的干姨妈一家被指定为当天领导入户走访的人家。

视察的日子日渐临近，全村沐浴在喜气洋洋的氛围中。村民全体出动，带上锄头、铲子等工具，集体翻修村前的几公里马路。这段路非常颠簸，每次我搭拖拉机出村一趟，就感觉全身的骨头都被抖散一般。这次时间紧迫，来不及重新铺设，乡上动员村民把不平整的石头推到路边山坡下，再填土拍平。这个工程耗费了我们三天的时间，村民们都很快活，边干边憧憬着即将到来的幸福。“我们要上电视啦！”“L 村这下长脸了！我们不会再穷了！”大家约好，那天全村都穿上民族服饰，去干姨妈家围观平时只能在电视上看到的大领导。我的干妈对我说：“你也去！穿上我的裙子，领导看见你，肯定以为是本族姑娘呢！”在村民们爽朗的笑声中，我也被感染着，与他们一起憧憬着 L 村的美好未来。我甚至还冒出一个天真的念头：如果有机会跟大领导说话，我该如何介绍自己，如何介绍本族的文化，说不定也有机会上电视，成为田野调查的大学生榜样，弘扬我大人类学专业呢。

天真的幻想只飞了一小会儿。第二天，十几只警犬和全副武装的警察队伍进了村，我则收到了一个为期半天的禁足令。来者是乡上的工作人员，客客气气但不容置疑地说，因为我携带了相机，领导视察时，我不得下楼，不得乱拍乱说。

视察当天，领导的车队从村民们连夜翻修的新路开进了村。全村人都身着盛装赴会，干妈一家也去了。房东的竹楼下蹲守了一名便衣，我一人守在家中，只远远听见一阵欢乐的喧嚣，大约半小时后，喧嚣的声浪裹挟着所有外来人，包括我楼下的便衣，有秩序地撤离了，留下兀自兴奋的村民们。

很多年后，我了解到，对一个远离权力中心的边远山寨而言，千载难逢的大领导视察是否看到了一个真实的少数民族村落其实并不重要，关键的是，能带来多少实惠。过后的几年，拜这次视察所赐，L 村确实获得了许多好处。最直接的一个影响，就是村子前后的马路很快全都铺上了平坦的水泥路面。虽然村民们和我出行都舒适方便多了，我也真心为他们欢喜，然而私心还是有一点“人类学视野下”的遗憾，也许水泥路与古朴的村寨面貌不一定相衬，也许更便捷的交通会导致更快的变迁和传统的消失。这是后话了。

回到这次视察事件中，我也许早应该想到，作为一个乱入的大学生，我不合时宜地成了异类。但我没想到的是，这件事却以某种方式持续影响着我的田野小命运。

大领导离开后的好几天晚上，全村人守在电视前等待新闻的播出，热烈地议论着那天的每一个细节。我在村里的位置却发生了微妙的变化。村中本无秘密，很快大家都知道了我被禁足一事，流言四起。原来相熟的村民开始对我躲躲闪闪，我出门也有人指指点点，报以不着边际的猜测。“谁知道她是不是间谍呢？”

我哭笑不得，一方面，着急田野调查的进度，另一方面，也体会到了被社会排斥的失落。

好在我的房东一家对我一切如故。干妈、干爸看我近日无聊，带我去串山挖苦笋。干妈对怀疑我的人说："她不是外人，是我家女儿，和杰花、翠萍（她的两个亲生女儿）一样！"干爷爷跟我解释："本地靠近边境，中华人民共和国成立初期曾有间谍出没，你一个外来人，村民疑心也属正常，澄清了就没事了。"干姨妈一家为了弥补我不在视察现场的遗憾，特意请我去吃饭，与我分享当日的经过。慢慢地，时间消磨了人们的疑窦，我又恢复了在村里的自如。

《忧郁的热带》里写道："遗忘把残剩的片段记忆创造出种种繁复的结构，使我能达到较稳定的平衡，使我能看到较清晰的模式。"经过记忆的沉淀，很难说我掌握了基诺族文化繁复结构的钥匙，但我终于可以重新审视，在那一个特定的时空坐标里，作为一个初出茅庐的人类学研究者，我如何经历了奇特的社会身份转换。田野对象不是平面的人、孤立的村落、与世隔绝的边陲，他们既被研究者们观察，也注视着每一个外来者；他们既接受着中央—地方网络的各种影响，也永远注视着遥远又无处不在的中心。

田野是人类学者的成年礼。对我而言，不仅因为参与观察式的旅居提供了拥抱异文化浓烈文化事象的绝佳机会，也因为在这个真实的社会环境里，我们试图超脱，又不可避免地参与到当地人的生活中，一会儿被向内卷，一会儿被向外推。在层层叠叠的田野生活浪潮中，我们获得了丰富的一手材料和弥足珍贵的经历，而给予当地人的回报却往往很少，甚至可能会给他们带去尴尬的困扰。一念及此，遥想基诺山那些淳朴善良的人们，无论是至今仍保持着联系的干妈一家，还是真诚可爱的L寨村民，以及被我的无知幼稚活活断送了友谊的V一家，我的心中都充满了感激。

寻找比斯塔

李静玮（四川大学）

“你是来做什么的？只是旅行吗？可是，为什么你会有学习签证？你不是在做研究吗？”丢失钱包后，移民局的办公室里，负责转移签证的男人怀疑地看着我，流利地问出一串问题，像在审讯一个有潜在犯罪嫌疑的犯人，并试图用这些问题让她认罪。

“对，我之前在人类学学院交流，但我的项目于上个月结束了。现在，我在巴德岗旅居，看看热闹，写点东西，算是个游客。”我长长地吐出一口气，解释道，“大概是如此，而今，我的证件全被偷了，所以我在这里申请新签证。”

他又认真看了我一眼，仿佛是想确认一下这解释的内在逻辑，好在他似乎并不认为我会用炸药毁掉巴德岗震后仅存的古迹，或者能在这个暮气沉沉的老城里窃取到什么重要的国家情报。很快，他将签证做好了，并没有找我的麻烦。

“你大概知道多·巴哈杜尔·比斯塔吧。你们学院的创始人之一，据说他失踪了，直到现在，人们也不知道他究竟是去了哪里。”出乎我的意料，他坐在椅子上，感慨地说了起来，“像你们这样的专业，独自一人走在那些荒无人烟的地方，不消失不见便已经是万幸，更别说被偷被抢了。”

多·巴哈杜尔·比斯塔。

在草稿纸上，我用天城文写下这个名字，陷入了长久的沉默。

他是最早的尼泊尔本土人类学家，早年跟随澳大利亚籍人类学家海门多夫在境内做研究。他倡导建立尼泊尔自己的人类学学科，被称为尼泊尔人类学之父。

然而，在一次田野调查的时候，他失踪了，像一个谜一样，消失在山间。

没有人知道他去了哪里。一年前的达赛节，在谈到这个人的时候，乌玛的叔叔说，谁知道呢，这么多年了，就像一只风筝，就算是飞了太远太远，也早已掉下来，随着涧溪里的树叶、雪山上的脚印，被时间的消融而侵蚀，被流转的万物踩在身下，碾轧，残败，毁灭，变成了一段模模糊糊、无法识别的过往。

在比斯塔的访谈文献中，我看到了他的面孔，那是一张布满皱纹、棱角分明的脸。他的眼眶深邃，眉头紧锁，他看向前方，但我无从知晓前方有什么，前方也许是九曲回肠的乡间小道、人潮熙攘的盐粮市集，或者海门多夫标杆一般的背影，看起来，那并非一个令人欣然向往的前方。

我忽然想找到他，问他去了哪里，为何不回来。

也许，他已经死了。当我沉浸在关于比斯塔的想象中时，叔叔却接着他的话头，继续慢慢悠悠地说，他的家里人已经默认了他的死亡，大家也不再抱有找到他的希望了。

“他死了。”叔叔停顿了一下，又强调了一遍，都这么多年了，尽管各路谣言纷纷扬扬，但始终没有一个能够站得住脚，他一定是死了。

在喜马拉雅山连绵不绝的间隙里，马帮驮着羊毛、盐巴和香料，多年前自喜马拉雅山北麓而来的人们守在各自的屋前，不紧不慢地摇着转经筒。月亮、太阳、白云、蓝天，在这永恒的更迭中，没有人注意一个身影的悄然离去。也许是毒蛇，也许是深渊，又或者是那脚跟向前、脚趾朝后的西藏女妖带走了他，从此，他成为遍身毒疮的尸体、孤单无缘的罹难者，以及被温柔乡腌渍的骷髅，即便家人再怎么在家中呼唤，都无动于衷。

在那些突如其来的事故里，大多数人都将错失最后的人生仪礼——放声大哭的、撕心裂肺的、以痛断痛的生命句点。

在给海门多夫当助理之前，比斯塔是一所中学的校长。在这个时期，他亦无从知晓，之后自己的生命之所在。他失踪多年以后，有人信誓旦旦地说，他曾经在印度的哈德瓦尔见过他。比斯塔已经成了一名离世的修行者，在交谈中，他询问他的背景、家庭、来龙去脉，而当这段谈话结束后，对方恍然将他脸上的痦子与言行对上号——他说："不会错的，我遇见了在居木拉地区失踪的人类学家比斯塔。"

但没有人能验证这些线索和这些假设的、虚构的因果关系，唯一的不同是，比斯塔的家人从此对他的生还怀有一丝希望。他们宁愿相信他还活着，即便这一生，他将继续孑然一身地背对他曾经紧紧拥抱过的世俗，继续往返于印度与尼泊尔的诸个朝圣地，就像他的儿子对外人形容的那般，他记忆中的父亲是个孤独且执着的流浪者。

我问过许多人"比斯塔去了哪里？"他们或是绘声绘色地重复那些在风中飘荡已久的传言，或是带着遗憾的表情摇摇头，表示不抱期望。

一位叫 Kesang 的纪录片导演甚至为此拍了一部纪录片。他讲述了比斯塔早年在加德满都的生活，他与海门多夫共同工作的日子，还有他在居木拉地区所经受的恶意。

在境外进行研究的学人们常常会雇用一个向导，他们既是翻译者，又是引导者。对于海门多夫而言，比斯塔像是一个意味着舒适空间的氧气泡，将他与本地人恰到好处地隔离开来。对于向导，这些工作并不那么容易。作为外国人的雇员，他们要向别人解释自己的工作，以及自己并非对方国家派来的间谍。对他们来说，雇用者既是老板，又是行动能力不足的孩童和对当地事务知之甚少的少年，他们得保护他们，向他们解释眼前世界的来龙去脉，以避开那些自泥土和微风中生出的恶意。作为一个“为外国人工作的尼泊尔人”，人们用异样的眼神看他，指指点点，像在用力地戳他的脊梁骨。

在比斯塔眼中，尼泊尔的婆罗门主义是使人们裹足不前的关键，抱持这一传统理念的人们接受自己现有的社会地位，等待来自外界的帮助，像乞丐一样伸出手索取，而不是主动改变境况。这一批评引起了许多争议，也使他成了守旧派的眼中钉。作为一个反对种姓制度的改革派，在失踪之前，他一直承受着外界的压力。

在尼泊尔，我亦经历了各种形式的索取。两年前，我并没有意识到自己会成为索取的对象。直到我换了一个尼泊尔语老师。她惯常对我重复没有实质意义的赞美，接下来，就会要求我为她买点什么：“你这件衣服多少钱？什么？才五百，哦，你一定要给我买一件——下周，不，你明天不是要去加德满都吗，就明天，好不好？”

我心想，也许新老师真的很喜欢我的衣服。这个假设并没有得到验证，在把衣服送给新老师后，她没有任何收敛。除了对我的装束表示出兴趣和好奇之外，她也丝毫不掩饰自己的想法。对于我的上衣、裤子、冲锋衣、速干裤甚至抓绒夹克，每一回，她的想法都是一样的——“这么好看，给我也买一件吧！”

我的态度也渐渐从勉强接受变成略带讥讽：“没有大码，这个买不到大码的，何况，我没有钱。”

索取在排灯节达到了我所能忍受的最大程度。由于我的朋友丹尼斯不肯接受房租，我把一万卢比连同达塞节从亲戚那里收到的二十几个小红包，一起包进信封，给了丹尼斯的母亲——这一天，很多小孩儿会来玩不给钱就捣蛋的把戏，我对她说，她得收下这些零钱，不然就应付不了孩子们了。

“今天会有很多小孩儿来向我要钱啊。”另一头，我皱着眉头看着说出这话的嫂子，她依然一副认真而且诚恳的样子，两簇眉头蹙在一起，看上去比我还难受，“我需要钱，给我两千好不好。”说着她伸出两个指头。

那两个指头横在我和她的中间，像一条河流决堤的出口。

“不，我没有钱。”我有点恼怒，把钱包打开给她看，里面只剩下二百三十卢比——那是我预留的巴士钱。“你看，我只有两百多。”

“那给我一千，我真的很需要钱。”她看着我和我的钱包，好像就算里头没有钱，我也能马上变出钱来一样。

“我没有。”我重复了一遍这句话，而她重新伸出两个指头：“那就给我两百吧。”

在两个指头的缺口间，我的耐心也顺势流失殆尽。我从钱包里抽出最后两张一百的卢比，放在面前的地板上，起身，离开了这栋房屋。

这是个崇尚素食主义的家庭，他们坚信素食会带来宽容、忍让和有限的欲望。牛奶会抚慰他们对于酒精的迷惘，豆腐能缓和舌尖对肉食纤维的渴望，在菜籽和花生蕴含的油分间，他们的味蕾舒展并释放出满足的愉悦。在这些食物的挽歌之后，鸟儿将赞颂他们的善行，因为那些在泥土和细雨中生长的种子将成为肠胃渴求的粮食之源，水牛粗壮的颈项会得以保留，淋漓的鲜血、割断的肌肉和历历的白骨将变成肉食者罪恶的标签，他们立在与罪恶者相对的另一面，义正词严，大义凛然。

后来，我并没有给她打电话，她也没有给我打电话。我和她像两条互不相干的曲线，在这一个月偶然地相遇，然后，因着某种令人不适的关系，又很快结束了这种相互照面。

一次，我在街头偶然遇见了一队来孤儿院支教的中国志愿者。在一起吃饭的间隙里，一个少年对我谈起他所遇到的一名孤儿——那是孤儿院最好看的男孩儿，有明亮的眼睛、长长的睫毛和羞涩的笑容。同去的女孩儿都迷上了他，甚至为了能多与他待上一阵子，到了可以离开的这一天，也不愿外出。这男孩儿待他也很亲切，他细心地为他解释这里新奇的风俗，也注意留意他的生活起居，对他多有照顾。

所以，当孤儿向他索取一件衬衫的时候，他并没有拒绝。他也知道自己本来就是来贡献的，来付出的，来为这些深陷贫穷之中的人们捐助自己的物资、收入与精力的，因此，这一切好像是顺水推舟一般理所当然。

像怀着助人之心的慈善家一般，比斯塔希望帮助那些穷苦的低种姓人们，让他们意识到这一生并非自前世开始就已注定，而是可以改变的，有着改善的可能。他并没有直接给他们钱，而是在居木拉建了一所学校，想通过降低传统观念的影响，增进人们对区域发展的关注。但那些高种姓者们并不喜欢他的说法，在他们眼中，多年以前建立起来的地方秩序依然保持着充足的活力，人与人之间存在着高低之别。为了富人与宗教领袖的欢愉，贫苦者理应被压迫与榨取。

在敌对者的眼光中，比斯塔的计划艰难地推进着。他希望帮助一个聪明的本地女孩儿，帮助她受教育，让她以此获得更好的未来。然而，人们并没有接受他的解释，他们说，这个居心不良的老男人，他要通过金钱贿赂，占有那年轻的女孩儿，他们之间的关系毫无清白可言，是龌龊可耻的，是浑浊不堪的。

在比斯塔转过身后，顽皮的孩童、傲慢的地方领袖、贪婪的小店商人……他们说着闲言碎语，如同念诵一道道短促有力的咒语，这咒语缠住他的意识，分秒间，以为已经融于异乡的他忽然想起，原来他跋山涉水到了这里，却始终是个不被理解的外人。他付出，赠予，交换，索求，但最终都是要离开的，像取经的僧人背起一篓子厚厚的经书，转身之间，他身后的诸佛也会轻轻耳语，他终是要回去了。

回去故乡，或是前往异乡，在一块承载他骨骼生长、心智清明的土地上生活，那是真正属于他的地方。在那里，他的思想也会像一粒种子般生根发芽，长出枝节，绽开花朵，蓄起累累的果实，果实落在地上，长出他的后一辈。

1995 年 1 月，他在尼泊尔干泽（Nepalganj）见了他朋友的儿子。走之前，他对那个年轻人说："人总是独自生、独自死的。"

在关于种姓、政治、牛肉、梵文及宿命论的争议中，他独自搭上了一辆去冷水镇的巴士，接着便消失了，再也不见了。

在他消失的时间里，人们照常生活在现代与传统的夹缝之间。

村民们忍受着村里那个沉默而瘦小的寡妇，当有孩童夭折，他们便要把尖叫的她绑在木头桩子上，再架起一堆厚厚的柴火，将她烧成灰烬。等她形神俱灭，这村子里便不再有女巫了。他们相信，此后，孩子们便会健康快乐地成长，孕妇不再会因天气变化而感到不适，那些令人头疼的坏运气将会消失，直到村里出现下一个寡妇。

看起来，低种姓者们依然对那些歧视的眼神无动于衷。在找到出口之前，他们内心的愤怒一直在不断地沸腾和冷却，但并没有减少的意思。高种姓的女人拒绝了她低种姓朋友的求爱，他的温柔很快转化成喷发的火山熔岩，在思念与悲哀交织的复杂情绪里，他再一次找到了她，并在她娇美的容颜上泼上了浓浓的硫酸。

另一个高种姓女人爱上了她的低种姓朋友。她的家人诅咒着这段姻缘，对她掷着石子，吐着唾沫，让她滚出家门。尽管如此，她还是执意与他结合。在警察局里，他们举行了一场没有家人的婚礼。面对报纸和电视台的摄影镜头，女人的头高高地昂着，男人却萎靡地垂着面孔。他过于委屈，因这一日，全国所有人都将知道，他是个卑微的不可接触者。

2012 年的夏天，我在书店里买了比斯塔的《尼泊尔人民》。在这本书的介绍下，我尝试树立起关于卡斯人、婆罗门、塔芒、纽瓦尔人的民族概念。这本书的背后，是比斯塔在尼泊尔的山山水水间跋涉的背影。经过长时间的田野工作，他的生命走过了大半，他不再是那个陪着海门多夫跋山涉水的年轻人，他的发色变白，皱纹也爬上了眼角，像这山川里的万物一般，他最终也被这里的色彩所掩盖，成为一切新事物的背景。

没有了比斯塔，这个国家依旧缓慢地前进着。二十年了，她像库马丽女神所乘坐的木质巨车，在巨龙和大象好奇的凝视下，缓缓地经过退位的国王、人民战争、毛党领导人慷慨激昂的演说，经过前总理柯伊拉纳谨慎而忧伤的面孔，经过 4 月 25 日的大地震。她的子女们朝她投掷着红色的杜鹃和烘干的米片，为她点上鲜红的提卡，献上橙色的万寿菊花环，她也渐渐地，从这些失去和悲伤中睁开了眼睛。

2015 年 9 月 20 日，尼泊尔的新宪法终于通过表决。制宪自 2008 年废黜国王而始，中间历经无数波折，而今终于落下帷幕。宪法声明，尼泊尔是一个宗教信仰自由的世俗国家，境内领土划分为七个邦，新的总理、总统和国会领导人将在宪法公布后一个月投票选出。为了庆祝独立宪法通过，男人们挥舞着国旗，走上街头。傍晚，女人们在马路与天桥上不紧不慢地点起了小油灯，及至入夜，黑暗的街道竟像是有了路灯一般，在夜色中明明暗暗。人们唱着属于这个国家的歌，大声叫着母国的名字——生活中，他们也时常自我揶揄："没错，我们是如此小的国家，在世界地图上，我们小到几乎很难被看见。"

飞鸟眷念着天空，游鱼拥抱着大海，他们生于此，长于此，亦选择热爱这雪山脚下的土地。在此，他们可以皈依喜欢的宗教，食用偏爱的豆汤和蔬菜，爱那个愿意去爱的人，不论他的种姓、民族还是性别。与此同时，他们也期望着，有一天，廓尔喀王的勇敢和强大会再次回来，在雪山和平原、雪山和高原间，大国的权威不再威胁到人们的生计，小国国民的尊严可以得以保全，他们能平静而坦然地与来客相对，微微地鞠一个躬，谦恭而不卑微地道一声“Namaste”。

这是比斯塔一直在寻找的未来，他所描绘的理想国，正在艰难地成型。只是，他走得如此之快，以至于超过了他属于的那个年代，等到他回过头，他的身后已没有了人烟。

至于那些听说过这个故事，并为之所动的人们，他们将沿着他的道路而来，却在时间和空间上，与他失之交臂。

都柏林人

曹　雨（中山大学）

詹姆斯·乔伊斯有著名的《都柏林人》一书，以晦涩难懂著称，即使在英语国家亦被视为畏途。这篇小文借用大名，实则是轻快的杂忆。我曾在爱尔兰交流半年，住在都柏林以西 60 公里的梅努斯小镇，时常乘坐通勤列车前往都柏林做城市森林之探索。都柏林的人口大约占爱尔兰人口的四分之一，是这个小国的辐辏之地，行走于这个城市中，时常有意外的惊喜，有时为凯尔特人天真直率的性格而喜，有时又为现代城市之种种激荡而惊。

索烟的孩子

爱尔兰的烟税很高，一包普通的香烟一般总要接近十欧元，我在爱尔兰时总是尽量节省着抽烟，一天最多三根。街头也常见青年人到处索要香烟，若是在户外抽烟被纠缠上，不送出一根烟往往很难摆脱。一个冬日的下午，虽只有四点来钟，但是因爱尔兰地处北欧，冬季白天极短，已经是昏黄一片，出地铁站后我掏出一根香烟，正要点燃，忽然从身侧的小巷里冲出来一群男孩儿，堵住我的去路，说："把烟给我！"我顿时一愣，心里一阵慌乱，素来听说爱尔兰半大小子最喜生事，爱找外国人的麻烦，下手又没有轻重，要是被打一顿不知会狼狈成什么样子，于是只好乖乖递过剩下的小半包香烟。为首的男孩儿接过香烟，正转身要走，我突然想起一事，张口便道："你们够年龄了没有？"那男孩儿回头，有些怯意地说："我十六岁了，可以抽烟了。"我走上前一步，说："没到十八岁，抽烟是违法的。"男孩儿愣住了，原来汹汹而来的气势已经烟消云散，于是我忙补上一句："把烟还给我。"男孩儿把烟往地上一丢，转身疾走而去。我看他们走远了，才弯腰把烟拾起。

红发少女

一日在都柏林城市大学做报告，期间有一位红发少女屡屡起身提问，似乎对我的研究课题很感兴趣，这位红发少女圆颐、蓝眸，是标准的爱尔兰人长相。欧洲人中日耳曼人往往方颐、金发；南欧人往往窄颐、黑发；爱尔兰和苏格兰人同发源于凯尔特人，其中红发颇多，圆颐亦是一特点。会后是晚餐，这位红发少女主动坐在我旁边，言谈中极言爱尔兰人排外，对东欧移民乃至亚非移民太不友善。当时我在爱尔兰已有数月，对爱尔兰人之排外亦有所耳闻和目睹，报纸上常夸大移民人数，也喜欢渲染与移民有关的罪案，造成民众的恐慌。我赴警局办事时，亦受到警员故意为难，在详细盘查各种身份文件后才受理事项，态度不甚友好。爱尔兰原是孤悬大洋中的一个岛国，民族成分比较单一，又受到英国数百年来的殖民统治，因此对外人常持警戒态度。前几年经济尚好时，外来移民可填补职位空缺，因此排外情绪尚可按捺；近年来遭遇经济危机，生活水平有所下降，东欧移民却并未减少，爱尔兰人的排外情绪再次高涨。红发少女对我说，她最看不惯爱尔兰人的排外，又说她不与一般爱尔兰人相同，乐见移民来。我问为何，她反问我是否知道冰岛近亲繁殖之事。冰岛是北大西洋中的一个孤岛，其民族更较爱尔兰单一，人口又极少，数百年来少有外人登岛，岛民常年相互通婚繁殖，导致岛上居民的血缘关系过于密切，各种遗传疾病很容易发生。于是我对红发少女说，我知道冰岛的事情。红发少女说，爱尔兰的情况与冰岛类似，血缘关系过近导致的遗传疾病也很多，如有移民来，爱尔兰人与移民通婚，可以改善遗传疾病多发的情况。我问她自己是否有遗传疾病，她说她有哮喘，又说如果她与移民结婚生育，或者可以使后代的身体更加健康。言毕又贴近我耳旁说，如果我们结婚生育，双方血缘极远，肯定能有非常漂亮、聪明的后代。我闻言骇然，心中大叹此女大胆直率，初次见面竟然可以说出一起生育后代的话来。北欧诸国人一般性格较为含蓄，不善戏谑，爱尔兰又是信仰天主教的国家，风俗比较保守，这番言语绝不可做调笑论。我于是忙转移话题到餐食上来，红发少女见我不搭腔，也就顺我的话题说起土豆的各种烹饪方法。旋即餐毕，爱尔兰习惯在晚餐后移步酒吧小酌，然而于爱尔兰人是小酌，于华人则是剧饮，欧洲人对酒精的忍受能力不是一般亚洲人所能比拟的。红发少女邀我同饮，我推却说有事要归，红发少女一直送我到巴士站，临别还留了一纸电话号码给我，说我若来都柏林务必找她，我唯唯诺诺上车而去。然而后来我并未打过那个电话，当时我在国内已有女友，自然不能与她有甚瓜葛，今日思之，真钦佩红发少女的勇敢直率，也衷心祝愿她能得偿所愿，找一个移民结婚生育。

凤凰公园的十字架

都柏林西区的凤凰公园是欧洲最大的城市公园，其中有几个维多利亚式的小花园，还有动物园、温室，爱尔兰总统府和美国大使馆亦相对坐落于此。秋日晴时来此，风光最好，南面绵延数英里的是缓坡绿草地，北面是红黄交杂的落叶林。公园中央是高耸的威灵顿公爵纪念塔，不远处则有一个巨大的白色十字架。我在公园漫步了一个多小时，心旷神怡，见有一茶亭，于是坐下喝茶，不多时，有一位白发老翁见我独坐喝茶，于是也端一杯茶过来与我聊天。互相招呼毕，老翁问我从何处来，我说从中国来，下个月就要回国，趁闲暇多游览一下爱尔兰风光。我说即将归国，也是为了避免引起当地人的反感，爱尔兰人一般不喜移民，但是对于短期游览的旅人则颇为友善。老翁听说我即将归国，便说沃特福德的水晶餐具极好，我应该带几件回去。我当时正不解为何有一个巨大白色十字架在公园中，于是趁机一问，老翁听得我问十字架的来历，顿时兴起，说那十字架是为了纪念 1979 年教皇约翰保罗二世来爱尔兰访问而设立的，当时盛况空前，他本人亦得参与其中。他站起身来，指着南面绵延数英里的草地，说目光所及之处在那时全是密密麻麻匍匐在地的人群，教皇在高处做弥撒。当时来参加弥撒的人超过一百二十万，即全爱尔兰三分之一的人口，都聚集在教皇的脚下。我听闻此言，赞叹不已，老翁又说，现在的爱尔兰年轻人已经不像地道的爱尔兰人了，不做礼拜，也不尊敬教皇，一个好爱尔兰人，首先应该是个好天主教徒。听到这番话，我想起爱尔兰国立梅努斯大学开学时，举行开学弥撒，当时由都柏林总教区的大主教到场主持，偌大的神学院礼拜堂内也只有百来人参加弥撒，还有一半的座位空着。我身边的一位爱尔兰老师说，世俗化竟然到了如此地步，即便是如此尊贵的大主教来主持，还空着一半的座位，要是十年前，这个礼拜堂可是挤得连座位都找不到的。我在爱尔兰已经不止一次听到感叹世俗化之迅猛的言谈了，老一辈总是感叹年轻人不尊重传统，而年轻人又反感老一辈的保守。然而，世俗化的浪潮却是难以逆转的，我在爱尔兰旁观弥撒许多次，教堂里的人往往年纪很大，座位常常空出一半以上，神职人员也并不是特别受尊敬。我在大学里还听过一位学生说，爱尔兰人受天主教的愚弄太久了，自从出了神职人员娈童案以后，他们全家再也不去教堂了。欧洲平静的外表下暗藏着深刻的变化，宗教的褪色会给欧洲的未来带来什么？将来某一日，我若重访爱尔兰，这里还会继续保持静谧、安详吗？

爱尔兰的烈士

1916 年的复活节暴动是爱尔兰历史上最重要的事件，英国当局对暴动的处置结果，直接导致了爱尔兰的武装独立运动。我在爱尔兰的导师——波义耳教授告诉我，如果英国当局对暴动的人员采取关押而不是枪毙的做法，没有产生爱尔兰的烈士，那么爱尔兰的独立运动很可能不会走上武装独立的道路，后来的爱尔兰内战也不一定会发生。如今的都柏林市区随处可见这几位烈士的雕像，其中的一位叫詹姆斯·康纳利，他也是爱尔兰社会主义工人运动的发起者。康纳利的雕像在利菲河畔，雕像后的大楼是爱尔兰工会总部，大楼上长期挂着红底白字的标语，写着一句中国人耳熟能详的话：“全世界无产者联合起来”。康纳利在复活节暴动中身受重伤，已经被医生确认在几日后必然伤重不治，但是英国当局仍然将他从医院押往吉尔美门监狱枪毙，行刑时他已不能起身，是被绑在一张椅子上执行枪决的。康纳利和几位烈士的死激起了爱尔兰全民的愤怒，导致英国和爱尔兰的矛盾走上不可调和的道路。波义耳教授带我游览复活节暴动的几处遗迹时说，爱尔兰社会主义工人运动的几位领袖在复活节暴动后被枪决，导致了后来爱尔兰独立运动中左派的力量一直处于弱势，爱尔兰是一个有着深远的工会传统的国家，如果这位工人领袖没有同时死去，那么后来的爱尔兰共和国很有可能会是一个社会主义国家，至少会偏向于左派的政治立场。走到雕像前，我赫然看到几束鲜花倚在基座上，原来孤胆英雄百年之后仍有人纪念！转念一想，也许是工会大楼里的人定期摆上的，于是我走进工会大楼询问门房，门房说工会总部并没有定例要在雕像前摆花，但是这里常有各地工会分支组织的人员来访，也许是他们摆放的。门房听说我是中国人，问我是不是共产党员，我说不是，他有些失望，又重复了一遍楼上挂的标语上的话。爱尔兰人其实与中国人有很多相似的地方，他们重视人际关系网络，家庭关系也很密切，喜欢搞团体、结伙，但是社会主义运动终究不能在爱尔兰兴盛起来，也许还是宗教势力的强大所致吧。

高高的高黎贡山

周建新（广西民族大学）

2005 年夏，因为要完成“中国南方跨国民族和平跨居模式研究”国家社科基金项目的调研任务，我带领郝国强、李娟、谭孟玲、林裕俊、李自刚 5 位同学沿着中缅边界一路考察，走过了云南的瑞丽、陇川、盈江、腾冲、六库、福贡等地，最后一站准备前往贡山县的独龙江地区。

7 月 31 日早晨，我们在贡山县城靠近农贸市场出口的地方，与专门跑山路的司机讨价还价，最后花 700 元人民币租用了一辆吉普车。车子开出县城，走上还没有完全修好的夹杂着泥土和岩石的山路时，我们才发现这里不仅路况很差，而且山道奇险，车子就好像浮在云端一样，一直盘旋于云雾缭绕的半山之中。有些地方，回头从车窗看来时的山道，就像一根泛黄的细麻绳系在森林密布的山腰一样。

开车的司机是个老手，可是不太爱说话，你问什么，他都说不大清楚。可是说到这危险的道路，他顿时来了精神。他说这道路每年都要翻下去多少车辆，有多少人会掉入江中喂鱼，从而显示出他高超的车技和超好的运气。他越说我们心中越发紧张。在中途，有一辆同样的吉普车从对面迎着开来，由于山道过于狭窄，两车根本无法交会通过，于是对面的车在一侧紧邻万丈深渊的山道上小心翼翼地倒退，然后在一处稍微宽敞点的地方我们的车终于错车通过。两个司机虽然都显得从容镇静，但把我们几个确实吓得半死。由于担心所带同学的安全，我甚至当时就想下车带学生徒步前进，可当时的山道似乎连我们下车落脚的地方也没有留出，只能咬牙坐车继续前进。

车子到达乡镇所在地孔当时，天已过午。我们在路边一家小商店休息，这也是当时狭小的镇上唯一称得上商店的地方。木板房里有一个木制柜台，柜台里有一顶藤编帽子，上面装饰有两颗长且弯曲的野猪獠牙，店主说是缅甸过来的日旺人寄卖的，开价1200元人民币，不还价。我被这顶帽子吸引并纠结了很久，最终没能下定决心买下。

稍做休息之后，我们徒步继续前往八坡。一直走到天已经黑透，可是仍不见目的地。大概晚上10点多了，我们隐约看见半山腰上有灯光，便寻着灯光找去。半山上有一户孤零零的人家，半掩柴门的小小茅草屋透出亮光。我们上前小心叩门，不见回音，于是徐徐将门推开，借着煤油灯和火塘的光亮，看见一对中年夫妇坐在简陋的木架床边。看到我们进来，他们有点不知所措。说不上是惊吓，但一定有惊奇的成分。经过简单的言语沟通，他们知道我们是饿了，于是给了我们一点白米，我们就地在火塘上用吊锅煮了一锅稀饭，就着自带的榨菜，将就地吃了一顿晚餐。之后，我们取出自带的旅行帐篷，紧挨着茅草屋就地露营。

凌晨时分，我们被喧嚣的吵闹声惊醒，透过帐篷可以看到外面火把通明。在这人迹罕至的深山老林中，寂静的夜晚，突然遇到如此情况，我们着实被惊吓到了。我们帐篷中的3个男生赶紧呼叫紧邻的女生帐篷，她们回答人在帐篷里，于是稍感放心。由于不知道外面到底发生了什么事情，我让大家都不要出帐篷，先看看究竟。从声音和火把光亮判断，外面至少有10多个人，他们应该是打着火把围着我们的帐篷转圈，而且边转边唱歌，其中有20世纪六七十年代的老歌，我略微听懂了一些歌词，因为曲调是熟悉的。看来外面的人搞的并不是什么纯粹的传统仪式，也不一定具有什么危险性。就这么过了很长一段时间，喧嚣声突然散去，山林重新寂静下来。显然，那些围着帐篷转的人都走了。即使这样，我们依然不敢走出帐篷。直到天色渐明，我才小心拉开帐篷的拉链，探出头去，外面什么也没有，茅草屋已经人去屋空。也许是我们夜宿半山老乡茅草屋前，惊扰了当地人，或者擅闯山寨犯了忌，才引来如此动静。

上午10点左右我们终于到达了那个名叫八坡的地方。只见独龙江的左侧有一小片用木板和铁皮搭盖的房屋。中午，我们在村主任家吃午餐，特别的是，主人介绍食材时，都在前面加上了“独龙”二字，以显示其独特性，比如我们吃的牛、鸡、鱼分别被称为独龙牛、独龙鸡、独龙鱼。印象深刻的是，独龙鸡的腿特别长，而独龙江鱼更是鲜美无比。

按照原来的计划，我们是要前往中缅边界附近的钦郎当地方的，可是在具体观察之后，以及在当地人的劝告下，我们最后放弃了继续前往边界一线的冒险计划。

经过与大家商量，我决定第二天带学生徒步翻山返回贡山县城，不敢再坐车返回，也不想再听那些司机吓人的故事，更不想把自己的命运交给别人。于是我们分头出击，赶紧到村里寻找向导，最后经人介绍找到三位向导。经过协商，我们同意给每位向导每天支付70元人民币，但他们必须背我们的行李，以及其他必需品。三位向导中，一位是藏族人，一位是傈僳族人，一位是独龙族人。他们都是 20 岁左右的本地人，善于走山路，也非常了解当地的风土人情，具有一定的本土知识和技能，经常给外地人当向导。

8 月 2 日早晨，大家轻装上路，开始还有说有笑，可是山道越走越难，说是茶马古道，其实就是丛林中的一条时隐时现的小路。我们一路上看到的风景真的无法言表，可是向导走得太快，我们连停下来拍张照片的时间也没有，只能跟着他们一路疾行。

中间在一个只有一户人家的地方停留休息。这时，林裕俊同学发现自己手腕处有个很大的已经吃饱的蚂蟥。出发之前，我们做了很多功课，其中包括如何防范蚂蟥等。我们出发时，首先扎紧裤脚、袖口，并且都用买来的强力杀虫剂，在各自身上喷洒了不少，连自己闻着都刺鼻，但行进途中蚂蟥还是会爬上衣裤，不小心就会粘在皮肤上。关于如何驱离蚂蟥我们早已做了功课，林裕俊用烟头烫蚂蟥的尾部，它便慢慢从吸附的手腕处退了出来。

继续往前，山路逐渐陡峭，山上的积雪融水不断顺着山坡往下流，大家都全身湿透了。这时的我们口渴难当，所带的瓶装水早已喝完。眼看太阳当空，心想水中的蚂蟥应该没有了，大家便不管不顾地接山泉水解渴。

天将傍晚时，向导告诉我们前面一个巨大的岩石下可以露营，建议我们在那里过夜。不久，我们果然看见有一块巨大山石突兀而出，就在山道一侧，石下可供 2 ～ 3 人躲雨，但根本无法容纳我们 8 个人。虽然天没有黑，但向导说，只能在这里露营了，再往前就接近山顶了，一是寒冷，二是无处露营。于是我们便赶紧扎营。大家一起动手支起石块，引燃火堆，架起锅头，开始做饭。三个向导一个生火煮饭，一个找柴火，一个去采野菜。

饭煮好后，我让他们先吃，然后我们再吃，主要是怕他们地方知识不过硬，担心万一采来的野菜吃了中毒。三个向导吃完之后，我们便放心地开始用餐。这时夜空已经布满了明亮的星星，篝火在山野里显得格外温暖。超强度地奔波了一天，人困马乏，吃完晚饭，安排好夜里轮流换岗值班后，大家很快就和衣围着篝火入睡了，甚至根本没有心思支起帐篷露营。就这样，天当被，地当床，星星点灯伴我眠。

第二天早晨醒来时，大家彼此相视，那个狼狈相今生不会再有。为了取暖，晚上大家挤作一团，睡得离火堆都很近，由于地方不够宽，挤得又很紧，烟熏火燎，个个都是蓬头垢面。由于疲劳过度，晚上甚至谁也没有醒来去值班站岗。

接近中午时我们终于到达山顶垭口，这里的海拔在 4700 米左右。大家有些激动，听向导说，只要大声呼喊就可震动云层，让老天下雨。当时山顶正是云层密布，于是大家高声呼喊，呼喊声果然震动了云层，真的下雨了。雨不大也不小，我们赶紧在雨中拍下了几张珍贵的合影。

从山顶下来一路山势较陡，坡度很大，人往下走常常刹不住，只能顺势奔跑着下山。因此，非常危险，必须眼疾脚快，找准落脚的地方和继续奔跑下去的路径，稍不小心，就可能摔倒擦伤，甚至可能会因为身体冲击给膝盖带来损伤。我在下山途中，不仅损伤了左腿膝盖，而且在一处长满青苔的缓坡处还摔了个四脚朝天。那一下摔得实在太狠，幸亏那年我四十三岁，骨头还算结实，但左腿膝盖的损伤却一直伴随我走过了这么多年。

下午我们到达中国科学院的一个植物研究观测站。那里有一个较大的木头房子，有两个人守在那里。向导似乎认识他们，由于我们已经吃完了所带的食物，只能向他们求援。向导和他们继续商量，我们坐下来只顾休息，已经无力去问什么了。观测站似乎也很困难，但最后他们还是用大锅给我们煮了挂面，清水里放了点黑乎乎的熏肉。就那样，我们仍吃得津津有味。

饭后，三个向导要求先行赶到贡山县城，他们嫌我们走得太慢，说现在只有河谷里这一条路一直通往县城，没有向导也不会走错。因为原来说定的是请他们做两天向导，按照约定，他们在今天下午就该结束自己的任务了，于是我答应了他们的请求，并且让郝国强和林裕俊两个男生一同先行，待他们背东西到达县城后就支付他们报酬。于是三个向导和两个男生先行，我们四个人随后艰难尾随。

剩下的四人中，我属于行走最困难的。因为下山时，伤到了左腿的膝盖，尽管打了绑腿护膝，还是行走疼痛，而且两只脚已经满是水泡。当然，学生的情况也不是很好，个个都是双脚起泡，两个女生的球鞋鞋面甚至已经被脚趾磨穿，大脚趾已经从鞋面突了出来，而她们的球鞋却是为这次田野刚刚买的。

傍晚时下起大雨，我们沿着江岸左侧的小路前行。头上的头灯和手中的手电筒都已经无法照亮前路。我让大家尽可能一个接一个地靠近山体一侧慢慢前行，可是突然李自刚同学不见了，我们大声呼喊，听见他在江岸边大声回答。原来，他一不小心滑倒，情急之下，慌乱中抓住了江岸边的岩石，才免于滑入江中。这是不幸中的万幸，我们赶紧寻声过去，将一身泥水的他拉上来。

常言说，祸不单行。谁也不会想到，后来又一惊险的事情再次发生。

我们深一脚浅一脚地继续前行，看见前方有亮光，便寻着亮光来到了一户人家的门前。为我们开门的是一位慈祥的老阿妈，看到我们一行四人，吃惊不小，但还是把我们让进了房间。房间不大，地中间有个火塘。我们说明了来意，老阿妈似懂非懂，去里面的屋子叫醒了两个已睡的儿子。年轻人可以听懂我们的话，这是一户傈僳族人家。他们赶紧拿来松木，把地中间的火塘烧旺，让我们围在边上烘烤湿透的衣服。我们也顾不得什么，脱下衣服甚至鞋子，围着火塘烘烤起衣物。突然，由于火苗过高，火塘上面的茅草上的油烟引燃了房顶上的茅草。呼地一下，火苗就燃着了一片。当时我们都傻了，不过马上就本能地反应了过来。因为当时手中都拎着湿漉漉的衣服在烤，于是衣服马上成为扑火的武器。我们抡起衣物朝着不算太高的屋顶着火处一顿轮番猛打，居然在老阿妈两个儿子反应过来之前，就将火苗打灭了。后来经过仔细检查和喷水后，惊险的一幕才算过去了。在我经历过的所有故事中，这一次让我小小的心脏承受了前所未有的压力。事后我常常想，如果当时把老阿妈的房子烧了，自己的后半生将如何度过！我一直没有答案，除了发呆还是发呆。

我们无心再烤火取暖，看着屋外的雨势渐弱，便要继续赶路。善良的老阿妈让儿子准备了一大捆松明火把，装进一个尿素口袋中背着。老阿妈送我们出门，我们在雨夜中彼此挥手告别，那一刻泪水悄悄地流过了我的脸颊。

跟着老阿妈的两个儿子，在松明火把的光亮中，我们一路蹒跚着走出了河谷旁的山路。

县城路口，郝国强和林裕俊两个学生已经在那里焦急地等待，他们租来的一辆面包车也已经在路口等候多时。看到我们在火把引导下，从江边小路走出，他们悬着的心终于放下了。他们说，如果再等一会儿还不见人，他们就要报警了。

谢过两位引路人之后，我拿出 200 元钱给他们，他们却坚决不收，那份坚决让我再次看到了傈僳人的淳朴和善良！这么多年过去了，我经常会想起那一户没有留下姓名的善良人家，但却无以报答，只能在心中默默祝福他们平安幸福！

在我曾经翻越过的高山中，高黎贡山并不是最高的，但是，它却是我心中那座田野中徒步翻越的最高的大山，只因为那次翻越中有我们师生太多的值得珍藏的故事。

巫蛊之术还是蚊虫叮咬？

张　洁（中国人民大学）

2017 年 2 月到 6 月，我在贵州省黔东南苗族侗族自治州丹寨县某乡某村进行石桥造纸文化技艺的博士论文的田野调查，在这个向往已久的苗族村寨里与当地人同吃同住、谈笑风生、参与观察、捕捉奇风异俗。田野期间，我发现了田野异趣，也体会到跨文化的交际误读现象，并陷入语言上的沟通困境。最有趣的是，我在听闻当地人“地方阐释”的故事里遇见了传闻中，甚至小说里曾经提及的苗疆巫蛊之术，欣喜惶恐之余又感到如获至宝。地方社会里，自然科学话语体系的解释力显得异常薄弱，然而却不得不相信“当地人”的说法。在当地的情境和人群语言行为的互动场景下，我感觉当地人讲的就是“真理”。

苗族的主要信仰有自然崇拜、图腾崇拜和祖先崇拜等原始宗教形式，苗族社会迷信鬼神，盛行巫术。比如贵州苗族认为他们的始祖姜央起源于枫木树心，因而把枫树视为图腾。这个巫蛊之术大体就是说，在苗族有一种母女代际相传的巫蛊之术，这种巫术通常以咒语施加在她们关注或者喜欢的人身上，然后被下咒的人就会浑身不适、周身乏力，或者皮肤感染、浑身痒痒，或者肚子里出现大量虫子并在全身游走蠕动，又或者被蛇或者毒青蛙咬一口。根据症状轻重的不同，可知巫蛊的下咒轻重不同。

据村里人讲，很早以前，汉族人打败了苗族祖先，苗族人躲到山上不敢出来，很多男人都出去打仗了，家里只剩下妇女、儿童，为了保护自己的妻小，苗族人民发明了这种巫蛊之术以应对外来的官兵，必要的时候会放出巫蛊来保护自己。据说中了蛊术，就必须听命于放蛊人的差遣，并要定期回到苗疆，服用特制的解蛊药，才可续命一年。年年如此，直到死亡。也只有放蛊者拔除蛊毒后，中蛊之人才有可能摆脱蛊毒的残害。传闻最多的是边境的野人山，那里地形险要，山上的人与外界极少接触，直到今天，那里还如世外桃源，发生着许许多多怪异的故事。

施巫：情感表达和安全保护

石桥村也是一个祖祖辈辈都是苗族的民族，听村里人讲，石桥村整条街上有很多妇女精通巫蛊之术，但是没有人知道谁会给谁下降头（巫术），如果外来的人莫名其妙地被毒虫咬了或者不明原因地发病，就是因为这个施了巫术的女人很喜欢对方或者关注了对方某一个特质。比如：她夸你说你的腿长得真好看，下一次这个巫蛊传承人就会施行咒语让这个腿长得好看的人第二天走路一瘸一拐，接连几天都腿疼。此外，巫蛊的轻重有所不同，当地人会判断来村子的人的品德、来意，根据他们是否做好事、是否友善来决定是否放蛊保护自己以及放蛊的轻重。如果来的是为村子里做贡献、友善地为本村子做好事的人的话，巫蛊就会热情接待他们。当地人说，如果是给我这种人放轻微的蛊，只会是一点小毒虫叮咬一下，其实就是一种“热情的友好的表示”以及“佩服的调侃”——或者漂亮，或者知识渊博，以让我对苗族村庄留下一点印象；相反，如果是外来者不怀好意地或者不友善地来村庄，被当地人发现对他们不利，她们就会放重的蛊。

关于巫蛊存在的真实性，当地人说，他们苗族的确是有巫蛊的，但是只要做到心中有数，稍微防范一下，她就不敢放蛊。关于施蛊的人群，当地人说，有的蛊是因为养得很大了，但实在找不到人来放或者不想去害无辜的人，施巫的苗人便会将蛊放在当地路边的田地里，然后就会被牛吃掉，而牛吃了这个有毒的虫子以后就会得病而死，当地人将牛的尸体解剖之后，发现牛的肚子里全是蚯蚓、蛇、毛毛虫。这个蛊会在牛的肠子和胃里繁衍生息，一团团的，牛会满地打滚。

巫蛊传习：传女不传男

在苗族地方社会，人们是不能按自己的意愿选择是否成为“接班人”的。如果家里有女儿就一定是母亲传给女儿，没有女儿就传给儿媳妇。因为男子阳气重，巫蛊至阴至寒，因而这种传习的人要想自己能够活下去就得传给女人。巫蛊传习是不能自主选择的，也就是说，不管这个女娃娃是否愿意成为一个有巫蛊法力的传承人，她都自动地成为母亲的传承人，是从基因里面就交给她的。村里人给我讲了一个例子。石桥村以前有一个女孩子，她知道她的母亲会施行巫蛊，就嫁到外村子，以此躲避自己的母亲传给她。正巧有一天过节，她带着自己的老公回来，母亲要给她传巫蛊之术，她非常倔强不想学习，于是拉着自己的丈夫往外跑，正跑到半路，突然看到一条蛇已经缠到自己的腰上，她非常害怕，丈夫为了救她正要拿着刀子砍那条蛇，谁知道蛇已经自动消失了。这个过程说明她母亲已经将这个巫蛊之术传授给了自己的女儿。所以，苗族巫蛊之术多在已婚妇女间传承和习得，往往都是婆婆传给儿媳妇或者母亲传给女儿，故而苗族精通巫蛊的人往往都是妇女。传说苗族苗疆蛊毒施术时必须保密，如若不然下蛊者定遭反噬。不过传到中原的蛊术似乎没有这种副作用，不过因为苗疆蛊毒太过歹毒，养蛊者一般还是会避人耳目的。

虚惊一场：是否中了巫蛊之术？

与村人聊苗族巫蛊之术期间，我的手开始不断发痒、肿胀起来。吃饭的时候房东阿姨问我："你是不是跟那一群女性聊天，特别会说话，见人就笑嘻嘻？"我说："是的，我每天都要访谈。那些女人们都在南皋河清洗构皮，我就过去跟她们闲聊。"阿姨说："你可能就是中了这群女人之中某一个人的巫蛊了。"我听后，感到非常惊讶，因为觉得这种事情不可能发生在自己身上。但是我的手也是不明原因地肿胀起来的，我以为就是山村的毒虫咬的，是过敏所致。阿姨解释道："我给你放一下辣椒水，你看是不是很想抓挠？如果放了辣椒水跟盐都没有感觉到蜇得疼的话，你就是重了巫蛊。"听了这个解释，我非常好奇，于是按照阿姨的办法，把辣椒水涂在肿胀发麻的手上，我说不疼也不蜇，阿姨问我："是不是一点都不蜇？而是感觉到清凉？"我说是的。阿姨瞬间很肯定地说我是中了巫蛊。我一脸惊讶，觉得毛骨悚然，但是又找不到可以信服的原因。我自己以前学过医学，确实也可以从蚊虫叮咬导致炎症肿胀的角度来诠释阿姨的说法，如果仅仅是发炎、中毒或者蚊虫叮咬，我使劲抓挠了肿胀处，放了辣椒后就应该觉得疼痛而且蜇得很难受，可是实际情况并非如此。于是我真的有点相信可能中了巫蛊之术。阿姨说，下午吃完饭带我去“收虫子”，叫我要态度严谨，见到了巫师不要多说话。我这下更加激动了，来到苗乡三个月以来，我都只关心与自己研究主题相关的参与观察，却未曾见过苗族当地的巫医，于是积极配合阿姨的指引，让她带我一睹真容。

我跟着阿姨来到街上一家普通的苗族人家里。一个木质的平房，进去的时候是一个大娘接待的我们，她正在跟大爷两个人看电视。阿姨用苗族方言跟她说明了我的情况，说我就在南皋河跟一群妇女去捡料，回来以后手就肿了，辣椒水也没蜇得疼痛，因而觉得是中了巫蛊之术，需要赶紧“收虫子”。这个大娘看着非常普通，毫无巫师的样子，她笑嘻嘻地从屋内拿出一袋类似本地的沙土的粉末和一个碗，准备将粉末盛到碗里去。当时，我以为她的袋子里会是蛇，吓了一跳，因为传闻苗疆巫蛊是蛇、蝎子、蚯蚓、蚂蚁和青蛙，正打算躲开，可近看是一包普通的石灰沙土。情急之下，阿姨暗示我得给点“诊金”，我就拿出十元钱给了这个大娘。

她将灰色的沙土盛到碗里，再用袋子包住这个盛满沙土的碗，然后让我把肿胀的手伸过来，就开始用被袋子包裹的碗不停地筛沙土，筛了大约半个小时，我当时感觉手背有点麻，好像有东西在手背上，但是又觉得就是沙土掉在了手背上，所以也没看得太清楚。过了半个小时，这个巫医大娘将袋子打开，让我看这个盛满沙土的碗，我一看，有半碗已经出现了一个很大的空缺。我很惊讶，便问：“是不是这个沙子漏了？”阿姨赶忙说：“快看，这个缺漏的地方就是虫子把沙土吃了，你的虫子已经被沙土吸走了。”当时我很惊讶，这就是当地人的解释，我一直用物理科学的方法去思考，为什么满满一碗沙土，在摇晃了半小时以后，碗里会出现如此大的空缺，难道真的有虫子吃了沙土？还是沙子从袋子里漏走了。正在我冥思苦想的时候，这位巫医大娘又盛满了一碗沙土，还是包上了袋子，继续在手边摇晃了半个小时，这是第二次“收虫子”，半小时之后，打开袋子一看，碗里只有一个小窟窿，她说：“看，吃了一小口的沙土。”又过了一会，巫医开始盛满第三碗沙土，继续摇晃，一边摇晃一边跟阿姨有说有笑地聊天，仿佛并没有默念什么咒语。过了 20 分钟，她打开袋子，看到碗里的沙土还是满满的，就说：“好了，虫子不吃土了，我已经把虫子赶走了，后天就会好了。”当时，也不知道怎么回事，阿姨问我手还痒不，我竟然奇怪地配合了这样一个看似荒诞的过程，我的手那时候真的就不痒了。接着，巫医大娘就让我回去休息以观疗效。

根据当地人讲，巫蛊之术往往有两种解毒方法：一种就是在能够知情施巫者的情况下请求解毒，另一种就是在无法判断谁施巫的情况下请巫医解毒，巫医一旦看到情况就知道怎么回事，虽然它不能告诉你是谁在向你施巫，但是她能够解毒。

关于苗族巫蛊之术，在很早的古典民族医药中就有记载，金庸在小说《碧血剑》中写到过，《仙剑奇侠传》中也提到了苗族曾经的南诏国，金庸的《天龙八部》中也提到苗族的后裔。一般情况下，以毒攻毒的治病方法以及巫蛊之术都是苗族人自己跟随母亲与生俱来地继承来的，之前只在小说和史书记载中见过，但不想，在现代这样一个苗族村寨里依然有人精通巫蛊之术。

草木皆兵，防微杜渐

巫术“收虫子”过去将近 5 个小时后，我的手臂居然不痒了，手臂上肿胀的包也在慢慢退去。虽然还没有完全消肿，但是却很少挠痒了。这件事令我非常惊诧，如果从普通的西方医学的解释话语体系来看，可能就是在山村里的河流旁边不小心被毒虫子咬了一口。可是苗族的解释就是中了巫蛊，特别奇怪的是，经过巫医“有模有样的施法”之后，我的手不痒了，并且第二天真的痊愈了。第二天早晨，我起来观察我的手，发现红肿已经退去，而且也不是那么大范围的瘙痒了，虽然还有一点红疙瘩！

巫蛊虽与苗疆有渊源，但最早起源于汉族。早在《本草纲目》中就有所记载，中医针灸最早也治疗过这类毒虫啃咬，但大多是传闻，古代的《搜神记》也有过记载。以前的养巫蛊的人将虫子放在密封罐子里面用人血养，到了一定时间拿出来，按照自己的意志将毒虫放给别人施以意念，被下了巫蛊的人必须听命于施巫者，轻则疼痛，重则毙命，现在的科学有的无法解释，但又没有太多科学依据。但是，我想用物理化学和生物科学因素去解释这种现象。如果苗族本地真有巫蛊的话，岂不是说话办事都要处处小心，入户访谈都要有所提防，那么如何做到既要不露声色地合理防范，又能够和谐地融入当地社会进行顺利的访谈，可能是我田野中需要思考的重点所在。

回来的时候，我遇到了村里以前的中医大夫，他学习过中医药，现在烟草店看店铺，是苗族人，今年 79 岁。我伸出手来给他看，试图获取另外一种科学体系对手肿胀发红的解释。这个爷爷说，这是被虫子叮咬了，他叫我用盐巴水清洗，并涂在手上。听到这样的解释，我心宽慰。同样都是苗族本地人，有过中医学背景的本地人认为我的手是被毒虫咬伤，只需土方就能治疗；而没有中医学背景的苗族本地妇女则带我去看巫医，认为是小的巫蛊，需要“收虫子”。两种解释看似都有道理。

回到当地旅游文化指挥部的值班办公室，我与丹寨县政府的宣传部主任谈及我的这个经历，他给我分析了原因和心理调适的办法，劝我不用太过紧张，因为在苗族地区虽然每个寨子都会有巫蛊，但不是每个人都会用。一个寨子通常也就 1 ～ 3 个人会用，一个村子有 1 个巫医。他跟我说了一些以后进入苗族村民家里应该采取的防范措施：一是随身佩戴装有辣椒的荷包，这样巫蛊不敢近身；二是注意观察，进门前要自然地抬头看一下房梁，这样放蛊的人就会觉得来人比较聪明不敢放蛊。关于第一种放辣椒的说法，我问是不是巫蛊惧怕辣椒，是不是与苗族当地人喜食辣椒的饮食习惯有关系，主任说或许是。我进一步追问为什么要进门看房梁，主任解释道：“你有这个动作，放蛊的人会觉得你这个人很精明就不敢放给你，最好是房梁，其次就是门房，这个是我们村里的老人们说的，但是不能让人感觉你是疑神疑鬼地故意使劲看。”我说：“我现在进了村民家里，都是先看一下厨房有没有特别干净，听说如果家里没有蜘蛛网的话就说明有蛊。”杨主任说：“这个厨房的观察是说不清楚的，有的农户家里喜欢清洁，也不容易辨识。只要你心里想着可能它家里有蛊，就不会有问题。”

一点小结

关于巫蛊之术，历史久远，早年从汉族传入苗族，后有族群征战和民族融合之间的苗族妇女自我保护之说法，史料和《本草纲目》也均有记载。同时，巫蛊之术也与特定的地理环境和生态自然环境有关系，在西南湘西一带盛行，是因为这里大多数是亚热带季风气候，毒虫叮咬频繁，各种生物聚集，灵异事件频发，所以苗疆有巫蛊和巫医术是确有其事。从历史角度、生物生态角度以及苗族风俗文化的视角看，巫蛊在苗族历史史诗《贾理》中也有记载，并记载了巫医的解决和处理办法。与其说是无法用科学解释的神秘事件，不如说是苗族人民独特的情感关系的表达和自我保护的神秘措施，她们热情好客，也喜欢四海八方的来客，但是有的“陌生人”也会攻击她们或者恶意破坏当地的生态环境或对本地人造成攻击和威胁，她们只是用自己独特的方式来保护自己、表达情感、传承文化。这种巫蛊之术在神秘中继续传习下来，影响着每一代苗族人。巫蛊一般不会对外人造成致命的伤害，更多的是一种“自我的保护”，也是苗族人民对远道而来的客人的一种“热情好客”的情感的表达方式和人际关系礼俗互动的表达方式，以及独特的公正观念的“奖惩”“仲裁”的表达方式。

塔公草原：浪迹与朝圣

朱靖江（中央民族大学）

旧名"打箭炉"的康定城，在三盘五转之后便从视野里消失了踪迹。折多山如一道凌越时空的关隘，依稀障隔着汉藏两地的风物与信仰、记忆与归宿。早秋时节的山野凋零了大半丰美的花色，树叶悄然转黄，一道潺潺的清流善睐如明眸，将收割过青稞的田亩与连绵高耸的铁色丘陵勾画成一幅农闲的风景，又被散牧的牛羊含在嘴里，慢慢地咀嚼着。

雅拉神山　（朱靖江 摄）

下折多山西行至新都桥，再北上数十公里，当眼界从山重水复间豁然开朗时，塔公草原早已在我们的身边起伏铺张，弥望不到边际。从地角涌动的云气蒸腾至雅拉神山的雪顶四围，如意念一般倏忽变幻着。古老的塔公寺在晌午的阳光下熠熠生辉，几位摇着转经筒、捻着念珠串的老人在墙根下闲闲地坐着。而在寺院的殿堂前方，一名头顶红色遮阳帽的年轻喇嘛向我微笑致意："扎西德勒！我是索南达杰。"

三十岁的索南达杰是塔公寺的管家，从德格一所佛学院毕业之后，便来到这座康区著名的萨迦派寺院修行与服务。"塔公寺是文成公主修建的。她从汉地带来的一尊佛像因为喜欢这里的风光水土，便留下来不肯继续前行。所以'塔公'的意思就是'菩萨喜欢的地方'。"索南达杰指着殿内那尊古老的佛像，讲述它曾显现的神迹，以及历经劫难得以幸存的民间秘史："'文化大革命'期间，塔公乡的老百姓纷纷将寺庙里的佛像和文物藏在家里，殿堂也被改作草料仓库，满墙古老的壁画都被遮掩在草堆的后面。落实宗教政策之后，家家户户都把藏了多年的宝贝归还给寺庙，这些壁画也得以重见天日。"索南达杰欣慰地望着桑烟升起的塔公寺，浮现出满脸纯真的微笑。他在绛红的僧服下面，穿了一件印有 NIKE 标志的红色 T 恤衫，这使这位年轻的寺院管家，看上去还像一名满怀憧憬的佛学院学生。

塔公寺东北方向的草原深处，循一条古老的牧道逶迤前进，在插满红白两色经幡的坡头下方，高低错落的几幢碉房，簇拥着一座巨大的佛塔，这里正是康区以"和平大法会"闻名遐迩的小村庄：各日玛。"各日玛"，仿佛是谁舌尖轻吐的一个卷舌音，抑或是用钢钎雕琢青石经版时磕击的回响。它可以在每年藏历正月十五那天，将成千上万顶风冒雪而来的康巴信众聚拢在村中的场坝里，整日聆听低沉的法螺与高扬的佛号；也能在九月一个日光微醺的下午，守望清净寡言的一方乡土，让心思归于牧马牵牛的那份平淡。

我用一枚硬币，从潜心刻经的汉子手中换得一块镌写了藏文六字真言的玛尼石版，又将它摆放在各日玛佛塔旁大垛的玛尼堆上。“你的心意也会被添加在佛塔中的。”一个苍老的声音从我身后传来，竟有些出乎意料。鹰一样面孔的康巴老者随即站在我的面前：灰白的长发垂落肩头，凌厉的双眸透着微微的笑意。“我们会把它砌入塔里，和所有这亿万块玛尼石一样。”他挥手指向村中金字塔状的斑斓佛塔，几名匠人正在将一片又一片刻满经文的石版添加在佛塔的基座上，层叠无止，在蓝天下庄严得令人屏息肃穆。

“我叫然帕。”老人注视着我说，“我们各日玛人的心愿是用二十亿玛尼石修成这座神圣的经塔。今天，你也是这奇迹的一名贡献者。”

我跟在然帕老人的身后，逐一推转塔前一人多高的金色经筒，倾听风从远坡经幡上吹来的灵息。操着瓦刀的年轻工匠俏皮地吐了吐舌头，又俯身做他砌铺经版的活计。几名年轻的红衣女尼帮忙调整经筒的转轴，看似悠闲地忙碌着。一些从异乡赶来朝礼的老迈藏人不再返回故里，而是在经塔周围垒起简陋的石屋，就此栖居于各日玛村内，一如年少离家、老来终于归返家园的浪子。我忽然想起一位摄影师朋友托我问候一位名叫贡布的老者，他和妻子、儿女就住在各日玛，两年前曾与那位摄影师有过数日的交情。

“你是说早年参加藏军打过仗，后来被政府喊下山来的老贡布吗？”然帕问我。“他两天前刚过世。喇嘛们正在他家中念经，再过两天就要送到山那边去天葬了。”老人一边遥指着远处坡头的天葬台，一边领我走到一幢新近建成的藏房门口。贡布的家人在院子里张罗淘洗，见有客来，便将我们让至二楼的厅堂里。贡布的妻子郭库安详而伤感地望着我们，昏黄的灯光映着她花白的头发和苍老的容颜，却是一种洞悉往生与来世的宁静目光。

年轻的喇嘛　（吴乔 摄）

女儿们在房间里打茶待客，内间的经堂传来僧侣嗡唵低沉的诵经声。在生命如流水般的安歇过往中，老贡布悄然带走了他今生历尽的苦难与欢乐，再次踏上灵魂流转的旅程。我们虽无以追问此间湮灭的往事，但在标志着坚忍信仰的各日玛，伤逝从来只是一场短暂的离别，正如广阔的塔公草原，每每经过寂灭的寒冬之后，总有新春的芳草在冰雪消融的康巴大地上再次萌生。

“塔公草原的康巴人有从军的传统。老贡布当过藏军，我年轻时参加过解放军，二十多年前还在云南边境的对越反击战中负过伤。”从贡布家出来，一位身穿迷彩服、留着寸头短发的藏族老汉与我攀谈起来。他撩开袖筒，露出手臂上一片椭圆形的伤疤，又递给我一张红色的伤残证，上面写着“西绕绛措”的名字。西绕绛措曾在重庆等地当兵多年，退伍后在乡政府工作，算得上是塔公草原最见多识广的一个人物。

“我和他们不一样。贡布辛劳一辈子修起这幢新房，还没住几天就死去了。我退伍一回家，就把分给我的一百多头牦牛全都卖掉，然后去全国旅游。”西绕有些得意地说，“广州、上海，我到处都走过。好耍得很！”他又回头望了望村子正中的那座玛尼佛塔，继续说：“我也不信菩萨，只信共产党。”

“如果要去五台山朝佛，该怎么走？”然帕领着我和西绕绛措走进他自家的房门，端上一碗酥油茶，不经意地问道。我大致描述了如何从成都乘三十多个小时的火车至北京，再转车前往山西方向的路线。然帕专心地听着，他身后的墙壁上贴着布达拉宫和远近几位活佛的照片，还有一张帐篷林立、灯火通明的草原夜景海报，上面用汉字写着：“菩萨喜欢的地方——塔公”。

茶过三道之后，然帕又拿来青稞和奶渣，请我们就着酥油茶揉糌粑吃。“我养了一百五六十头牦牛！不算村里最多的。”然帕淡然地说。西绕则私下告诉我，康区的牧人从不会告知外人牲畜的准确数字，因为他们笃信一旦将这个神圣的数字泄露出去，家中的牛羊就再也不会继续繁殖了。然帕的屋中摆满了鼓鼓的酥油口袋和冰柜、电视机、影碟机等家用电器，生活之殷实可见一斑。内室被布置成一间华丽的佛堂，这里才是然帕神驰心瞩的灵魂圣地——菩萨喜欢的地方。

西绕绛措坐在我身边，继续讲他四方漫游的见闻和理想：“明年再卖几头牦牛，就往北京去一遭。”然帕端茶啜饮，沉吟而又不失尊严地望着我们，间或也说几句他往西藏朝圣的经历。“你一路都会看到推着小车朝佛的人、一步一拜磕长头的人，他们都是发愿往拉萨去的。”然帕回想他从塔公草原徒步走到拉萨的往事：“我用了十个月的时间。若是磕着长头，至少需要两年……你说去五台山，真的五天就可以到了吗？”

我热诚地与这两位康巴长者讨论着拉萨与北京、浪游和朝觐，仿佛是为自己抽丝剥茧地挣脱心灵的束缚。放浪者如西绕，自由地追逐他天涯远蹈的不羁梦想；信仰者如然帕，虔诚地践行他苦旅朝圣的人生宿命；甚至安息者如贡布，也圆了他早年戎马异乡、暮年归返家园的心愿。我们都是在众生道上坎坷前行的旅人，各日玛如一座中途的驿站，短暂地相逢之后，又指示着不同的前程与方向。当我们的汽车重新起程上路，那些生息千载的记忆与梦想、祈祷与吟唱，依然随着荒野的风，奔行回转在广袤苍凉的康巴大地上。

哦！他是中国的穆斯林！

张　多（华中师范大学）

2016 年，我利用在美国印第安纳大学访学的机会，打算接续 2015 年在美国做的圣诞节调查，也对当地民众的节日生活进行跟踪研究。因为 16 年前的一段缘分，我与小城布鲁明顿的 Steven、Cindy 夫妇成了好朋友。

他们夫妇是我的老师夫妇 16 年前在布鲁明顿结识的老朋友。他们的家庭是当地普通的欧洲裔中产家庭，分别从事工程和律师职业。他们有不少亚洲朋友，也来过中国，因此“中国”在他们邻里和朋友间常常成为一个话题。第一次去做客，我就跟他们说了想参与、观察美国节日的想法。Cindy 马上接话道：“瞧瞧！民俗学者已经开始田野作业了！”我们被逗笑了，美国人的幽默给我留下深刻印象。从此以后，每逢节日，他们都会来接我去家里，我先后经历了劳动节、万圣节、感恩节和圣诞节。

9 月第一个星期一是美国的劳动节（Labor Day），今年是 9 月 5 号。早在一周前，Cindy 给我发了邮件，告诉我劳动节他们家有个聚会，主要邀请的是 Steven 的同事和朋友。他们打算在院子里烤牛排汉堡吃。因为他们知道我来自穆斯林家庭，所以特意告诉我所有食物中都没有猪肉的成分。

这里我须交代，尽管他们特意准备，但还是不能为我提供“清真”的食物，不过伊斯兰教的宗教文化制度允许在找不到清真食品的无奈情况下食用其他食物。我在布鲁明顿极难找到清真肉类，因此我也吃超市供应的牛羊鸡鱼。尽管这样，我依旧接受不了猪肉，这是个饮食习惯的问题，就像有人不吃大蒜、香菜一样。在 Cindy 夫妇这里，他们的特意准备是出于对宗教文化的充分尊重，因为他们是基督徒，深知其中的道理。我非常感谢他们！

下午四点过后，Steven 的同事们陆续到了，今天参加聚会的一共有 16 人。起初 Steven 向朋友们介绍我时，讲了我们师生和他们家跨越 16 年的缘分，大家都十分惊讶，纷纷称赞。于是，我这个外国人成了今天聚会的中心，这些布鲁明顿的老居民对中国十分好奇，问这问那。一位朋友对 Steven 讲："你总跟我们讲中国，今天总算有个真正的中国人和我面对面聊天了。"他问我的家乡是哪。我说我家在昆明，中国西南部的一个大城市。他挠了挠头，转身让 Steven 带他去书房，随后，他们拿了一本巨大无比的世界地图集出来，大家纷纷凑过来看。

我在地图上指出了昆明，大家就像发现了宝贝——"快看，这儿有个湖！""哦！离越南这么近！""我从不知道中国都到这儿了！""我从没想过会和来自这里的学者在一起！"我开始充当昆明的"国际形象大使"了，回答大家有关云南和昆明的各种疑问。Cindy 从后面呼喊，叫大家到院子里去，准备烤牛排了。

大家就座后，Cindy 凑过来专门告诉我，今天没有猪肉，可以放心。这句话引起了一位坐在我旁边的朋友的注意。Cindy 接了话过去："他是穆斯林。"这位朋友用非常惊讶的表情跟大家说："哦！他是中国的穆斯林！"大家都非常感兴趣。我心里明白，对普通美国人来说，新闻里的"中国"和"穆斯林"大概都在热点话题之列。我也非常乐意跟大家介绍中国穆斯林的情况。

我说我是回族人，一个中国的穆斯林民族群体。另一位朋友坦言他的惊讶："我从不知道本土的中国人里也有穆斯林。"

我又介绍，中国至少有十个世居的民族群体都是穆斯林，他们彼此的文化传统也各不相同。我身旁的朋友握着我的手说："谢谢你！今天有太多事情是我第一次知道！"我顺着他的话说："看来你是时候亲自去中国看看了！"大家都笑了。

临别时，坐在我身旁的那位朋友特意跟我说，他对中国有这么多穆斯林民族群体很感兴趣，这跟他通过媒体感受到的中国很不一样。我深深感到，当今世界虽然是互联网的时代、全球化的时代，但是深究生活于其中的地方和人，文化之间的隔阂依然很深。人和人、地方和地方、国与国之间，彼此的了解远没有我们想象的那样多。不要说美国人了，就算在中国，我工作生活中遇到的人对中国穆斯林也知之甚少。

田野工作者不仅肩负着自己的研究使命，更是文化交流、文化理解的桥梁。田野工作者除了在社区中向当地人获取信息，也须向当地人传递信息。田野工作往往能够生发出应用研究，正因为田野工作者自身就处在生活的第一现场。作为生活现场的主体，研究者须与他人分享自身的经验，在经验交互中，田野的问题与线索才会浮现出来。从田野作业的主体立场来说，田野从来不是关于"他者"的，而是关于"你"和"我"的。在田野现场，研究和生活的界限是模糊的，有时候田野更考验我们的理解力、交往态度和责任心。

麻食东来：我的“面食之路”

周　星（日本爱知大学）

2010年8月16日早晨，我向母亲告别，从商州出发去旅行。吃过母亲给我包的饺子，我特意绕路去背街一家小饭馆的门口，拍了一张照片，然后才前往汽车站。我拍的照片是这家店的招牌，上面写着它可以提供给顾客的食物：“臊子面”“油泼面”“鸡蛋西红柿面”“饺子”和“烩麻食”等，全都是面食。其中，“麻食”也就是人们常说的“猫耳朵”。不瞒大伙说，这“麻食”正是我的面食最爱（之一），也是此次出门旅行我想要去探寻的课题。

“麻食”，又叫“麻什”“麻食子”“麻什子”等，在我的老家是待客的饭。原本它没有什么特别的，只是因为做起来很麻烦，必须一个疙瘩一个疙瘩地搓，所以，不那么富裕的人家里，如果来了客人，比起其他珍贵的吃食来，这种花费手工的“麻食”，正因为费事，反倒可以表达主人待客的诚意。“麻食”的具体做法是，让和好的面团醒一会儿后，把它擀成厚约1厘米的面饼，再切成约1厘米宽的面条；然后，在案板上把面条搓成圆棍状，再切成规格均匀的面丁；接着，在案板上均匀地撒一层薄薄的面粉，再用手指摁着一个个面丁用力搓滚，面丁就会卷起来，由于它卷曲的形状，就有人叫它“猫耳朵”。记得小时候，母亲做“麻食”时，会教我们几个孩子在草帽檐上搓“麻食”，因为底面粗糙，比起平整的案板来，更容易把面丁搓出花样来。如此搓成的“麻食”，煮熟后再烩进豆腐丁、肉丁和蔬菜丁，就是“烩麻食”了；若是煮个半熟，再捞出来炒着吃，就叫作“炒麻食”。

在凹凸不平的簸箕上搓的麻食　（周星 摄）

我在西安住了两天，满大街地去找“麻食”品尝，当然也要拍照，把它记录下来。接着，8 月 18 日到兰州，停留一晚，照例探寻“麻食”。其实，在大城市里，“麻食”并不是很好找，因为它的制作太费手工，店家一般是不做的，这反倒突显了它作为家常面食的属性。19 日，又乘绿皮火车，沿着河西走廊向西游历，走走停停，相继在武威、张掖、酒泉、嘉峪关、敦煌、哈密、吐鲁番这些绿洲城市各待一个或两个晚上，并于 27 日抵达乌鲁木齐。除了从敦煌到哈密，再从哈密经吐鲁番去乌鲁木齐是乘坐大巴之外，其他旅程都是临时购买火车硬座票，有时甚至没有座，就站那么一程。一路走来，虽然也感到辛苦，但绝不敢和古时候丝路客商的风尘仆仆相提并论。激励我此行的动机，就是“麻食”。每停留一个地方，我都要努力去寻找当地有没有“麻食”这种面食，也尽量向当地人了解他们对“麻食”又有哪些说道，不用说，照例也要品尝一下，并拍照留念。

在乌鲁木齐，和王建新、铃木规夫、地木拉提、李宏复等诸位学术界的朋友合流，28 日，大家一起前往石河子大学。29 日，我们在石河子大学参加了由爱知大学国际中国学研究中心（ICCS）和石河子大学政法学院联合主办的“新疆民俗文化国际学术研讨会”，我在会上发言的题目是“面食之路与‘秃秃麻食’”。说起来，我离开陕西老家商州时，对这个题目并没有把握，但沿途边吃边走，居然有不少照片可以作为资料，放在我的 PPT 里。对我的这个题目，与会的学界朋友们感到意外，这多少让我有点小小的得意，因为它可是我一路吃出来的话题啊。

“麻食”其实是有很多不同的民俗称谓的。陕北叫它“猫耳面”，山西省的雁北、忻县一带，则把它叫作“碾疙瘩”，“碾”就是陕西方言所说的“搓”的意思。此次沿河西走廊旅行，得到确认的称谓又有“此耳子”（张掖），“此”在当地方言里也是“搓”的意思，张掖一带还有“腊八吃此耳子”的习俗。除此之外，还有“杏壳篓子面”“窝窝面”（张掖）、“杏皮疙瘩”（武威）、“杏壳面”（吐鲁番）、“杏皮面”（敦煌），这些称谓和“猫耳朵”一样，都是人们对其形状的一种描述。

众所周知，中国境内沿河西走廊的这条东西商道，被德国地理学者李希霍芬于 1877 年命名为“丝绸之路”；最近，中国学者叶舒宪又把它说成是“玉石之路”，应该是各有其理据，说得都很好。在我看来，前者是就欧洲皇室或贵族上流社会珍重的东方丝绸这种“软黄金”而言的，后者是就中原王朝的皇亲国戚及富豪们珍重的“和田玉”这种瑰宝而言的，我倒是更愿意把它理解为“面食之路”，这主要是着眼于商道沿途的庶民和客商们的饮食生活而言的。把丝绸之路说成“面食之路”，倒不是我个人的发明，此前已经有很多人这么说了，像日本的饮食人类学家石毛直道、日清食品公司那位发明方便面的安藤百福，还有以色列、韩国和美国的一些电视节目里，都有类似的表述。不过，这种说法在中国学术界却反应冷淡，我想，这大概与中国文化人类学/民俗学的物质文化研究较为薄弱有关吧。

“面食之路”的假说，当然也是有一定的文献和实物作为证据的，但是，想要把它说清楚却也不容易，因为它涉及很多未解之谜。例如，小麦的起源和扩散、制粉工具的发明史、考古出土的面食实物（例如，新疆阿斯塔那古墓群出土的可能是来自东土大唐的饺子、面点、馄饨、麻花以及馕等）和石窟壁画以及文献记载的互证等，都是需要花费一番功夫研究之后，才可以发言的。我的这次旅行，只是把“麻食”作为一个线索，想沿着这条古道走走看，虽然远算不上是标准的田野调查，却也是有明确的目的，走到了野外去求索。我的“方法”其实很简单，就是在所到之处，尽量要吃到当地的“麻食”，一定要和当地的人们聊一聊这种吃食。

以“文化面类学”的研究而著称的饮食人类学者石毛直道，曾经提出过有关“拉面”起源于中原、然后向西扩散而去的假说，其依据除了他几乎吃遍了中国各地面条的“田野”经验之外，大概就是依据明人宋诩《宋氏养生部》的记载：“扯面：用少盐入水和面，一斤为率。既匀，沃香油少许，夏月以油单纸微覆一时，冬月则覆一宿，余分切如巨擘。渐以两手扯长，缠络于直指、将指、无名指之间，为细条。先做沸汤，随扯随煮，视其熟而先浮者先取之。齑汤同前制。”如果把他的说法归纳为“拉面西去”，那么，我想提起的便是“麻食东来”。

关于“麻食”的记载，最早见于元代忽思慧撰《饮膳正要》卷一：“秃秃麻食，一作手撇面。以面作之。羊肉炒后，用好肉汤下，炒葱，调和匀，下蒜醋香菜末。”在高丽人的汉语教科书《朴通事》中提到的“汉儿茶饭”中，也有“灌肺、蒸饼、脱脱麻食”等。元朝时无名氏《居家必用事类全集》中的“回回食品”一项，也提到“秃图麻失”，说它“如水滑面和圆小弹剂，冷水浸，手掌按作小薄饼儿，下锅煮熟，捞出过汁，煎炒酸肉，任意食之”。邱庞同的注释说：秃秃麻失，又名秃秃么思、子撇面、手撇面。清人童岳荐《调鼎集》卷六：“西人面食”条也提到过“秃秃麻食”。仔细斟酌这些文献，或许可以说“麻食”这种面食大概是元代时由色目人传入中国的，“秃秃麻食”本不是一个汉语词，它应该就是中亚或西亚、波斯某种语言的音译，因为是音译，故在汉语中就有“麻失”“么思”“麻食”“麻什”等多种表述。它最早应该是穆斯林的一种食物，很快地也被汉人所接受了。

有心的朋友或许注意到了，在美国电影《教父》的第三集，玛丽和她的堂兄文森特在厨房里一边调情，一边做的面食，就是“麻食”。记得当我看到这个电影场景时，曾感到非常吃惊，因为它和我的陕西老家做“麻食”的方法几乎完全一致。后来，我在日本看到一个电视节目，画面中有中国帕米尔高原的塔吉克人煮着一大锅“麻食”的场景，从而引起了我的兴趣。于是，“麻食”很自然地就成为我探索“面食之路”的一个重要线索，当然，与此同时，它还慢慢地变成多年来我在异域和故乡之间“穿越”往来时的一个念想。

滇西北“背包”实地考察记

张祖群（首都经济贸易大学）

两年多了，我的脑海里仍然浮现着 2009 年秋天在滇西北、藏东南风尘仆仆考察的那些日子。那是一次科学考察，由中国科学院地理科学与资源所组织，随团的 7 辆越野吉普车都配备了精密的 GPS 仪以及测量生态指标的各种仪器。

人与黑颈鹤

我们考察组的第一站是香格里拉县纳帕海。在纳帕海四周生活着一种国家珍稀保护动物黑颈鹤，俗名藏鹤，栖息于海拔 2500 米～ 5000 米的湿地，是世界上唯一生长、繁殖在高原的鹤类。这种国家一级保护动物全球只有 2000 只左右，属于濒危的物种。黑颈鹤主要分布于青藏高原的青海省玉树苗族自治州隆宝滩国家级自然保护区、西藏自治区的色林错、云贵高原的迪庆藏族自治州纳帕海、昭通市大山包国家级自然保护区、贵州威宁草海等地。到了秋天，黑颈鹤会带着刚刚长大的幼鸟，与其他家族结成十几只，甚至四五十只的大群，排成“一”字形、“V”字形、“人”字形的整齐队伍，飞越崇山峻岭，到达气候相对温和的地方去越冬。纳帕海的黑颈鹤，大约有 340 多只，系从青海西宁湖南迁越冬而来，它们还可继续南迁至贵州咸宁革海越冬。一般是 9 月飞来，第二年 3 月飞回繁殖地，所以有“来时不过九月九，去时不过三月三”的说法。我们考察的时候正是八月中旬，没有机会看到黑颈鹤的秀姿，只能回住所阅读纳帕海自然保护区的介绍材料，看迪庆藏族自治州林业局给我们的光盘，在其中寻找黑颈鹤的身影。

在纳帕海四周零散分布着藏民，在藏牧民心目中黑颈鹤是一种神鸟，极通人性，仅食用青稞地的青蛙、昆虫、小鱼、水生植物的嫩叶以及杂草，即使再饿也不食用青稞。关于这一点，云南藏族聚居区流传着一个鲜活的故事：很久以前，黑颈鹤经常到青稞地中寻觅青稞种子，到青稞长大以后又吃青稞苗，秋天青稞成熟时则大嚼青稞籽实。人们对黑颈鹤破坏庄稼的行为又气又无奈，最终只得用下扣的方法捕捉黑颈鹤。故事到此本来应该结束，可是峰回路转，人与黑颈鹤结为兄弟，他们相约：黑颈鹤永远不再糟蹋庄稼，发誓不再以青稞为食，即使出现在青稞地里也只吃危害青稞的害虫；人类发誓不再捕捉黑颈鹤，并将自己头上的三根头发赠给黑颈鹤让它妆点，以证明它与人类的亲情关系。从此黑颈鹤头上就有了三根头发，而藏民则从古至今一直保护着黑颈鹤。多么优美和神圣的一个传说啊！藏民和黑颈鹤形成一种默契，并且用这样一种口述史来表达传统生产和生活习惯中的人鸟亲近和人鸟和谐。

黑颈鹤系不易为人接近的鸟类，但是他对穿着藏装的藏民天生有一种亲近感，外地游客靠近五十米它就会飞起，而藏民都可以接近十米甚至五米它却不飞。黑颈鹤系雌雄成对的偶居鸟类，如果一只雌鸟不幸死去，雄鸟则久久不肯离去，甚至会为其而亡。黑颈鹤的忠诚、执着、守信、美丽等一直为藏民所称颂，这也是它之所以被藏民誉为“神鸟”的重要原因。

回来以后，面对图片上优美的黑颈鹤，我总觉得似乎还缺点什么。刚好读到《金陵晚报》记者韦晔和南京大学新闻传播学院学生达娃玉珍经过采访后在人民网上发表的一篇《老人与鹤》的纪实文学，讲的是青海玉树一位名叫加洛的老人和他收养的受伤黑颈鹤的故事。那只受伤的黑颈鹤被人戳穿了头骨，老人将自己仅有的口粮都喂给了黑颈鹤，黑颈鹤最后不走了，一直伴随着老人。在老人的老伴不幸去世后，黑颈鹤成了老人的老伴儿。故事写得很感人，也很凄美，人鸟共舞，是一幅多么和谐美丽的画卷啊！中医传统理论认为黑颈鹤的头骨有利尿通淋的功效，于是就有人到青藏高原或者云贵高原捕捉黑颈鹤，盗取活体的黑颈鹤头盖骨以治疗顽疾。我访问过藏医，得知藏民之中绝对没有这种习俗。要知道，高挑的黑颈鹤头顶上的红色羽毛在藏民心目中已经不是羽毛，而是一种神物，如同心脏。

除了黑颈鹤以外，纳帕海周围还有斑头雁、赤麻鸭、黑鹳、大白鹭、中白鹭等珍禽候鸟。纳帕海在 1982 年被云南省人民政府列为省级自然保护区，2005 年被列入国际重要湿地，但是到目前为止还在申报国家级自然保护区。真是奇怪，这么重要的一处高原湿地，竟然是国际人士先认识到它的重要性，而在中国却长时期得不到应有的重视。难道是中国真的没有钱投入到对纳帕海的生态系统研究、对黑颈鹤等珍禽候鸟的保护工作中吗？非要等一些 NGO 或者国际组织人士到中国来疾呼与催促中国政府，中国人才猛然意识到：喔，那个高原湿地还真的挺重要！

另外，高原藏民与黑颈鹤在长期的人类史中形成了和谐共处、人鸟共舞的景观，可是外来文化比如汉族的移民、新时期的旅游开发等，不仅对其原生生态系统是一种隐形的破坏，而且对极其脆弱的文化系统也是一种莫大的冲击。

马帮后面的女人

沿着滇藏茶马古道一路北上。如今，“马帮”早已成了仅供凭吊的历史和仅在书本中出现的历史片段，只是在旅行社组织的地方风情表演或者风景旅游区的上山路线中才可偶尔一见。因为出来考察前，我整理和准备了一些基础文献，但在我的梦幻中，却常能看见在澜沧江边那弯弯曲曲的古代驿道上，有一队队负重累累的马帮缓缓行来，伴随马帮行进的是一声声清脆的铃声，还有马帮汉子一串串沉淀的梦想。在早年的电影《山间铃响马帮来》、田壮壮的新作《茶马古道》，以及2009年央视热播的民族大剧《金凤花开》这些影片中，云南的风情和马帮的生活得到了真实的演绎。

在汽车没有普及和公路没有修通的年代，在山高林深的云南西北，最方便的运输形式就是马帮。早在秦汉时期，沟通成都平原和西南各族的南方丝绸之路就已通行，而连接滇中、滇南、滇西北只能靠马帮。在漫长的历史岁月里，马帮和驿道是云南人与外界联系的唯一方式。随着马铃叮当，秦之五尺道、汉之朱提道、唐之石门道、宋之困马道，乃至元明清之昆宜道，向原始森林中延伸，在悬崖绝壁上盘旋，沟通东西南北。其中最著名的驿道是茶马古道。它沟通着川、滇、藏，一直通向不丹、锡金、尼泊尔、印度，直抵西亚、西非，两条主线是滇藏线和川藏线。滇藏茶马古道上，特别是抗战时期，马帮从西藏运回云南的货物有大量的英国卡其布、灯芯绒、毛呢料，以及各种日用百货，如毛巾、牙膏、牙刷、肥皂和剃须刀等。除此之外，更多的是山货、药材。在云南境内，马帮运输形成三大支线——迤东线、迤西线和迤南线。川藏茶马古道上，云南或者四川的茶叶与西藏的马匹、药材、皮毛等进行交易，两种不同的空间和两种不同的文明就这样神奇地联系起来了。时光到了 2000 年，云南历史上最后一支具有经济交换作用的大规模的马帮，正式结束了其历史使命，只留下那些深深浅浅的马蹄印，永久记下了古道和马帮的故事。

马帮把城市与遥远的村镇联系起来，同时创造了新的城镇，沿着怒江、澜沧江和金沙江南北向形成一串商业集镇。腾冲就是怒江中下游一个“马帮驮来的古镇”。腾冲南接德宏傣族景颇族自治州，西邻缅甸，北上怒江傈僳族自治州，东出保山、大理、昆明，旧时腾冲—保山的驿道有三条。在这些古驿道上，马帮踏出的马蹄窝印至今还随处可见。早在明末清初，腾冲就已走出一批华侨，在缅甸开采玉石，经商贸易。20 世纪二三十年代，腾冲商业发展迅速，涌现出很多著名商号，如茂恒、万通、洪盛祥、华盛荣、永茂和等，在国内外都设有若干分号。从腾冲至各地的运输线上，常有上万匹马往返运输，有时还要动用骡、牛。腾冲马帮最多的时候，有小西、勐连、清水、洞山、龙江、荷花、下北、固东、城关、罗新、上云、中和、平山、九保等十几路马帮。马帮驮来了货物，也驮来了外面的世界，一时间，边远的腾冲竟有“小上海”之美誉。大批华人出腾冲走夷方，带着自己简单的行李和马匹离开隔娘坡，就是异国他乡了。走夷方的男人都希望能在缅甸挣得大钱，实际上每一个成功的回来人背后都是累累的同胞尸骨，更多的人却死在路途中或者他乡。留在腾冲死守那个马帮汉子的寡妇，在她死后，后人就会给她立一块贞节牌坊。中华人民共和国成立前腾冲一个集镇上的贞节牌坊就达500个之多。要知道每一个高大的贞节牌坊背后，都是一双哭瞎了的眼睛和一个熬老的女身。走夷方的男人的艰难，以及同样死守的女人的艰难，可想而之，故腾冲流传“男走夷方女居孀”的民间谚语。如今，古驿道上残存的那一串串深深的马蹄印，每一个印窝里都安息着一个死去骡马的灵魂和一份女人的期盼。

“躲鬼”与“搬家”

余　珍（西南民族大学）

我的博士论文的选点位于贵州省荔波县的水利大寨。进入田野之前，我对之充满了好奇，并找来王学文博士写过的关于这个寨子的民族志看。在民族志中，他对水利大寨“鬼”的描述十分精彩，让我印象深刻。似乎那里的“鬼”多到随时可遇，我也因此有些忌惮这个多“鬼”的地方。我还没有进入田野，已经开始寻思该如何“躲鬼”了。

2015 年 11 月，我跟随导师杨正文老师和蒋彬老师进入水利大寨踩点，原计划是住在文化部民族民间文艺中心在水利大寨的工作站。在去工作站的窄石板路上，我顺手摸了一块长满苔藓的矮石。蒋彬老师告诉我说那块矮石相当于墓碑，只是没有字。我马上下意识地扫了一眼周围，原来工作站的一侧便是坟山。想到以后要住在这里，我被吓得出了一身冷汗。

2016 年 7 月，我第一次独立进入田野。尽管忐忑，内心还是充满期待。我住的工作站，前有水井，后有古道，左有坟山和古树。从视觉上来讲，环境优美，视野开阔。在这个寨子里，工作站被村民称为“豪宅”，这样的田野条件，我之前想都不敢想。独居一层楼，房间随意选择，24 小时的热水、书桌、席梦思床垫再加上美丽的玻璃窗和富有文艺气息的阳台，在别的同学看来简直太幸福了。事实上，晚上我总是不敢关灯睡觉，总会胡思乱想王博士书里讲到的“鬼”，陷入自我恐吓的怪圈。除此之外，住在工作站里，我隐约感到与村民之间的距离，这实在不利于我的田野。最终，和我的导师沟通后，我“搬”到了一户村民家里。打磨的水泥地板，用缝纫机“改装”的简易桌子，硬邦邦的木架子床，隔音极差的玻璃窗，用木架子搭的简易茅坑，早上爆辣到让我胃痛的面条，都给我带来前所未有的体验。对之，我并没有感到厌恶。正是这些，让我的田野得以顺利展开，之前的困惑和恐惧也随之烟消云散。

田野不是苦差事，自此一切都是乐事。主家对我的照顾、和主家之间不用言说的情谊亦是我的“意外收获”。从这一点讲，我是幸运的。多年后，希望这种真切的感受依然能陪伴我左右。

鬼故事、巧遇和惊喜：田野中的不期而遇

任杰慧（清华大学）

2016年，我参加了清华大学景军教授主持的国家社科基金重点项目“互助养老研究”的工作，由于负责农村老人会的田野调查，得以走访云南、福建、浙江等地的许多乡村，也在这其中收获颇多。

逸事奇闻

乡土中国有着许多有如《山海经》中所描绘的奇闻逸事。就像小时候听老人们讲鬼故事，心中充满着新奇、向往、恐惧而又不舍的情感。这次访谈竟也听到了一些怪事，虽不至于产生恐惧感，但未免还是会感叹未知世界的玄妙和似乎暗藏其中的玄机。

在云南玉溪访谈时，一位老年协会的干部讲到了一件奇怪的事。他说在他管辖的一个村子里，一百岁以上的老人基本稳定在10个，只要超过了这个数就一定有老人去世，这个“规律”已经有几十年不变了。还有一个村民小组，总人数不能超过一百人，超过了这个数也会有人死去，所以几十年来一直维持在九十几个人。这个故事可能并不能算一个真正的“故事”，真假难以确定，或许只是村民们的一种感觉。但在福建听到的林白水的故事确实有其人有其事。

林白水是福建省闽侯青圃村人，中国著名的新闻工作者，由

于敢于揭露北洋军阀的劣迹被杀，1986年被民政部追认为烈士。故事也是发生在他被追认为烈士之后。1986年，烈士陵园和纪念碑由林白水的女儿——旅美华人林慰君女士和青圃村共同筹资兴建，刚刚修好就被一场大雨所淹；1987年，林白水的女儿已准备8月份回国为父亲扫墓，却不幸于3月份在美国加州因车祸去世。这在宗祠文化流行，祖厝、村庙普及的当地，自然引起了不小的震动。当地人传闻，陵园的风水不好，选址有问题。为了证实这个故事，我上网查了一下，林白水的女儿林慰君女士果然是因车祸死于陵园修好的第二年。我们去时，陵园大门紧闭，园中已现荒芜。

风水是中国最古老的文化之一，自古至今，有关风水的故事遍布各地。林耀华先生在他的《金翼》中就有对风水的描写，其中就包括对他自己家宅居的描写："这就是好风水呀！这山看上去像一只鸡，它的头和脸朝向一边，而它的一只金色翅膀伸向你家的房子，这可能就是为什么你们家繁荣昌盛的原因。让我们称你们的宅居为'金翼之家'吧！"且不论林白水的故事与"金翼之家"是否是旁人从结果推出原因的一种想象，如果分析一下现代鬼故事，它已经没有了直接对鬼的描述，但在整个故事的叙述逻辑里依然存在着与鬼故事一样的诡异玄机。回观人类学最初的"万物有灵论"，鬼文化在人类历史上有着悠久的传统，历经千年而不衰，是许多人童年挥之不去的记忆和情结。张小军认为，鬼文化无论对于个体生命还是群体社会，都有着不可或缺的文化生态学意义①，它或许是来自民间最朴素的信仰吧！

---

① 参见张小军《驯鬼年代：鬼与节的文化生态学思考》，《民俗研究》2013年第1期，第78～89页。

巧遇

俗话说，人生有四喜，“他乡遇故知”是其中之一，所谓“老乡见老乡，两眼泪汪汪”。可如果你见到的是同姓宗亲呢？算不算老乡？到浙江三门县访谈时，我就遇到了一件巧事。浙东地区的宗祠文化很盛行，传统的“祭冬”活动在2016年成功申报世界非物质文化遗产，所以这一年的“祭冬”活动特别盛大，我们这次访谈的时间也有意安排在“祭冬”这几天。其实“祭冬”又是祭祖，这一天，在外打工的年轻人只要有时间都会赶回家参加活动，在祭天、祭祖的一系列仪式中，尊老敬老的文化得以传承。当地的一个年轻人告诉我，祖宗们这一天是要出来吃东西的。清明节他们吃的是早餐，中元节吃的是午餐，“祭冬”这天吃的是点心，过年吃的则是晚餐。他讲述这些时神情自若，语气平淡，似乎在叙述一件平常事，而我也并无违和之感。

我们的田野点是三门县的刘家村，从三门站下车到村里还有一段距离。出了车站四处找寻出租车却不见踪影，正在张望时，一个人主动上前搭讪问我们去哪。这是当地的“黑车”，是农村里有车的人家出来赚外快的。阮老师问：“你是刘家村的吗？”对方说：“不是，我是任家村的。”边说还边拿出一张名片来。阮老师笑说：“任老师，你的本家接你来了。”在车上聊到我们要到刘家村的访谈和准备参加的“祭冬”活动时，这位本家说，任家村虽然没有“祭冬”活动，但任家村的任家祠堂是省级文物保护单位，刚修缮好，非常漂亮，问我们是否去看。我说这次访谈时间紧，估计没时间了。谁知第二天下午就有了时间，这样我们就打算多去任家村进行一下老人协会的访谈。可当地人说：“你们去得太晚，祠堂五点钟就关门了，估计你们进不去了。”犹豫了一下，我们还是想碰碰运气。可是没想到上车后大雨倾盆，一想这下糟糕了。没想到的是，最多也就十多分钟的路途，下车后竟无雨了。更巧的是，祠堂里的老人们正准备关门，而且老人协会的会长也在其中。听到我是任姓本家，又是清华大学毕业的博士，他们竟一时无措。这样我们才得以在任家祠堂拍照和访谈两不误。祠堂是中国人祭祀祖先的地方，也是中国传统文化中重要的组成部分，是家本位的基点和归宿。从某种角度看，宗祠文化的存在和延续对孝亲敬老、维持社会和谐仍有着重要意义。可惜的是，许多祠堂都已毁坏了，现存的祠堂也只能以这种非物质文化遗产和文物的形式存在了。若干年后，“乡土中国”中“乡”的意味或许只能在这些“保护”中找到些许气息了吧！

惊喜

田野处处有惊喜。在云南戛洒，第一次见到没有摘下来的火龙果，红红的一片，非常漂亮。我们大喊大叫，忙着拍照。当地人对我们的好奇开怀大笑，但不久就说，曾有一个硕士到本地工作，刚来时也是对什么都很新奇，但只待了半年就离开了。山区相对封闭、落后的环境或许是这位硕士离开的原因。中途吃饭时，主人好客地在开饭前让我们吃一种云南地方食品：糯米粑粑。这是一种用糯米烤出的食品，乡土味十足，脆脆香香的，很好吃，是云南人春节前每家必备的食物。吃饭时，一只小公鸡窜出来，敦实矮小，羽毛却又光滑艳丽，显得憨态可掬，引起我们的极大兴趣，群起拍照时，它却被吓得一溜烟地跑了。当地人说这是一种观赏类的鸡，是从越南进口的。在和戛洒镇上的一位老协办干部聊天时，发现他手腕上有几圈红线绳。一个大男人，为什么要戴这么女性化的东西呢？这引起了我的好奇。他赶紧解释说，这是长辈的吉祥祝福，你进村后也让她们给你带上。进了傣族村寨后，一位老年妇女果然给我带上了红线绳，一边在我的手腕上绕线绳还一边念念有词，我猜想应该是祝福的话。但紧接着一个发现又激发了我的好奇心：我发现有些妇女的口腔里和牙齿上是黑黑的一片，好像涂抹了什么东西。到底是什么东西呢？她们为什么要涂这些东西？询问后才得知，原来这种黑黑的东西是当地的一种草药，涂在牙齿上可以起到清新口气的作用。但为什么又有些妇女不涂呢？不涂的妇女说，因为她们刷牙，所以不用涂。我这才意识到我访谈的是老年群体，在牙齿上涂黑色草药的是老年妇女，而在年轻群体中就没人涂，这应该是当地傣族人最原始的一种清洁牙齿的方法。

田野中的不期而遇　　（任杰慧 摄）

而在浙江三门县的刘家村，一种当地人多次提到的“麦焦”也引起了我的好奇。询问后才知道，“麦焦”是三门当地人冬至时必吃的一种食物，家家户户都会做，都要做。女人们在案板上把面皮擀得薄薄的，蒸好，里面放进十种左右预先准备好的菜肴，挑选自己喜欢的，卷起来，厚厚实实的麦焦就做好了。吃上一口，荤素搭配，醇香爽口。其实类似的食品全国各地都有，只是叫法不同，吃法也不完全一样。但在当地第一次听到这个名字时，我们不但好奇，而且是在多方打听后才确认了这两个字的写法。

讲了这么多"好奇"，你是否也有所感触和心动。人类学访谈的乐趣正在于此。研究文化多样性并能分享不同的人生经历，这是人类学吸引我的最主要的原因。聆听让孩子在家上学背后的故事与思索，感受离婚后走向同性恋的心路历程，叹惜出国留学感染艾滋病的惊心动魄，愤怒初中辍学进入色情行业的威逼诱惑，甚至还有短期出家做和尚的经历感悟……面对着，感受着，欣喜着，忧郁着，揣摩着，分析着，思考着，运筹着……每一次田野中的相逢都是一次不寻常的旅程，而每一次旅程都是一场心灵与头脑的交会与交锋。

尾声

无论你是否对奇闻充满了期待，对奇遇充满了向往，对新鲜事物充满了好奇，相信读到这里你一定对人类学有了些许向往吧。对我而言，正如第一次看中国古代作品《镜花缘》时的感受。第一次读人类学名著《西太平洋的航海者》时，我也被其中所描述的奇风异俗所吸引，那富有异国情调的特罗布里恩德岛、安富列特岛、多布岛，奇特的库拉交换，神秘的巫术仪式，古老而活生生的母系社会……让我在对异域充满向往的同时，也有了一种收获知识的充实感。体验异域文化，并能用不同文化所具有的独特角度来感悟生命和世界，这或许就是人类学的魅力所在吧！

朝圣日记

罗宝川（四川师范大学）

2016 年 4 月 29 日，我踏上了前往甘孜藏族自治州丹巴县顶果山的田野调查之路。按照预定的时间，我从成都茶店子汽车站出发，9:30 经过成灌高速收费站，10:04 穿过紫坪铺隧道后，映入我眼帘的是一座座高耸的大山，桥下是湍急的河水，真是“山大沟深”。经过近两个多小时的映秀路段的颠簸，在 12:35 到达巴郎山垭口。做了短暂的停留后，花了差不多两个小时的时间翻越了海拔 4400 米的巴郎山。山上积雪皑皑，与山谷的绿意形成了鲜明的反差。在此之前，我一直担心自己会有高原反应，结果只是轻微的头疼，并无大碍。可能与自己第一次到康区的兴奋、新奇有关系吧。之后的路程，大巴车一直极速地穿行在山间，行驶的 303 省道路面上，不时有“飞石路段，观察行驶”的路告牌提醒着我，康区毕竟是一个陌生的地方，自己是否能顺利到达，又是否能在顶果山遇到丹贝降参活佛，这一切都是未知的。

在兴奋与担忧中，经过了沃日、小金等县后，终于在下午 18:07 抵达丹巴县汽车站，因为提前联系了当地的旅馆，心里比较安适，结果下了车才发现天下起了蒙蒙小雨，丹巴县城笼罩在大山和细雨中，四处望去，一座新建的桥连接着两边。路面的尘土在小雨中落定，不时有装满木材和水泥的大重型卡车呜呜地驶过街道，我不禁想起了阿来在《大地的阶梯》里痛心的描述，不由得叹了一口气。连一个汉族青年在看到被“现代化”文明过度开发的宁静县城都不禁感叹，那阿来作为一位土生土长的少数民族知识分子又怎能不叹气呢？

拨通了旅馆老板的电话，传来了一股浓厚的藏语“普通话”，交代了身份后，等了不到 10 分钟，一位身着牛仔装的男子迎面走来。我这时才看清楚，他留着一字胡，眼睛眯着，古铜色的皮肤，笑的时候露出一口雪白的牙齿。“你好，XXX 吧？”“是的，请问怎么称呼？”“叫我 L 哥就是了。哈哈！”“请吧！”“好！”随着他的步伐，我步入了一座简朴的民居，他的妻子正在做饭，见到我，大声地说：“没吃饭吧，我们做火锅，一起吃！”我不禁诧异，康区的藏民们也吃火锅吗？带着疑问和 L 哥及其妻子、母亲一起吃了一顿火锅。吃完晚饭，L 哥“邀请”我转转丹巴县城，我欣然应邀。晚上 7:30，我们来到丹巴县的街道上。

丹巴县城处于两座大山间，一条大河将县城分为南北两区，南区较为繁华，北区那边灯火零星。L 哥用手指向最远的一点灯火说：“那是我孩子读书的地方，初中。过了那边就是甲居藏寨了。你明天有空去玩玩。”夜晚的县城风很大，迎面吹来，带着丝丝凉意。不过街道上人很多，每个路过的人基本上都认识 L 哥，从我们出门到回家，差不多有十几个人跟他打招呼。我开玩笑说：“L 哥人缘挺好啊！”他笑笑说：“本地人，大家是一起长大的。都认识。”我发现许多男女老少聚集在路面上跳舞，我问 L 哥，这是什么舞。他一脸吃惊地说：“广场舞啊？！你们那里没有吗？”我笑了笑：“有倒是有，但没有跳得这么有民族风的。”L 哥哈哈一笑。

第二天一觉醒来，已经是上午 7:40 了，我简单地洗漱了一下，下了楼梯，见到 L 哥的母亲，老人家问我吃饭没有，我摸着肚子咧嘴笑笑。她赶忙把我拉到餐桌边，示意我坐下，然后从厨房端来了一碗酥油茶，又拿出好多玉米饼，看着我说：“吃。”之前老人家的讲话我一直都没太听懂，不过这回我是听懂了。于是我不客气地拿起玉米饼，低头喝了一口酥油茶。说实话，这是我第一次喝酥油茶，老人家似乎看出来了，指着桌上的食用盐说，加了就好喝了。我顺从地接过小勺，往碗里放了一点儿，果然味道就比较能够接受了。老人家满意地走出了房门，又回过头来说：“不够，还有！”我赶忙站起身，不停地说“谢谢”。这时，L哥和他妻子走了过来。他们身着康区特有的嘉绒藏服，我知道，肯定是有什么活动了。我赶忙问L哥，他说有个亲戚要结婚，他们都要去参加，还要跳舞。听到这个消息后，我是又高兴又犯难。我今天是准备去拜访活佛的，可是这样的嘉绒婚礼又非常吸引我。我这时才知道人类学者在田野调查时的无奈了，有时候无奈是期望的事情得不到实现，有时候无奈是期望的事情接踵而来，自己却分身乏术。还好只是后者，我痛苦地谢绝了L哥的邀请，匆匆吃完了玉米饼，在老人家的嘱咐声中走出了房门。

拨通了联系好的降初的电话，号称“嘉绒车神”的他几分钟就出现在我的视线里。早上8:35我们从丹巴县城出发，在303省道上穿行了半小时后，突然前方一辆12个车轮的重型卡车挡住了去路，路边有不少的人，面露难色。降初轻声地说：“我们下车吧。”下了车一打听才知道是汽车离合器坏了，在这前不着村后不着店的地方，车坏了简直要命，更何况它还堵住了来往的通道。我心里不禁担忧起来，看看了时间9:10，路边的峡谷水流湍急，呼呼声盖住了人们的说话声。后面的车辆越停越多，再上来的车见了此景，调转车身，离开了。我问了问降初："怎么办？"降初说，只能慢慢调整车身，试着让出一个路口。大概重卡的车主也是这么做的，不过由于车身太长，在狭窄的车道上每次倒车勉强只能让出一点空间，后面的车越停越多，我们的车最先到达事故现场，所以被卡在中间，上不去又回不来。我看了看时间，已经 9:38 了，又看了看前面烟雾笼罩的大山，心里很着急。

这时，从人群里走出了一位身着格鲁教派服装的僧人，身高 1.90 米，胸前挂着佛珠，脚穿布鞋，一看就知道是步行上来的，人们的视线都汇到他身上。他沿着斜坡缓缓地走向卡车，稳健的步伐带动着我的鼻息，我当时都忘记摄像了，只见他停在车前，捏转着手里的佛珠，嘴里默念着一些话，念完后，转身又缓缓地往前面走去。我看着他离开的身影，在大山的映照下，显得很渺小，可是却又很高大。直到我回过神时，降初拍拍我的肩膀说："走吧，路已经让出来了。"这时，太阳的光线划破云层，照射着大地。我上了车，心里一直不能平静。

终于在 11 点我们到达了顶果山山顶，一座苯教的寺庙映入眼帘。下了车，我飞奔最高点，俯瞰整个寺庙：四周群山环绕，这座小寺恰似被一张大手托在掌心，寺前有一大片草地，牦牛星落其间，寺边还有个池塘，里面最长的鱼有 1 米。因为寺庙附近的动植物是不能杀害和破坏的，所以即使在海拔 3000 多米，植被也被保护得很好。我按捺住激动的心情，小心地步上台阶，稳稳地踏进院内。迎面走来一个手持转经筒的年轻和尚，我注意到，他的转经筒是朝逆时针方向转动的，便更加确定这是一座苯教寺庙。因为苯教以逆时针为准，而藏传佛教则是顺时针。我小声地问了问降初：“你是藏传佛教信徒吗？”他点了点头。我不禁心生感叹，在一座寺庙内，一位苯教僧人，一位藏传佛教信徒，一位无神论的汉族青年，是怎样的机缘才能把这三人凑到一起。联系起历史上的佛苯之争，我问了问降初：“你还好吧？”他咧咧嘴说：“没关系。”

在僧人的指引下，我见到一位在高楼上与信众交谈的雍忠佐钦岭寺第 39 代活佛丹贝降参。此刻，我像虔诚的信徒一样，紧握着他的双手，他眯着眼睛，微笑地问我是哪里来的朋友。我赶忙说，成都来的，四川师范大学的。他听后问：“巴登尼玛老师认识吗？我们是朋友。”川师大谁不知道巴登老师，我紧忙说：“认识，他很厉害。”一番交谈后，我被邀请进入活佛自己开办的博物馆里，参观了很多他自己搜集保存下来的红军长征经过丹巴县时的文物以及顶果山的珍贵文物，有徐向前用过的马刀、马鞍，有解放战争时期的手雷。可是我的兴趣却在他们寺庙的庙会和信众的关系以及转身会诸事上，但看到活佛这么热心地介绍文物，我也不好意思打断，毕竟这是别人的寺庙，我只是一个外来人。活佛似乎也看出了我的心思，他给了我一个重要的线索：他们会在阳历 10 月左右举行庙会，届时会通知我。我想那个时候再打听这方面的情况也不迟，更何况有庙会的背景，活佛的讲解也会更清楚。于是，我打消了心中的忧虑。在中间休息的时候，活佛回身问我：“你们川师大有学汉藏翻译的学生吗？”我面露难色，因为师范学校培养的都是师范学生，便说：“可能藏族学生到了川师大也是以学习汉语为主，培养翻译人才可能西南民族大学更专业。”我提供了这条线索，活佛听罢点了点头。在一阵简单的交流后，我辞别活佛，和降初一起离开了顶果山。

“朝圣”作为西方基督教文明背景下的一个词汇，被国人译介并习惯地使用。其中文化语义是否可以对接可能还需要进一步的思考。我的“朝圣”之旅，走得并不“诚心”，因为迫于自己论文开题的压力，我进入了选定人的生活，成为他生命中的一个片段，而他的经历成为我论文里的一个“注释”。究竟是谁进入了谁的生命轨迹？

后 记

记得以前听过一个关于学科偏见的笑话。两个人聊天，一个人说："我的专业是数学。"另一个人会问："a（X+Y）–bZ=?"一个人说："我的专业是计算机。"另一个人会问："是否可以帮我修一下电脑？"一个人说："我的专业是心理学。"另一个人会问："你猜我心里在想什么？"一个人说："我的专业是社会学。"另一个人会问："这么多社会问题怎么解决？"而当一个人说"我的专业是人类学"时，另一个人则会迟疑片刻，然后一脸茫然地问："人类学是什么？有用吗？"

从修习了人类学专业开始，这个问题也一直困扰着我，挥之不去。于是，我便不停地阅读人类学经典著作，希望找到答案。但直到走进田野，真正以主体而非客体的身份走进不同于自己的生活世界，我才逐渐理解了这一学科的魅力所在。在经历过一次次文化的冲突与摩擦后，我意识到：那些所谓的科学真理并非放之四海皆准，那些被认为理所当然的规则其实有多样的逻辑，那些现代社会中单一的价值可以有多种定义……田野中那些鲜活的人、物和事，真挚的情感和体验，别样的经历和感悟，既是带我蹒跚走进人类学学科的"成人礼"，也是我人生的"成人礼"。

伴随着《鹿行九野：人类学家的田野故事》的出版，我也从人类学博士后成长为正式从业人员。同样，这本小书也有别于《北冥有鱼：人类学家的田野故事》，这里呈现了更多的年轻学者和在读学生的田野故事。阅读这些新鲜而精彩的故事，不仅让我看到了同人丰富多彩的田野经历，也让我感受到在探寻和理解世界意义的路途上并非仅我一人在“战斗”。我可以体会到他们的喜怒哀乐，也可以理解他们的爱恨情仇。记得在一次我的博士后导师罗红光老师组织的中秋联欢会上，林红问大家觉得自己最成功的事情是什么，我毫不犹豫地回答“是误入了人类学的‘歧途’”。希望这本写满了人类学小事的趣书，不仅能在闲暇之余博众人一乐，而且也能引发读者对人类学的兴趣。或许有一天，你也会行进在人类学的“歧途”上。

刘怡然

2018 年 1 月 6 日于北京

图书在版编目(CIP)数据

鹿行九野:人类学家的田野故事/林红,刘怡然主编.—北京:商务印书馆,2018
ISBN 978-7-100-15888-6

Ⅰ.①鹿… Ⅱ.①林…②刘… Ⅲ.①人类学—调查研究 Ⅳ.①Q98

中国版本图书馆 CIP 数据核字(2018)第 040241 号

鹿行九野:人类学家的田野故事
林 红 刘怡然 主编

商 务 印 书 馆 出 版
(北京王府井大街 36 号 邮政编码 100710)
商 务 印 书 馆 发 行
北京顶佳世纪印刷有限公司印刷
ISBN 978-7-100-15888-6

2018 年 6 月第 1 版　　开本 880×1230 1/32
2018 年 6 月北京第 1 次印刷　　印张 10⅝
定价:35.00 元